これ1冊でできる!

Arduino（アルドゥイーノ）ではじめる電子工作超入門

改訂第5版

福田和宏 著

ソーテック社

はじめに

ロボットやドローンといった高機能なものから、扇風機や電気スタンドまで、様々な製品にマイコン（マイクロコントローラ、マイクロコンピュータ）が使用されています。マイコンはプログラムで電子部品（電子パーツ）を制御し、様々な動作をさせることが可能です。

電子パーツにはLEDやモーター、センサーなど、様々な機能を持つものがあります。様々な電子パーツを複数組み合わせることで作品を作れます。例えば、周囲の明るさをセンサーで調べ、暗ければLEDを点灯するといったことが可能です。

電子パーツを制御するのに使うワンボードマイコンの1つに「Arduino」があります。Arduinoは手のひらに載る程度の小さな基板です。デジタルやアナログの入出力端子が搭載されており、これに電子パーツを接続して制御できます。さらに、Arduino専用の拡張ボードである「シールド」を搭載することで、音楽を鳴らしたり無線LAN通信なども可能です。

電子部品を制御する際、制御用のプログラムを作成します。Arduino専用の開発ツール「Arduino IDE」が無償で提供されており、パソコンにインストールすることでプログラムの作成ができます。また、プログラミング学習用のグラフィカルなプログラム開発ツール「Scrattino」を使うと、ブロックを配置するだけでArduinoの制御ができます。

本書ではArduinoの基本的な使い方から、開発環境の準備方法、Arduinoを利用した電子パーツ制御方法まで網羅的に解説します。電子工作に必要な電子回路の基本的な知識や、プログラミングの基礎も学べます。また、複数の電子部品を組み合わせて実際に作品を作る方法についても紹介します。

Arduinoを利用して、自分だけの作品を作ってみましょう。

2022年8月

福田 和宏

CONTENTS

はじめに 3
CONTENTS 4
本書の使い方 7

Part 1 Arduinoとは 9

Chapter 1-1 Arduinoとは 10
Chapter 1-2 様々なArduinoのエディション 15
Chapter 1-3 Arduinoの入手と周辺機器 24
Chapter 1-4 Arduinoへの給電 30

Part 2 Arduinoの準備 33

Chapter 2-1 Arduinoを動作させるには 34
Chapter 2-2 Arduino IDEを準備する 38
Chapter 2-3 Scrattino3を準備する 48

Part 3 プログラムを作ってみよう 55

Chapter 3-1 Arduino IDEを使ってみよう 56
Chapter 3-2 Arduino IDEでのプログラミングの基本 62
Chapter 3-3 Scrattino3を使ってみよう 74
Chapter 3-4 Scrattino3でのプログラミングの基本 81

Part 4 電子回路の基礎知識 ……89

Chapter 4-1 Arduinoで電子回路を操作する ……90
Chapter 4-2 電子部品の購入 ……92
Chapter 4-3 電子回路入門 ……98

Part 5 Arduinoで電子回路を制御しよう ……109

Chapter 5-1 LEDを点灯させる ……110
Chapter 5-2 スイッチの状態を読み取る ……115
Chapter 5-3 可変抵抗の変化を読み取る ……130
Chapter 5-4 明るさを検知する ……137
Chapter 5-5 モーターを制御する ……144
Chapter 5-6 サーボモーターを制御する ……153

Part 6 I^2Cデバイスを動作させる ……159

Chapter 6-1 I^2Cで手軽にデバイス制御 ……160
Chapter 6-2 気温と湿度を取得する ……165
Chapter 6-3 有機ELキャラクタデバイスに表示する ……172

Part 7 電子パーツを組み合わせる ……179

Chapter 7-1 電子部品を組み合わせて作品を作る ……180
Chapter 7-2 暗くなったら点灯するライトを作る ……187
Chapter 7-3 風量を調節できる扇風機を作る ……192

Part 8 シールドを利用する 197

Chapter 8-1 シールドとは 198
Chapter 8-2 SDカードシールドを利用する 202
Chapter 8-3 ミュージックシールドを利用する 216
Chapter 8-4 無線LANシールドを利用する 221

Appendix 付録 235

Appendix 1 Arduino IDEの関数リファレンス 236
Appendix 2 本書で扱った部品・製品一覧 262
Appendix 3 電子部品購入可能店情報 264

INDEX 269
本書のサポートページについて 271

本書の使い方

本書の使い方について解説します。本文中で紹介しているサンプルプログラムや設定ファイルの場所、また配線図の見方などについても紹介します。

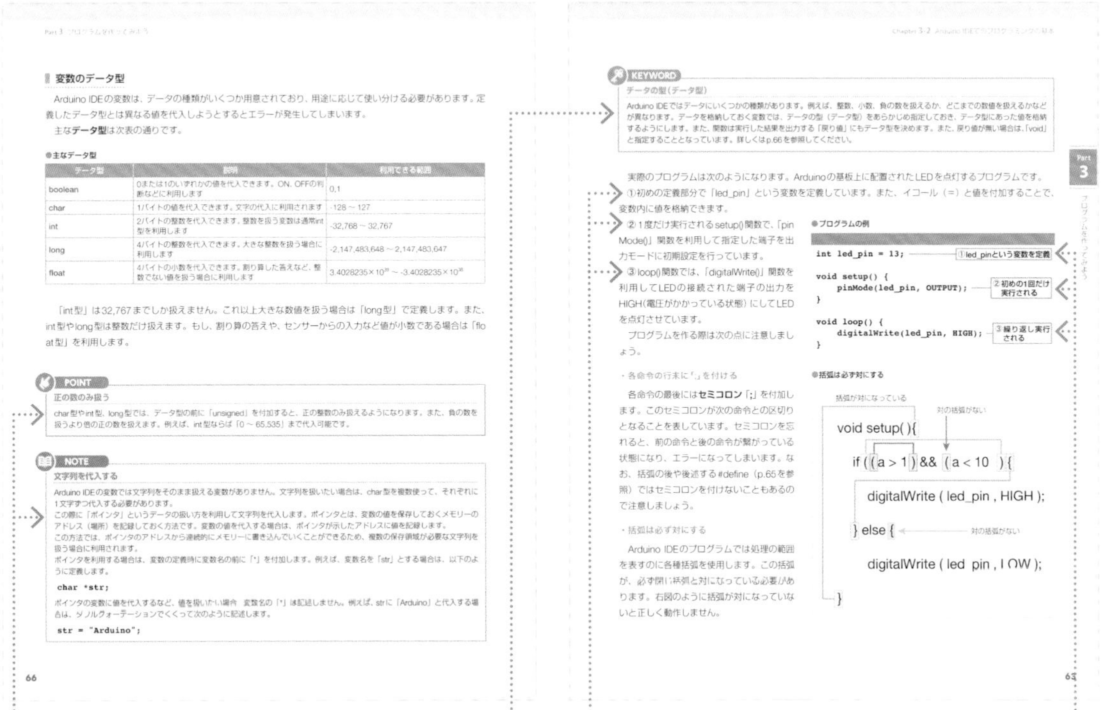

Part 3 プログラムを作ってみよう

変数のデータ型

Arduino IDEの変数は、データの種類がいくつか用意されており、用途に応じて使い分ける必要があります。定義したデータ型とは異なる値を代入しようとするとエラーが発生してしまいます。

主な**データ型**は次表の通りです。

●主なデータ型

データ型	説明	利用できる範囲
boolean	0または1のいずれかの値を代入できます。ON、OFFの判断などに利用します	0,1
char	1バイトの値を代入できます。文字の代入に利用されます	-128 ～ 127
int	2バイトの整数を代入できます。整数を扱う変数は通常int型を利用します	-32,768 ～ 32,767
long	4バイトの整数を代入できます。大きな整数を扱う場合に利用します	-2,147,483,648 ～ 2,147,483,647
float	4バイトの小数を代入できます。割り算した答えなど、整数でない値を扱う場合に利用します	3.4028235×10^{38} ～ -3.4028235×10^{38}

「int型」は32,767までしか扱えません。これ以上大きな数値を扱う場合は「long型」で定義します。また、int型やlong型は整数だけ扱えます。もし、割り算の答えや、センサーからの入力など値が小数である場合は「float型」を利用します。

POINT
正の数のみ扱う
char型やint型、long型では、データ型の前に「unsigned」を付加すると、正の整数のみ扱えるようになります。また、負の数を扱うより倍の正の数を扱えます。例えば、int型ならば「0 ～ 65,535」まで代入可能です。

NOTE
文字列を代入する
Arduino IDEの変数では文字列をそのまま扱える変数がありません。文字列を扱いたい場合は、char型を複数使って、それぞれに1文字ずつ代入する必要があります。
この際に「ポインタ」というデータの扱い方を利用して文字列を代入します。ポインタとは、変数の値を保存しておくメモリーのアドレス（場所）を記録しておく方法です。変数の値を代入する場合は、ポインタが示したアドレスに値を記録します。
この方法では、ポインタのアドレスから連続的にメモリーに書き込んでいくことができるため、複数の保存領域が必要な文字列を扱う場合に利用されます。
ポインタを利用する場合は、変数の定義時に変数名の前に「*」を付加します。例えば、変数名を「str」とする場合は、以下のように定義します。

```
char *str;
```

ポインタの変数に値を代入するなど、値を扱いたい場合、変数名の「*」は記述しません。例えば、strに「Arduino」と代入する場合は、ダブルクォーテーションでくくって次のように記述します。

```
str = "Arduino";
```

66

Chapter 3-2 Arduino IDEでのプログラミングの基本

KEYWORD
データの型（データ型）
Arduino IDEではデータにいくつかの種類があります。例えば、整数、小数、負の数を扱えるか、どこまでの数値を扱えるかなどが異なります。データを格納しておく変数では、データの型（データ型）をあらかじめ指定しておき、データ型にあった値を格納するようにします。また、関数は実行した結果を出力する「戻り値」にもデータ型を決めます。また、戻り値が無い場合は、「void」と指定することとなっています。詳しくはp.66を参照してください。

Part 3 プログラムを作ってみよう

実際のプログラムは次のようになります。Arduinoの基板上に配置されたLEDを点灯するプログラムです。

①初めの定義部分で「led_pin」という変数を定義しています。また、イコール（=）と値を付加することで、変数内に値を格納できます。

②1度だけ実行されるsetup()関数で、「pinMode()」関数を利用して指定した端子を出力モードに初期設定を行っています。

③loop()関数では、「digitalWrite()」関数を利用してLEDの接続された端子の出力をHIGH(電圧がかかっている状態)にしてLEDを点灯させています。

プログラムを作る際は次の点に注意しましょう。

・各命令の行末に「;」を付ける

各命令の最後には**セミコロン**「;」を付加します。このセミコロンが次の命令との区切りとなることを表しています。セミコロンを忘れると、前の命令と後の命令が繋がっている状態になり、エラーになってしまいます。なお、括弧の後や後述する#define（p.65を参照）ではセミコロンを付けないこともあるので注意しましょう。

・括弧は必ず対にする

Arduino IDEのプログラムでは処理の範囲を表すのに各種括弧を使用します。この括弧が、必ず閉じ括弧と対になっている必要があります。右図のように括弧が対になっていないと正しく動作しません。

●プログラムの例

```
int led_pin = 13;  ①led_pinという変数を定義

void setup() {
    pinMode(led_pin, OUTPUT);  ②初めの1回だけ実行される
}

void loop() {
    digitalWrite(led_pin, HIGH);  ③繰り返し実行される
}
```

●括弧は必ず対にする

63

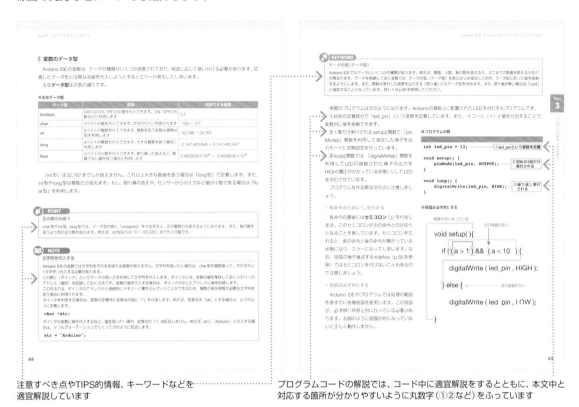

注意すべき点やTIPS的情報、キーワードなどを適宜解説しています

プログラムコードの解説では、コード中に適宜解説をするとともに、本文中と対応する箇所が分かりやすいように丸数字（①②など）をふっています

●Arduino IDEで作成したタクトスイッチの状態を確認するプログラム

sotech/5-2/switch.ino

本書サポートページで提供するサンプルプログラムを利用する場合は、右上にファイル名を記しています。ファイルの場所は、アーカイブを「sotech」フォルダに展開した場合のパスで表記しています

```
int SWITCH_SOCKET = 2;  ①タクトスイッチを接続したソケット(PD2)を変数で指定します

void setup() {  ②PD2を入力に設定します
    pinMode( SWITCH_SOCKET, INPUT );

    Serial.begin(9600);  ③シリアル接続の初期設定
}

void loop() {  ④ボタンの状態を入力し、結果をシリアル出力します
    Serial.println( digitalRead( SWITCH_SOCKET ) );
    delay(1000);  1秒間待機します
}
```

●配線の見方

各電子パーツとArduino本体の配線などを、すべて分かりやすくイラストで図解しました。
端子を挿入して利用する箇所は黄色の丸で表現しています。自作の際の参考にしてください

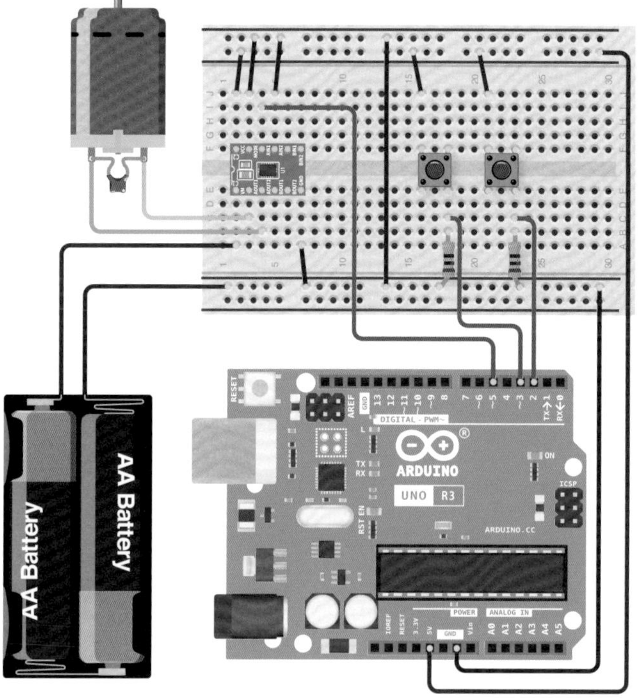

注意事項

● 本書の内容は2022年8月の原稿執筆時点での情報であり、予告なく変更されることがあります。また、本書に記載されたソフトウェアのバージョン、ハードウェアのリビジョン、URL、それにともなう画面イメージなどは原稿執筆時点のものであり、予告なく変更される場合があります。

● 本書の内容の操作によって生じた損害、および本書の内容に基づく運用の結果生じたいかなる損害につきましても著者および監修者、株式会社ソーテック社、ソフトウェアおよびハードウェア開発者／開発元は一切の責任を負いません。あらかじめご了承ください。

● 本書の制作にあたっては、正確な記述に努めていますが、内容に誤りや不正確な記述がある場合も、当社は一切責任を負いません。また著者、監修者、出版社、開発元のいずれも一切サポートを行わないものとします。

● サンプルコードの著作権は全て著作者にあります。本サンプルを著作者、株式会社ソーテック社の許可なく二次使用、複製、販売することを禁止します。

● サンプルデータをダウンロードして利用する権利は、本書の購入者のみに限ります。本書を購入しないでサンプルデータのみを利用することは固く禁止します。

Part 1

Arduinoとは

Arduinoは、電子回路の動作に役立つマイコンボードです。センサーやLED、ディスプレイ、モーターなどを接続して、プログラムをArduinoへ転送することで、各部品を制御できます。
ここでは、Arduinoの特徴や構成、購入方法、必要な機器について説明します。

Chapter 1-1　Arduinoとは
Chapter 1-2　様々なArduinoのエディション
Chapter 1-3　Arduinoの入手と周辺機器
Chapter 1-4　Arduinoへの給電

Chapter 1-1

Arduinoとは

「Arduino」は、プログラムで電子部品などを自由に制御できるワンボードマイコンです。手のひらに載るほどの小さな基板で、ICや端子などたくさんの電子部品がむき出しで付けられています。この小さなボード1つで、LEDやモーターなどの電子部品を動作可能です。

● 簡単に電子部品を制御できるマイコンボード「Arduino」

一般的に、電子工作をするには、利用したい電子部品の制御する箇所だけでなく、電源の供給箇所、電子部品を制御するためのインタフェースや論理的な回路、さらに制御内容によってはプロセッサの装備など、たくさんの部品をつなぎ合わせる必要があります。「**Arduino**」は電子部品を簡単に制御できるマイコンボードです。Arduinoにはプロセッサや入出力用のポートが実装されており、基本的な電子工作を作らずに済みます。プログラムを作成して制御するので、複雑な回路の制御にも向いています。

Arduinoは、イタリアのMassimo Banzi氏らが開発しました。Banzi氏は、イタリアの大学院でデザインとテクノロジーを融合させたインタラクションデザインについて教鞭を取っていた当時、コンピュータや電子回路などについて教える必要がありました。コンピュータや電子回路について知識がない生徒に、基本的な内容を説明するだけで手間がかかります。そこでBanzi氏は、簡単にLEDなどの電子部品を制御できるマイコンボードの開発を手がけた、というのがきっかけとなっています。

●ワンボードマイコン「Arduino Uno」

Arduinoは、初心者でも比較的簡単に使えることから世界的にヒットし、現在ではインタラクションデザインの分野だけでなく、電子工作や教育など幅広い分野で活用されています。2021年にはArduino Unoの販売が累計1,000万台を超えました。これを記念して特別仕様の「Arduino UNO Mini Limited Edition」が販売されました。また、Arduinoは仕様が公開されているため互換ボードが提供されているので、さらに多くのArduinoユーザーがいると推測されます。

NOTE

Arduino の分裂と再統合

Arduinoは従来、米国の**Arduino LLC**社（https://www.arduino.cc/）が設計を担当し、イタリアの**Arduino S.R.L.**社（http://www.arduino.org/、http://www.arduinosrl.it/）が生産を担当する形で提供されていました。2015年に、両社に仲違いが生じ、一時期それぞれが独自にArduinoを提供していた時期がありました。このときは、Arduinoの商標を世界各国で所有するArduino S.R.L.が「Arduino」を全世界で販売し、Arduino LLCは米国内では「Arduino」を、米国以外では「Genuino」ブランドを展開していました（米国の商標は使用主義で販売実績が必要なため、分裂時はArduinoの商標権をめぐって係争中でした）。この間、それぞれが異なるバージョンのArduino IDEを配布するなど、混乱が生じました。
しかし、2016年10月に両社の和解が成立し、再び共同で製品の販売や製品およびArduino IDEを開発するようになりました。なお、一時期Genuinoブランドの製品が販売されたこともあり、まれに電子パーツショップなどで見かけることがあります。ArduinoとGenuinoはどちらも正規品ですので、いずれを購入しても問題なく動作します。

Arduinoの特徴

Arduinoの代表的な特徴について紹介します。

デジタル・アナログ入出力端子に電子回路を接続

Arduinoの主要な利用用途は、LEDやモーター、各種センサーなど電気的に制御をする電子部品の制御です。デジタルあるいはアナログ信号を出力することで、LEDの点滅やモーターの駆動、ディスプレイへの文字出力などができます。入力にも対応しており、光や温度などのセンサーを接続して、周囲の状態を調べられます。

これらを組み合わせることで、様々なセンサーを使って周囲の状況を判断した上で、それに基づいて行動するようなロボットを作成することもできます。

●Arduinoで各種電子部品を制御できる

専用開発ツールでプログラムを作成

Arduinoで電子部品を制御するにはプログラムを用います。Arduinoには、制御プログラムを作成する（プログラミング）ツール「**Arduino IDE**」（Arduino総合開発環境）が無償で提供されています。Arduino IDEを入手してパソコンにインストールすることで、Arduinoのプログラムを作成できます。プログラムはC言語のような形式となっていて、プログラミング経験のある人であれば、比較的容易にプログラムを作成できます。

各センサー用のライブラリも用意されており、一からプログラムを作成しなくても比較的容易にプログラム作成が可能です。

●Arduino開発環境

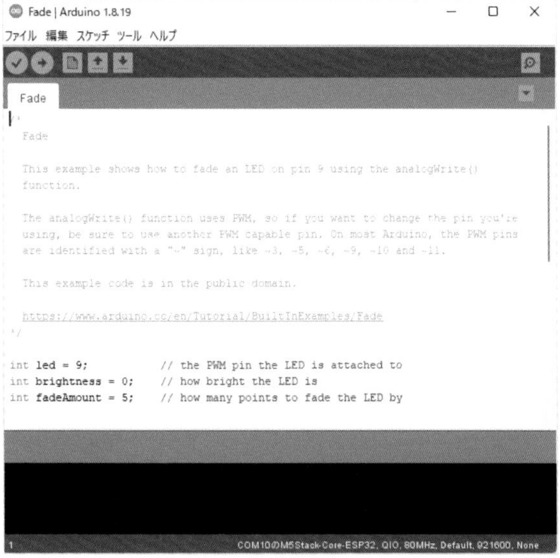

Arduino用のデバイスが多数販売

Arduinoは2005年から現在まで約17年の長期間、ユーザーに使い続けられています。その間、液晶表示装置やネットワークデバイス、モーター制御装置など様々なArduino向けの機器が販売されています。これらの装置は「シールド」と呼ばれる形態で基板化されており、Arduinoに差し込むだけで使うことができます。

Arduino本体も、新しい製品が販売されていますが、仕様は昔から大きく変わっていません。そのため、古いArduinoで使われていたシールドであっても、最新版Arduinoで利用可能です。

●差し込むだけで機能を提供できるシールド

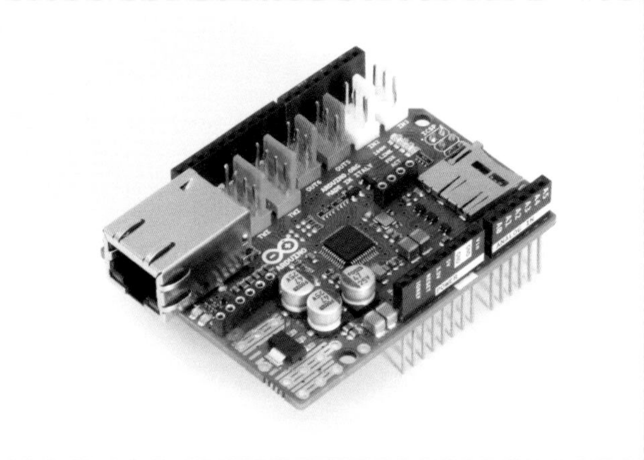

オープンソースハードウェアで公開

Arduinoはボード化した製品を販売しているだけでなく、Arduinoの設計図を一般に公開する「**オープンソースハードウェア（Open source hardware）**」の配布形態を採用しています。この設計図を参照すれば、だれでも自分でArduinoと互換性を持つマイコンボードを作成できます。設計図を元に自分で改変してそれを発表したり、販売することも許されています（ただしArduinoの名称を冠して発売するには許可が必要）。そのため、Arduinoの機能を拡張した「**Arduino互換機**」が開発され販売されています。

また、プリント基板の設計図も公開されているため、ダウンロードしてプリント基板を制作し、部品をはんだ付けすれば、Arduinoボードができあがります。

Arduino IDEもオープンソースで配布されており、誰でも無償で自由に利用可能です。

●公開されているArduino Unoの回路図

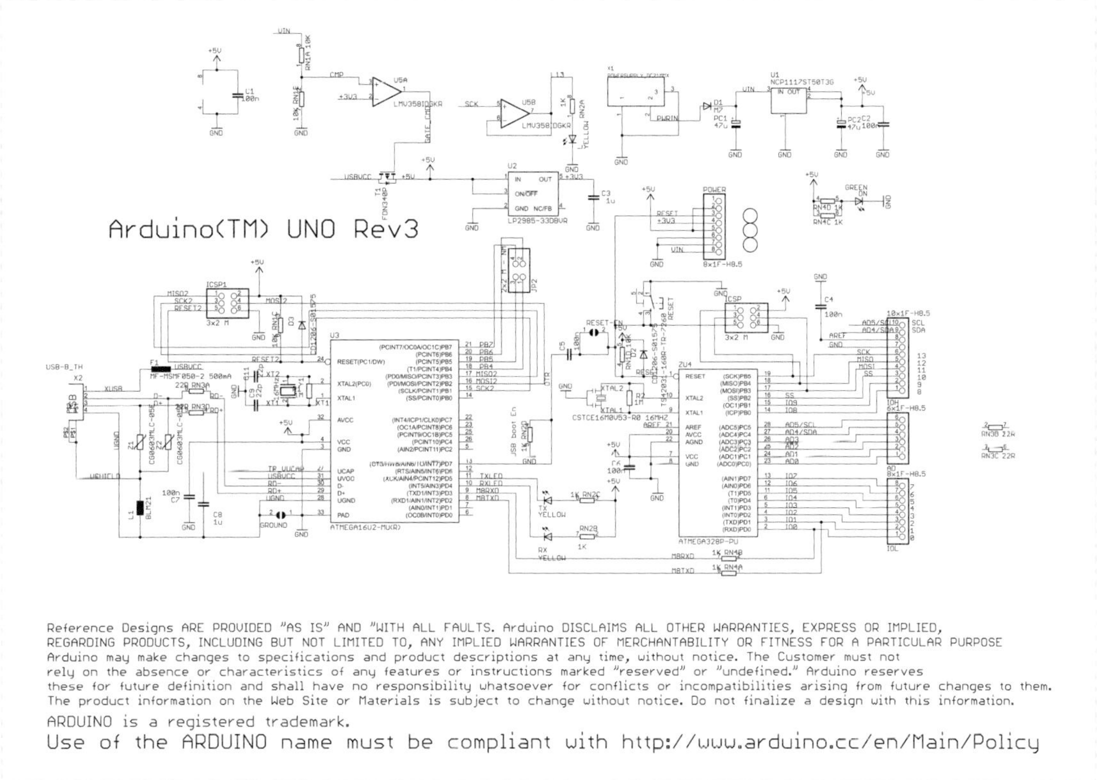

Arduino Unoの外観

Arduinoには、いくつかのエディションが販売されています（エディションについてはp.15を参照）。ここでは、代表的なエディション「**Arduino Uno**」の外観を説明します。各端子の位置や利用用途についてあらかじめ把握しておきましょう。なお、かつてArduino LLC社から販売されていた「Genuio UNO」も同様の端子などが配置されています。

●Arduino Unoの外観

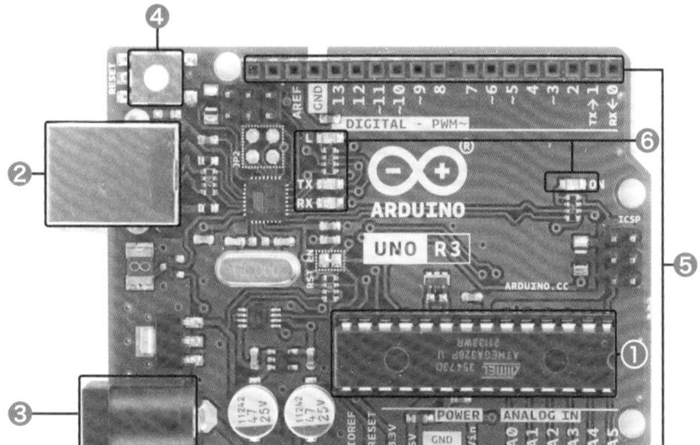

❶ プロセッサー

プログラムの実行や各種インタフェースの制御などの中核となる部品です。メインメモリーやプログラムなどを保存しておくフラッシュメモリーも同梱されています。
Arduino Unoでは、プロセッサーに米Microchip Technology社（旧米Atmel社）の「ATmega328P」が使われています。ATmega328P以外では、マイコンボードの求める性能や基板のサイズなどにより、AT91SAM3X8E、ATmega32u4、ATmega168、nRF52840といったプロセッサーを利用するArduinoのエディションもあります。

❷ USBポート

USBケーブルを差し込み、パソコンとの間で通信します。パソコン上で作成したプログラムをArduinoに書き込んだり、Arduinoとシリアル通信をしてパソコンから制御できます。また、USBを介して給電ができます。

> **NOTE**
> **USB ケーブル**
> USB接続に利用するケーブルについてはp.26で説明します。

❸ 電源ジャック

ACアダプターを接続してArduinoに電気を供給します。外形5.5mm、内径2.1mmのプラグを搭載したACアダプターを利用します。

> **NOTE**
> **AC アダプター**
> ACアダプターについてはp.27で説明します。

❹ リセットボタン

Arduinoを再起動するボタンです。プログラムを実行し直したい場合や、Arduinoの挙動がおかしくなった場合に利用します。

❺ 各種インタフェース

Arduinoの上部と下部には、電子回路に接続するためのインタフェースが多数の小さな穴の空いたソケットで配置されています。ここにLEDなどを接続すれば、プログラムから点灯や消灯を自由に制御可能です。それぞれのソケットは、デジタル信号の入出力、アナログ信号の入力、電源の供給など、それぞれの役割が決まっています。

> **NOTE**
> **インタフェースの詳細**
> 各ソケットの役割については、p.90で説明します。

❻ LED

Arduinoの状態を表示するLEDです。Arduinoに電気が供給されると「ON」のLEDが点灯します。また、パソコンなどとシリアル通信している状態は「TX」（送信）と「RX」（受信）が点滅します。さらに、「L」のLEDは、デジタル入出力端子の13番に接続されており、13番のデジタル出力をHIGH（5V）にすることで点灯します。

> **NOTE**
> **ICSP 端子**
> 本体の右側には、「**ICSP**」という6本の端子が搭載されています。ICSP端子にライターを接続することで、直接プロセッサーにプログラムを書き込むことが可能です。また、左上にある6本の端子はシリアル信号をUSB規格の通信に変換してパソコンと通信を可能とするシリアル変換ICへプログラムの書き込みが可能です。
> 通常はどちらの端子も使わないので、この端子に電子回路を接続しないようにしましょう。

Chapter 1-2

様々なArduinoのエディション

Arduinoは、大きさや搭載インタフェース数が異なるいくつかのエディションが提供されています。ほかに、電子部品やモジュールを販売するAdafruitやSparkfunといったメーカーや団体がArduino互換機を販売しています。

● 大きさや搭載インタフェースが異なる複数のエディション

Arduinoのプロダクトページ（http://arduino.cc/en/Main/Products）を見ると、用途に応じた様々なArduinoが用意されていることが分かります。例えば、モーターで自走する機器を作る場合、小型のArduinoを使えば機器自体を小型化できます。多くのセンサーを制御する必要がある場合は、多数のインタフェースが搭載されたエディションのArduinoが便利です。

主なArduinoエディションを紹介します。

NOTE

本書の対象製品

本書では「**Arduino Uno R3**」を使って説明します。他のエディションを利用する場合は、それぞれのデータシートやマニュアルなどを参照して、端子配置などを読み替えてください。ただし、エディションによっては正常に動作しない場合もあります。
現在販売されているArduino Uno R3の基板は緑色ですが、以前は青色でした。また、基板上の文字やマークの位置が変更されています。このような違いがあってもどちらも同じように動作します。

NOTE

Genuinoブランド

2015年のArduino分裂体制（p.10参照）の際に「**Genuino**」ブランドのArduinoが一時期販売され、現在でも商品を見かけることがあります。本書内では基本的にArduinoブランドで表記していますが、Genuinoブランドも純正品です。Genuinoを利用している場合は読み替えてください。

「Arduino Uno」

「**Arduino Uno**」は基本的な性能を搭載するエディションです。約7.5×5.3cmと手のひらに載る程度のコンパクトなサイズとなっています。電子回路を接続する端子がソケット状になっており、ジャンパー線などを差し込むだけで接続できます。ソケットの間隔は、電子回路で一般的に用いられる「0.1インチ（2.54mm）」であるため、市販されるピンヘッダなどをそのまま差し込んで利用できます。

プロセッサに「ATmega328P」(16MHz）を採用。プログラム実行時に一時的にデータなどを保存するメイ

●基本的なエディション「Arduino Uno」

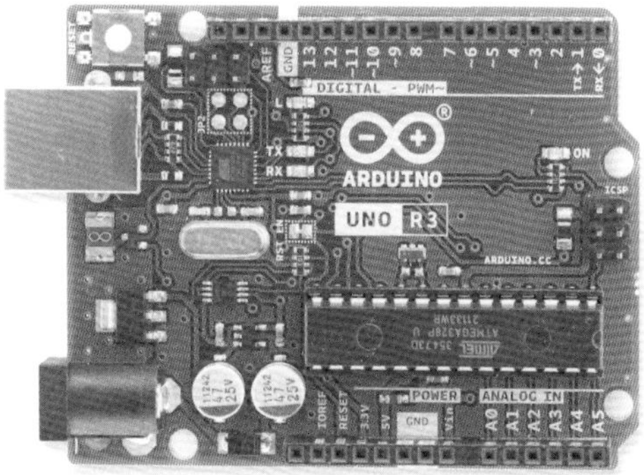

ンメモリーは2Kバイト、プログラムなどを保存するフラッシュメモリーは32Kバイトを搭載しています。

インタフェースは、デジタル入出力を14端子（そのうちPWM出力が6端子。PWMについては次ページ参照）、アナログ入力端子を6端子備えています。このほかにI^2CとSPIの利用も可能です。

また、バージョンアップされるごとにリビジョン番号が変更されます。最新版のArduino Unoはリビジョン3（R3）となっています。

販売された時期によって、入出力端子の側面に端子の名称が刻印されているモデルなどがありますが、性能自体に変わりはありません。

KEYWORD

ピンヘッダ

ピンヘッダは、金属部分がむき出しになった端子部品です。ケーブルや他の電子部品への接続などに利用されます。

KEYWORD

I^2C、SPI、シリアルポート（UART）

いずれも機器やICなどを相互に接続し、信号をやりとりする規格です。I^2C（アイ・スクエア・シーと読みます）は「Inter-Integrated Circuit」、SPIは「Serial Peripheral Interface」、UART（またはUSART）は「Universal Asynchronous Receiver Transmitter」の略称です。I^2Cの使い方についてはp.159以降で紹介しています。

NOTE

Arduino Uno Mini Limited Edition

Arduino Unoの累計販売台数が1,000万台を超えたのを記念して、2022年3月に「Arduino Uno Mini Limited Edition」が販売されました。機能はArduino Unoと同じですが、サイズが36.7×34.2mmとArduino Unoに比べ小型になっています。基板の文字が金色になっているほか、シリアルナンバーが記載されています。

「Arduino Due」

●高機能なエディション「Arduino Due」

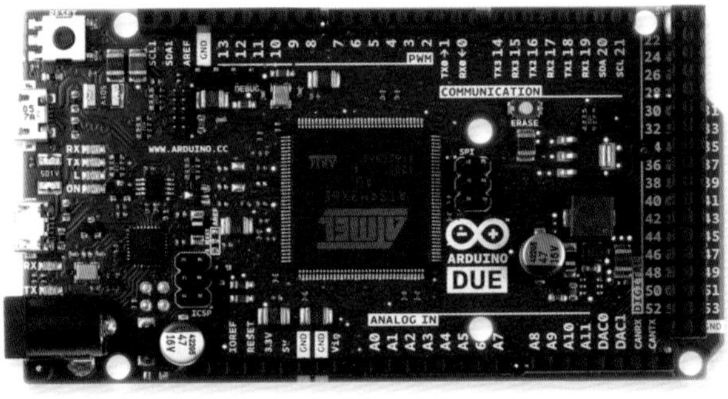

「**Arduino Due**」は高機能なエディションです。Arduino Unoのデジタル入出力端子が14端子であるのに対し、Arduino Dueでは54端子と約4倍搭載されています。同様にアナログ入力端子が12端子用意されています。さらに、Arduino UnoではPWMという擬似的なアナログ出力にのみ対応していましたが、Arduino Dueでは任意の電圧で出力するアナログ出力端子を2端子備えています。

インタフェースが豊富なだけでなく、プロセッサの性能も強化されています。動作周波数が84MHzとArduino Unoより約5倍の処理が可能です。メインメモリーが96Kバイト、フラッシュメモリーが512Kバイトと大容量です。

KEYWORD

PWM（パルス変調）

PWMとは、電圧の低い状態と高い状態を交互に高速で切り替えながら、擬似的にアナログ信号を出力する方式です。詳しくはp.144を参照してください。

「Arduino Micro」

「**Arduino Micro**」は、Arduino Unoと比べてサイズの小さなエディションです。ピンヘッダが搭載されており、ブレッドボードにそのまま差し込んで利用できます。

Arduino Microは、Arduino Unoとほぼ同じ端子を備えています。また、アナログ入力端子をデジタル入出力に切り替えて利用可能です。逆に、デジタル入出力端子の一部をアナログ入力として切り替えられます。これにより、デジタル入出力を最大20端子、アナログ入力を最大12端子使えます。

●ブレッドボードに直接差し込める「Arduino Micro」

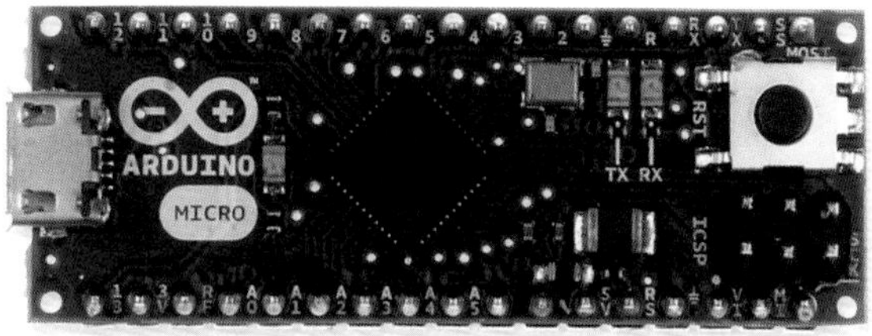

Nanoファミリー

Arduinoのサイズを18×45mmと小型化したのがNanoファミリーです。Arduino Uno同様の機能を搭載するモデルや、無線通信機能やセンサーを搭載するなど様々なモデルが販売されています。

「**Arduino Nano**」は、Arduino Microよりもさらに一回り小さいエディションです。Arduino Micro同様にブレッドボードに差し込んで利用できます。

Arduino Nanoは、アナログ入力端子が8端子とArduino Unoより2端子多く搭載されています。また、Arduino Microのようなデジタル入出力とアナログ入力の切り替えはできません。そのほかについては、ほぼArduino Uno同様に利用できます。

●最も小さなArduino「Arduino Nano」

2019年5月に「**Arduino Nano Every**」がリリースされました。従来からあるArduino Nanoに比べ高性能になり、価格も低価格です。CPUはATMega4809（20MHz）、メインメモリーが6Kバイト、フラッシュメモリーが48Kバイトと、旧版に比べ高性能、大容量化しています。

また、DC/DCコンバータを搭載しているため、電池1本といった低電圧の電源でも動作可能です。

●Arduino Nanoより高性能化された「Arduino Nano Every」

サイズは45×18mmでArduino Nanoとほぼ同じです。ピン配列はArduino Nanoと同じなので、Arduino Nanoの代わりにArduino Nano Everyを差し込んでもそのまま利用できます。

「Arduino Nano 33 IoT」は無線LANやBluetoothを利用して通信できるモデルです。インターネットに接続してデータのやりとりができるのが特徴です。

「Arduino Nano 33 BLE」は、BLE（省電力版Bluetooth）を利用して通信できるモデルです。通信にかかる電力が少ないため、長時間電池で動作することが可能です。また、慣性センサーが搭載されており、加速度、地磁気、ジャイロでの計測ができます。ドローンのような姿勢制御が必要な用途で活用できます。

「Arduino Nano 33 BLE Sence」は、同BLEモデルにセンサーを搭載したモデルです。慣性センサーのほか、温湿度、気圧、光、音センサーを搭載しています。

「Arduino Nano RP2040 Connect」は、Raspberry Pi財団で開発されたマイコンの「RP2040」を搭載したモデルです。MicroPythonを利用したプログラム開発にも対応します。また、RP2040の特徴であるプログラマブルI/O（Programmable I/O）を利用することも可能です。端子用の専用の簡易マイコンを利用し、精度の高いコントロールが可能となります。

NOTE

機械学習にも対応できる「Arduino Portenta H7」

近年、AIや機械学習・深層学習技術が浸透し、様々な状況で活用されています。カメラで撮影した画像から人物を判別するなどといったことが実用化されています。しかし、機械学習のような機能を実現するには、末端のマイコンが高速に処理できる必要があります。Arduinoは、CPUの動作周波数が数十MHzで、搭載するメインメモリーも数Kバイトと、コンピュータとしての処理性能は高くありません。電子部品の制御であれば十分ですが、機械学習などの処理には向いていません。
そこで、IoTの開発向きのモデルとして「Arduino Portenta H7」が発表されました（2020年7月発売）。Portenta H7は高機能なデュアルコア32ビットCPUを搭載し、無線通信機能、暗号モジュール、GPUも搭載されています。また、カメラやディスプレイモジュール、SDカードリーダー、リチウムイオンバッテリーなどを接続できるコネクタも用意されています。
Portenta H7ではARMのMbed OSが動作します。また、Arduinoのプログラムが実行できるほか、PythonやJavaScriptの実行も可能です。さらにTensorFlow Liteに対応しており、機械学習が可能です。

主なエディションのスペック

	Arduino UNO R3	Arduino Due	Arduino Mega2560 Rev3	Arduino Micro	Arduino Zero	Arduino Nano	Arduino Nano Every	Arduino WiFi Rev2
プロセッサ（動作周波数）	ATmega 328P（16MHz）	AT91SAM 3X8E（84MHz）	ATme ga2650（16MHz）	ATmega 32u4（16MHz）	Arm Cortex -M0+（48MHz）	ATmega168 または ATmega328（16MHz）	ATme ga4809（20MHz）	ATme ga4809（16MHz）
メイン メモリー	2Kバイト	96Kバイト	8Kバイト	2.5Kバイト	32Kバイト	1Kバイト または 2Kバイト	6Kバイト	6Kバイト
フラッシュ メモリー	32Kバイト	512Kバイト	4Kバイト	32Kバイト	256Kバイト	16Kバイト または 32Kバイト	48Kバイト	48Kバイト
デジタルI/O	14	54	54	20	20	14	14	14
PWM出力	6	12	15	7	10	6	5	5
アナログ入力	6	12	16	12	6	8	8	6
アナログ出力（DAC）	—	2	—	—	1	—	—	—
端子の 定格電流	各端子40mA	端子の合計 130mA	各端子20mA	各端子40mA	各端子7mA	各端子40mA	各端子20mA	各端子20mA
動作電圧	5V	3.3V	5V	5V	3.3V	5V	5V	5V
電源入力電圧	7～12V	7～12V	7～12V	7～12V	7～12V	7～12V	～21V	7～12V
出力電圧	5V、3.3V	5V、3.3V	5V、3.3V	5V、3.3V	5V、3.3V	5V、3.3V	5V、3.3V	5V、3.3V
プログラム 書込端子	USB（タイプB）、ICSP	USB（micro-B）、ICSP	USB（タイプB）、ICSP	USB（micro-B）、ICSP	USB（micro B）、ICSP	USB（mini-B）、ICSP	USB（micro-B）、ICSP	USB（タイプB）、ICSP
その他インタフェース	UART、I^2C、SPI	UART、I^2C、SPI、CAN、USB	UART、I^2C、SPI	UART、I^2C、SPI	UART、I^2C、SPI	UART、I^2C、SPI	UART、I^2C、SPI	UART、I^2C、SPI、IEEE 802.11b/g/n
サイズ	74.9×53.3mm	101.6×53.3mm	101.52×53.3mm	48.2×17.8mm	68×53mm	43.2×17.8mm	45×18mm	68.6×53.4mm

<table>
<tr><th></th><th>Arduino Nano 33 IoT</th><th>Arduino Nano 33 BLE</th><th>Arduino Nano 33 BLE Sence</th><th>Arduino Nano RP2040 Connect</th></tr>
<tr><td>プロセッサ(動作周波数)</td><td>ARM Cortex-M0+(48MHz)</td><td colspan="2">Arm Cortex-M4F(64MHz)</td><td>Raspberry Pi RP2040(133MHz)</td></tr>
<tr><td>メインメモリー</td><td>32Kバイト</td><td colspan="2">256Kバイト</td><td>530Kバイト</td></tr>
<tr><td>フラッシュメモリー</td><td>256Kバイト</td><td colspan="2">1Mバイト</td><td>16Mバイト</td></tr>
<tr><td>通信モジュール</td><td>NINA W102</td><td colspan="2">NINA B306</td><td>Nina W102</td></tr>
<tr><td>無線LAN</td><td>IEEE 802.11 b/g/n</td><td colspan="2">–</td><td>IEEE 802.11 b/g/n</td></tr>
<tr><td>Bluetooth</td><td>Bluetooth 4.2</td><td colspan="2">Bluetooth 5.0</td><td>Bluetooth 4.2</td></tr>
<tr><td>デジタルI/O</td><td colspan="3">14</td><td>20</td></tr>
<tr><td>PWM出力</td><td>11</td><td colspan="2">14</td><td>20</td></tr>
<tr><td>アナログ入力</td><td colspan="4">8</td></tr>
<tr><td>アナログ出力(DAC)</td><td>1</td><td colspan="3">—</td></tr>
<tr><td>端子の定格電流</td><td>各端子7mA</td><td colspan="2">各端子15mA</td><td>各端子4mA</td></tr>
<tr><td>慣性センサー</td><td>—</td><td colspan="2">LSM9DS1(加速度、地磁気、ジャイロ)</td><td>LSM6DSOXTR(加速度、ジャイロ)</td></tr>
<tr><td>気象センサー</td><td>—</td><td>—</td><td>HTS221(温湿度)、LPS22HB(気圧)</td><td>—</td></tr>
<tr><td>光センサー</td><td>—</td><td>—</td><td>APDS9960(カラー、ジェスチャー、接近)</td><td>—</td></tr>
<tr><td>マイク</td><td>—</td><td>—</td><td>MP34DT05</td><td>MP34DT05</td></tr>
<tr><td>動作電圧</td><td colspan="4">3.3V</td></tr>
<tr><td>電源入力電圧</td><td colspan="3">～21V</td><td>5～21V</td></tr>
<tr><td>出力電圧</td><td colspan="3">3.3V</td><td>3.3V、5V</td></tr>
<tr><td>プログラム書込端子</td><td colspan="4">USB(micro-B)</td></tr>
<tr><td>その他インタフェース</td><td colspan="4">UART、I²C、SPI</td></tr>
<tr><td>サイズ</td><td colspan="4">45×18mm</td></tr>
</table>

NOTE

過去のエディション

Arduinoは2005年から開発が開始されていて、その間にArduino本体も何度かのアップデートがされています。
初期に開発されたArduinoは「Arduino Serial」で、パソコンと接続するためのインタフェースにRS-232Cが利用されていました。次いでインタフェースがUSBに変更された「Arduino Extreme」、搭載パーツ数を減らした「Arduino NG」、低消費電力化などを施した「Arduino Diecimila」、電源を自動選択する機能を搭載した「Arduino Duemillanove」などをリリースしました。現在はArduino Duemillanoveの後継となる「Arduino Uno」が一般的に入手可能です。
時代が進むにつれてブラッシュアップがされてきていますが、Arduinoのインタフェースの配列やプログラムの形態などは変わりありません。そのため、Arduino Duemillanoveなど古いエディションでも、基本的にArduino Unoと同じように動作可能です。

●一世代前のエディション「Arduino Duemillanove」

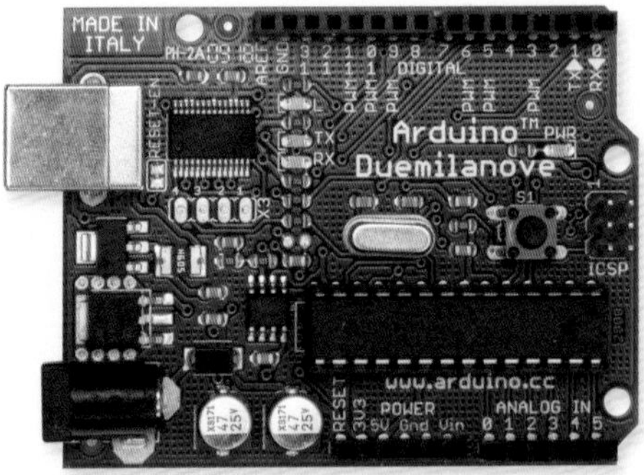

● Arduino派生ボード

Arduinoは、ハードウェアの設計図を一般に公開しているオープンソースハードウェアの形態で提供されています。オープンソースハードウェアは、提供されている設計図を誰でも無償で利用することができます。また、Arduinoの設計図を元に、カスタマイズした製品を開発することも許可されています。

そのため、Arduinoから提供される情報を元に互換性のあるマイコンボード（**Arduino互換機**）が開発されています。これらのマイコンボードであっても、プログラミング方法や使えるインタフェースなどが、Arduinoと同じです。そのため、Arduino同様に利用できます。Arduino互換マイコンボードには、主に次のような製品があります。

100%互換性を保った「Freaduino」

「**Freaduino**」は、ElecFreaks社が提供する、Arduinoと100%の互換性を確保したArduino互換機です。Arduino Uno、Arduino Duemilanove、Arduino Due、Arduino Mega、Arduino Microそれぞれの完全互換性がある機器を提供しています。Arduino Unoの互換製品は「Freaduino Uno」といった具合に、「Arduino XXX」のArduinoの部分をFreaduinoに置き換えた商品名が付けられています。

FreaduinoはArduinoとの互換性を保ちつつ、カスタマイズされているのが特長です。まず、動作電圧が、5Vと3.3Vのいずれかにスイッチ1つで切り替えられます。3.3Vで動作するデバイスでも、電圧変換せずにFreaduinoで制御可能です。

デジタル入出力端子で合計2A（2Aは2000mA。Arduinoは200mAまで）までの電流を扱えるため、比較的大きな電流が必要なモーターのような機器を、外部電源を使用せずにFreaduinoの端子に直接接続して動作させられます。

ボード上には、ソケット状の端子のほかにピン状の端子が配置されており、接続する部品の端子形状を気にせず接続できます。「V」と記載されている端子は電圧出力、「G」と記載されている端子はGND（電源のマイナス側。p.104参照）として利用できます。

●Arduinoとの互換性を保ちつつカスタマイズされた「Freaduino Uno」

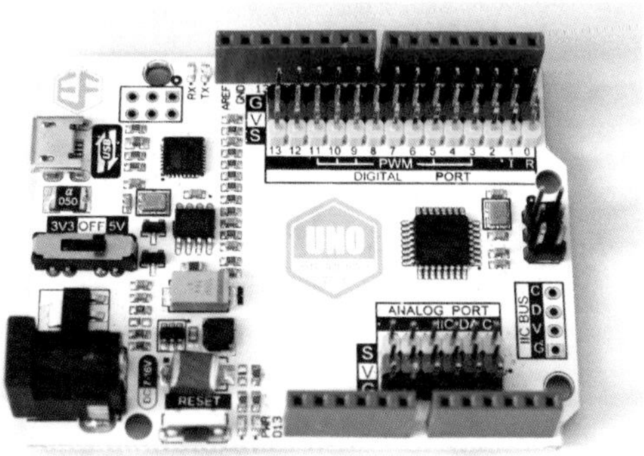

親指に乗るほど小さい「Trinket」

Adafruit社が提供するArduino互換機「**Trinket**」は、非常に小さいのが特徴です。横31mm縦15.5mmと、Arduino Nanoの横43.2mm縦17.8mmよりも一回り小さく、作成するデバイスをできる限り小型化したい用途に向いています。

基板自体が小さいため端子は10本しかありませんが、Arduino Unoと同様にデジタル入出力、アナログ入出力、I^2C、SPIが搭載されています。ただし、それぞれの機能は各端子で共有しており、プログラムで使う機能を選択することとなります。

プロセッサにATtiny85を搭載、動作周波数は8MHz、メインメモリーは512バイト、記憶領域が8KバイトとArduino Unoに比べ性能が劣ります。ただし、処理が少ない電子回路の制御には十分実用に耐えられます。

Trinketは、動作電圧が5Vと3.3Vの2種類の製品が販売されています。用途に応じて選択しましょう。

また、Arduino Unoとほぼ同等の端子を装備した「**Pro Trinket**」も販売されています。Pro Trinketの大きさは横38mm、縦18mmです。

●Arduino Nanoよりも小さい「Trinket」

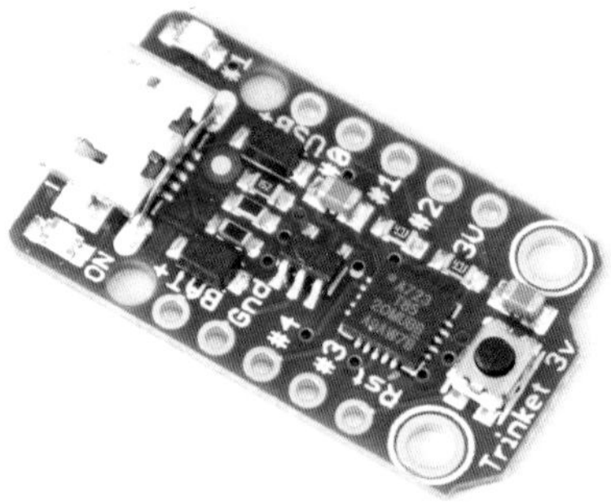

Arduinoボードを自作できる「ATmega168/328マイコンボード」

Arduinoはオープンソースハードウェアなので、無償提供されている回路図や基板の配置図などを参照すれば自分でArduinoボードを作成できます。しかし、実際に作成するとなると、必要な部品の用意や、部品を付ける基板を自分で作る必要があります。これには、エッチングといった化学的な処理やドリルでの加工などの工作が必要で手軽には製作できません。

秋月電子通商では、Arduinoを自作できる基板を150円で販売しています。この基板を利用すればエッチングなどの処理を省略してArduinoボードを自作できます。

さらに、同社の「**ATmega168/328マイコンボードキット**」は、必要な部品をパッケージした製品です。この製品を用いれば、部品をはんだ付けするだけでArduinoを自作できます。16MHzと20MHzの水晶発振器が同梱されており、動作周波数を作成者が選択できるようになっています。このほか、付属しているATmega168プロセッサだけでなく、ATmega328にも対応しています。

●はんだ付けだけで自作できる「ATmega168/328マイコンボード」同梱部品

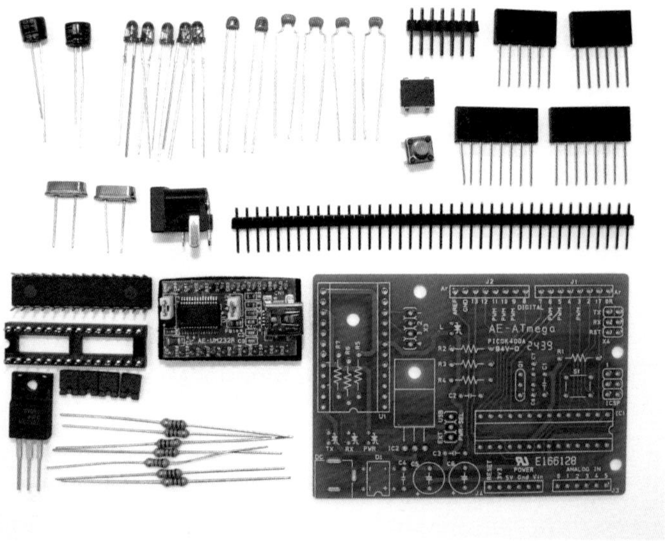

無線LAN機能を搭載した小型マイコン「ESP-WROOM」

Espressif Systemsが開発する「**ESP-WROOM**」は、無線LAN機能を標準で搭載しており、ネットワーク上の情報を使った電子回路の制御が可能です。日本の技適マークも取得しており、無線LANを日本国内で合法的に使えます。

プロセッサは32ビットで動作するため、高速な処理が可能です。インタフェースにはデジタル入出力やI^2C、SPIなど一般的な電子回路を制御するための端子が用意されています。また、Arduino IDEを使ったプログラムの開発も可能となっています。

ESP-WROOMは、「**ESP-WROOM-02**」と「**ESP-WROOM-32**」が販売されています。ESP-WROOM-02は、サイズが18×20×3mmと小さいうえに、250円程度で購入できます。ただし、デジタル入出力が9端子、アナログ入力が1端子と接続端子が少ないモデルです。一方、ESP-WROOM-32は500円と若干高価ですが、デジタル入出力が21端子、アナログ入力が16端子利用できます。さらに、アナログ出力端子を2端子搭載しているのも特徴です。

●無線LANで通信ができる「ESP-WROOM-02」

ESP-WROOMは端子の間隔が1.5mmなので、ブレッドボードには直接差し込めません。秋月電子通商やスイッチサイエンスでは、ブレッドボードに直接差し込めるようにしたモジュールを販売しています。

主なArduino互換製品のスペック

	Freaduino UNO	Trinket	ATmega168/238 マイコンボード	ESP-WROOM-02	ESP-WROOM-32
開発元／販売元	ElecFreaks	Adafruit	秋月電子通商	Espressif Systems	Espressif Systems
プロセッサ（動作周波数）	ATmega328（16MHz）	ATtiny85（8MHz）	ATmega168P（16MHz、20MHz）	ESP8266EX（80MHz）	Tensilica LX6（240MHz）
メインメモリー	2Kバイト	512バイト	1Kバイト	36Kバイト	520Kバイト
フラッシュメモリー	32Kバイト	8Kバイト	16Kバイト	4Mバイト	4Mバイト
デジタルI/O	14	5	14	11	21
PWM出力	6	3	6	3	16
アナログ入力	6	3	6	1（0～1Vの範囲に対応）	16
アナログ出力	—	—	—	—	2
端子の定格電流	各端子2A	各端子20mA	各端子40mA	不明	不明
動作電圧	5V、3.3V	5Vまたは3.3V※1	5V	3.3V	3.3V
電源入力電圧	7～23V	5.5～16V	9～15V	3.0～3.6V	2.2～3.6V
出力電圧	5V、3.3V	5Vまたは3.3V※1	5Vまたは3.3V	3.3V	3.3V
プログラム書込端子	USB（micro-B）、ICSP	USB（Mini-B）	USB（Mini-B）、ICSP	UART	UART
その他インタフェース	UART、I^2C、SPI	I^2C、SPI	UART、I^2C、SPI	IEE802.11 b/g/n、UART、I^2C、I2S、SPI、IrDA	IEE802.11 b/g/n、Bluetooth 4.2、UART、I^2C、I2S、SPI、IrDA
サイズ	68×53mm	31×15.5mm	80×55mm	18×20mm	18×25.5mm
参考価格	約2,300円	約1,000円	2,100円	約900円※2	約1,500円※2

※1 Trinketは動作電圧が5V用、3.3V用の製品が用意されている。また、出力電圧は動作電圧に準ずる
※2 ESP-WROOMは、必要な電子パーツなどを取り付けた開発キットの価格を示した

Chapter 1-3

Arduinoの入手と周辺機器

ここでは、Arduinoの入手方法について紹介します。また、Arduinoを使う上で必要となる機器についても紹介します。

● Arduinoの入手

Arduinoは秋葉原や日本橋などにある電子パーツを販売する店舗で取り扱っています。秋葉原であれば秋月電子通商や千石電商などで購入可能です。また、最近ではヨドバシカメラのような一部の家電量販店でもArduinoの販売をしていることがあります。

オンラインショップでも購入可能です。主なオンラインショップを以下に示しました。Webサイトにアクセスし、検索ボックスで「Arduino」と検索したりカテゴリからたどることで商品の購入画面に移動できます。

- スイッチサイエンス
http://www.switch-science.com/
- Amazon
http://www.amazon.co.jp/
- 共立電子
http://eleshop.jp/shop/
- マルツオンライン
https://www.marutsu.co.jp/
- ストロベリー・リナックス
http://strawberry-linux.com
- せんごくネット通販
http://www.sengoku.co.jp/index.php
- 秋月電子通商
http://akizukidenshi.com/
- ヨドバシカメラ
https://www.yodobashi.com/

Arduino Unoが約3,000円、Arduino Nanoが約2,000円程度です。Arduinoは輸入製品で、取扱店舗や輸入時期により価格が異なります。Arduino Unoはほとんどの販売店で扱っていますが、Arduino DueやArduino Nanoなどは扱っていない店舗もあります。

Arduinoには多くのエディションがあり、どれを購入すべきか分からないこともあるかもしれません。適切なエディションが分からない場合は、基本モデルである「**Arduino Uno**」を選択しましょう（本書ではArduino Unoを前提に解説しています）。

● 必要な周辺機器を準備しよう

Arduinoを用意してもそれだけでは利用できません。Arduinoへプログラムを転送するためにパソコンは必須です。また、電気を供給するACアダプターや電子工作に必要な各部品も用意しておきましょう。ここでは、必要な周辺機器について説明します。

パソコン

Arduinoは単体で動作するマイコンボードですが、プログラムを転送しなければ何も動作しません。Arduinoで利用するプログラムの作成や、作成したプログラムをArduinoへ転送するためにはパソコンが必須です。

パソコンはWindows（Windowsタブレットを含む）、Macのいずれでも問題ありません。

NOTE

Webブラウザを使って開発できる

Arduinoでは、オンラインで開発ができる「**Arduino Web Editor**」のサービスを提供しています。このサービスでは、Webブラウザを使ってサービスにアクセスすることで、Arduinoのプログラム作成ができます。専用のプラグインを導入しておくことで、Windowsやmacなどに Arduinoを接続して、作成したプログラムをArduinoに送り込むことも可能となっています。

作成したプログラムはArduinoが提供しているサーバー上に保存でき、どこからでもプログラムを編集することが可能です。

また、Webブラウザさえあれば利用できるため、スマートフォンやタブレットといった機器からでも扱うことが可能です。ただし、AndroidやiOS向けのプラグインが用意されていないため、直接Arduinoへ書き込みはできません。

●Web上で開発が可能な「Arduino Web Editor」

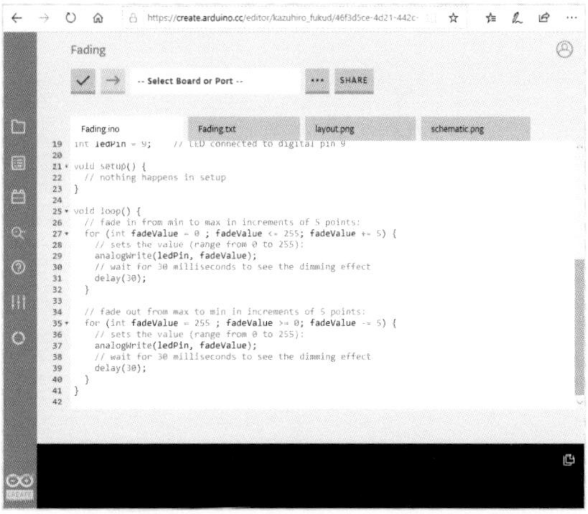

NOTE

タブレットやスマートフォンでも開発可能

ArduinoにはWindows、macOS、LinuxなどのパソコンOS用の開発ツールが提供されていますが、AndroidやiOSなどのスマートフォン／タブレット用OSで開発できる開発ツールは提供していません。

Android端末を利用している場合、公式ではありませんが、第三者が用意した開発ツールが利用できます。Androidスマートフォンやタブレットの場合は、「**ArduinoDroid**」を使用することでプログラムの作成やArduinoへプログラムの転送などができます。

ArduinoDroidは、Android用アプリストアである「Google Play」からインストールできます。また、Arduinoへのデータ転送のために、USB AからUSBマイクロBに変換するケーブルが別途必要です。

iPhoneやiPadなどのiOS搭載端末で開発するためには、Arduino開発ツール「**ArduinoCode**」が提供されています。ArduinoCodeを導入すれば、iPhoneやiPadなどでプログラム作成が可能です。ただし、iPhoneやiPadからArduinoへは直接接続できません。そのため、ArduinoCodeで作成したプログラムは、MacやWindowsパソコン経由で転送する必要があります。

●AndroidでArduino用プログラムを開発可能な「ArduinoDroid」

USBケーブル

パソコン上で作成したプログラムは、**USBケーブル**を利用してArduinoへ転送します。さらに、USBは給電できるため、転送用ケーブルを介してパソコンからArduinoへ給電することも可能です。USBケーブルがあればACアダプターを用いずにArduinoを動作させられます。

Arduino本体左上にある銀色の四角い端子がUSB端子です。ここにUSBケーブルを接続します。

●ArduinoのUSB端子

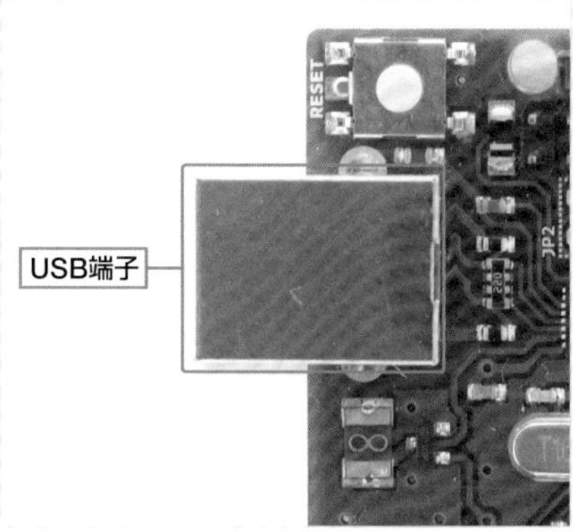

接続に利用するUSBケーブルは、一方が「USB Aオス」（パソコン接続側）、もう一方が「USB Bオス」（Arduino接続側）になっているケーブルを選択します。商品には「USB2.0ケーブル A-Bタイプ」などと記載されています。

●USBケーブルの一例

NOTE

Arduinoによって USBの形状が異なる

Arduino UnoのUSB端子は、Type Bとなっています。しかし、利用するArduinoによっては端子の形状が異なり、利用するUSBケーブルも異なります。例えば、Arduino Nanoは「mini-B」、Arduino Nano 33やArduino Micro、Arduino Dueなどは、「micro-B」を採用しています。さらに新たなモデルとなるPortenta H7やArduino互換機の一部では「Type-C」が採用されていることもあります。利用するArduinoのUSBの形状を確認し、対応したUSBケーブルを購入するようにしましょう。

ACアダプター

Arduinoをパソコンに USB接続せずに動作させる場合は、「**ACアダプター**」からの給電が必要です。Arduino本体左下にある黒い端子にACアダプターを接続できます。

ACアダプターには、出力形式、出力電圧、供給可能な電流が記載されています。Arduinoを動作させるには、直流7～12Vの電圧が必要です。出力電圧が直流9VのACアダプターを選択すると良いでしょう。「DC9V」などと記載されています。

供給可能な電流は、値が大きいほど大容量の電力が必要な機器を動作させられます（ACアダプターの供給電流が大きくても、供給を受ける側には必要な電流のみ流れます）。Arduino Uno本体だけであれば、最低42mAで動作できます。しかし、Arduino本体以外にも、Arduinoに接続した電子部品でも電気を使います。Arduino本体の動作だけを考えて最大電流が小さいACアダプターを選択すると、供給電流が不足してArduinoが停止してしまう恐れがあります。1A以上の電流を供給できるACアダプターを選択するようにしましょう。

ACアダプターの端子部分であるプラグの形状やサイズにも注意が必要です。Arduinoの電源端子に接続するには外形5.5mm、内径2.1mmのプラグが搭載されたACアダプターを選択します。さらに、プラグ中央がプラス電極となっている「**センタープラス**」の製品を選択する必要があります。

ACアダプターは電子パーツ販売店で購入できます。出力電圧がDC9V、電流1.3Aの商品であれば約700円前後で購入可能です。

前述したように、ArduinoはUSBケーブルでパソコンへ接続しても、パソコンから給電され動作できます。つまり、USB端子が搭載されたACアダプターをUSBケーブルで接続すれば給電できるということです。USB形式のACアダプターはスマートフォンなどに利用されているため、比較的容易に入手できます。

USB形式のACアダプターを購入する際に注意が必要なのが、出力できる電流です。一般的なACアダプター同様、供給できる電流が少ないと突然Arduinoが停止してしまう恐れがあるためです。USB形式のACアダプターも、1A出力できるものを選択すると良いでしょう。1A出力可能なUSB形式のACアダプターならば、500円程度で購入が可能です。

●Arduinoの電源端子

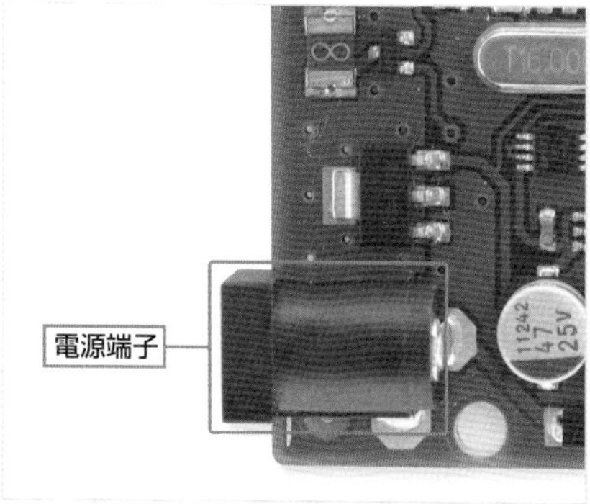

●ACアダプターの一例

●USB形式のACアダプターの一例

NOTE

給電について

Arduinoへの給電についてはp.30を参照してください。

KEYWORD

ACアダプター

電気には、常に一定の電圧を保ち続ける「**直流**」(**DC**:Direct Current)と周期的に電圧が変化する「**交流**」(**AC**:Alternating Current)の2種類の電気の流れ方があります。例えば、直流であれば5Vの電圧が常に供給されます。一方、交流の場合は+5Vと-5Vを周期的に変化します。
家庭用のコンセントからは交流100Vが供給されます。しかし、パソコンやArduinoなどの機器では、直流で動作する仕組みとなっているため、直流から交流へ変換が必要となります。この際利用されるのが「**AC/DCコンバータ**」(ADC)です。
また、Arduinoは5Vの電圧で動作するようになっていますが、家庭用コンセントの100Vでは大きすぎます。そこで100Vから5Vに出圧の変換が必要です。
この2つの機能を兼ね備えたのが「**ACアダプター**」です。家庭用コンセントからArduinoで利用できる電圧までACアダプター1つで変換できます。

各種電子パーツ

Arduinoは、本体に搭載されたインタフェースに電子パーツを接続して制御できます。制御できる電子パーツは、明かりを点灯するLED、数字を表示できる7セグメントLED、文字などを表示できる液晶デバイス、物を動かすのに利用するモーター、明るさや温度などを計測する各種センサーなど様々です。これらパーツを動作させたい電子回路によって選択します。

●電子パーツの一例

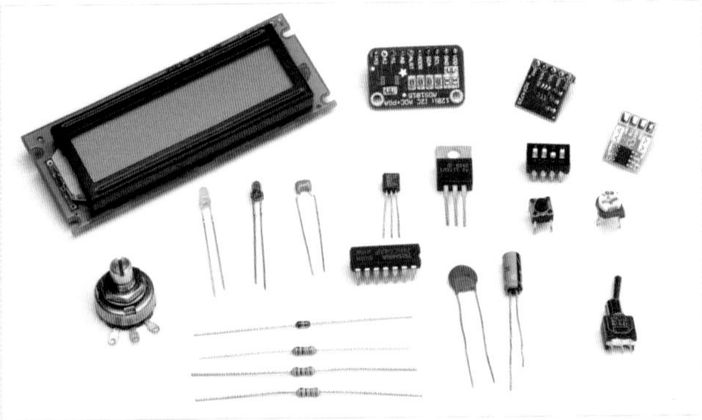

NOTE

電子パーツについて

電子工作や本書で利用する各電子パーツなどについては、Part4以降で説明します。また、本書で利用した電子パーツをp.262にまとめています。

初めてArduinoを利用したり電子工作をする場合は、Arduinoと基本的な電子パーツがセットになった「**スターターキット**」を購入しても良いでしょう。Arduino本体、電子工作を簡単に作れるブレッドボードやLEDなど、基本的な電子パーツや導線などがセットになっており、電子パーツを自分で集める手間が省けます。このスターターキットをベースに、足りない電子パーツを買い足していくと良いでしょう。

●スイッチサイエンス「Arduinoをはじめようキット」内容物

主に、次の表のようなスターターキットが販売されています。

●主なArduinoスターターキット（2022年7月現在）

名称	販売元	価格	販売店URL
Arduinoをはじめようキット	スイッチサイエンス	5,720円	http://www.switch-science.com/catalog/181/
みんなのArduino入門：基本キット	スイッチサイエンス	5,500円	http://www.switch-science.com/catalog/1608/
みんなのArduino入門：基本キット	スイッチサイエンス	4,400円	http://www.switch-science.com/catalog/1608/
Arduinoスターターキット V2	SeeedStudio	6,500円	http://www.sengoku.co.jp/mod/sgk_cart/detail.php?code=EEHD-4NSF
The Arduino Starter Kit	Arduino	15,770円	http://akizukidenshi.com/catalog/g/gM-10096/

Chapter
1-4

Arduinoへの給電

Arduinoへの給電は、ACアダプターの他にUSB端子からの給電にも対応しています。また、Arduinoに接続した機器や電子回路の消費電力が大きい場合は、Arduinoからだけではなく別途接続機器へ直接給電することで、Arduinoを安定して動作させられます。

● ACアダプター以外から給電する

Arduino本体は消費電力が約0.3W程度で動作します。そのため、**ACアダプター**のように常にコンセントに接続しているような給電方法だけでなく、電池だけで駆動することも可能です。電池を利用すればコンセントが無い環境でも動作させることが可能です。自走ロボットのように自由に動かす工作の場合に、電池だけで動作できれば電源ケーブルを接続しないですみます。

ただし、電池で動作させるには少々手間がかかります。電池ボックスを用意してArduinoの電源ジャックに差し込めるよう工作が必要です。そこで、スマートフォン用のUSB外部バッテリー（**モバイルバッテリー**）を活用することで、工作をせずにArduinoへ給電できます。モバイルバッテリーはUSBケーブルを利用するため、ArduinoのUSBポートにそのまま差し込んで給電できます。また、市販されている多くの外部バッテリーは充電機能を実装しているので、繰り返し利用できるのも利点です。

USB外部バッテリーをArduinoで利用する場合にはいくつか注意点があります。まず、Arduinoへの給電の差し込み口がUSB（タイプB）である必要があります。Androidスマートフォン用の製品の場合、端末側のコネクタがmicroUSB（タイプB）となっているので、そのままではArduinoに差し込めません。

供給できる電流も確認しておきましょう。Arduino本体は最低42mAの電流で動作しますが、電子回路を接続した場合は回路上の部品にも電源の供給が必要です。余裕を持って1Aの電流を供給できるモバイルバッテリーを選択しましょう。

バッテリー容量も確認しておきましょう。容量が大きいほどArduinoを動作させる時間が長くなります。仮に6000mAhのバッテリーであれば、Arduino本体のみであれば最大140時間程度動作させることが可能です。実際は電子回路を接続するため、回路によっては動作時間はそれよりも短くなります。

●モバイルバッテリーの例

NOTE

Arduinoを電池で駆動させる

Arduinoは本体の消費電力が少ないため乾電池でも動作します。電力消費の少ない電子部品を組み合わせて乾電池から給電すれば、電気の供給が手軽です。例えば、温度センサーで周囲の温度を計測してキャラクターディスプレイに表示するだけならば、乾電池駆動でも十分です。なお、モーターのような電力消費が大きい電子パーツも乾電池で動作可能ですが、駆動時間が短くなるので注意が必要です。
電池を接続する場合は、電源関連のソケットにある「VIN」に電池の＋極を接続し、GNDに－極を接続すればArduinoが起動します。接続する電池は、6Vから20Vのものを使います。例えば四角形の乾電池「006P」は9Vの電圧を出力できます。乾電池1本（1.5V）だけを接続しても電圧が不足して正常に動作しません。
なお、Arduino Nano Every、Arduino Nano 33はDC/DCコンバーターを搭載しています。電圧が低い電源でも昇圧して5Vに変換するため、電池1本でも動作可能です。

●乾電池でArduinoを動作させる

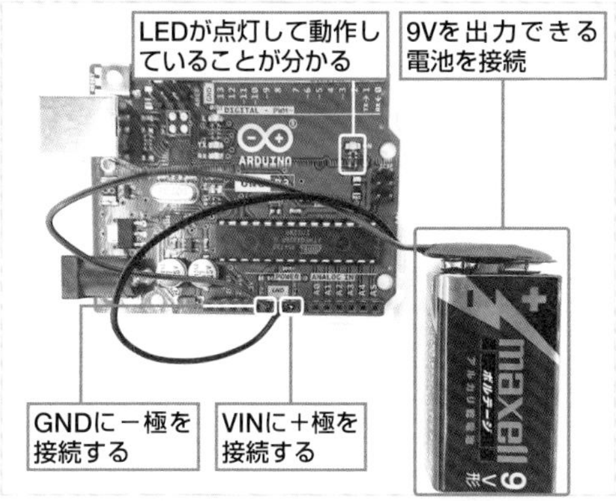
LEDが点灯して動作していることが分かる
9Vを出力できる電池を接続
GNDに－極を接続する
VINに＋極を接続する

● 接続する回路の消費電力には注意が必要

Arduinoには**電力定格**があります。Arduinoへは1Aまでの電流を供給できます。これ以上の電流を供給すると、搭載されているヒューズによって給電が遮断し、Arduinoが壊れるのを防ぎます。

この電力定格は、Arduino本体を動作させる電力だけでなく、作成した電子回路で消費する電力も制限します。多量のLEDを接続したり、モーターのような消費電力の大きな部品を電子回路で利用すると、電力の上限に達して給電が遮断されます。給電が遮断されると、Arduinoは強制的に再起動されます。Arduinoに電力定格を上回る電力消費の大きな機器を接続してはいけません。

Arduinoの定格電力を上回る電力消費をする電子回路を動かすには、Arduinoからでなく別ルートで機器へ給電します。

電子回路への給電

Arduinoのデジタル入出力の各ソケットは40mAまでの電流に制限されています。さらに、インターフェイスのソケットに流れる電流の合計が200mAを超えてはなりません。例えば、LEDに20mAを流す電子回路を組む場合、10個以上のLEDを接続するとArduinoの動作が不安定になる恐れがあります。

Arduinoの定格電流を超える電流供給が必要な部品や素子などを動作させる際は、Arduinoの各ソケットに直接接続してはいけません。そのような場合は、**トランジスタやFET**（**電界効果トランジスタ**）など、電流を増幅する素子や、**モーター制御IC**などを利用して接続します（モーター制御ICについてはp.145を参照）。

なお、+5V電源ソケットはACアダプターからほぼ直接供給しているため、デジタル入出力ソケットのような制限がありません。しかし、前述したようにArduinoに供給する電流が1Aを超えるとArduinoは停止してしまいます。この場合は、Arduinoを介さず電源から直接電子回路に給電することで解決できます。

電子回路へ直接ACアダプターで電源供給する場合は、電子回路が利用する電流に応じたACアダプターを選択してください。なお、電子回路へ直接電力を供給する場合は、外部供給した電流がArduinoに流れ込まないような工夫が必要です。電流が流れ込んでしまうと、Arduinoに搭載された部品が過電流により壊れる恐れがあります。

●電子回路にACアダプターから直接電力を供給する

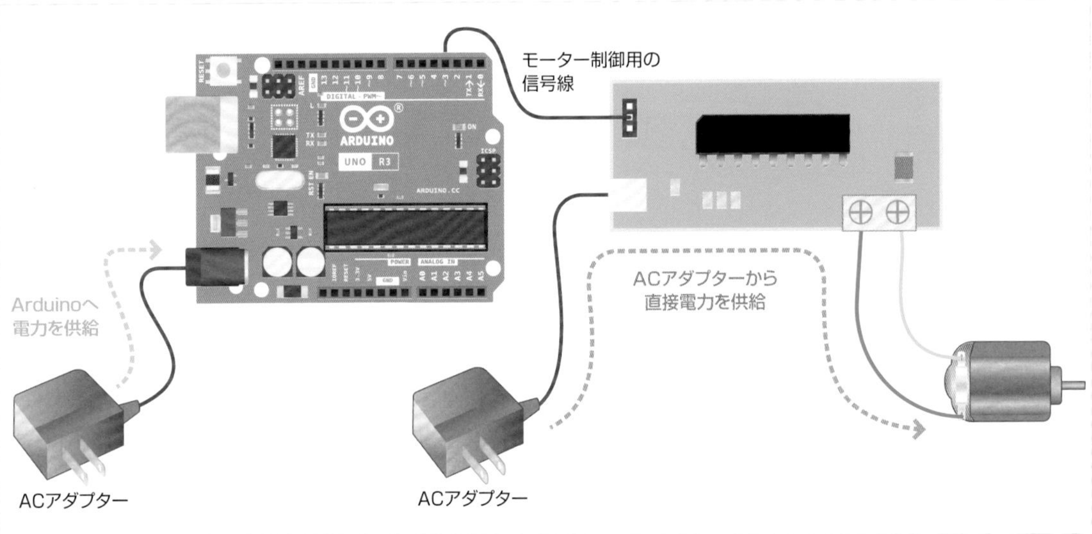

Part 2

Arduinoの準備

Arduinoを利用するには、パソコン上で作成した制御用プログラムをArduinoに転送する必要があります。プログラムの作成や転送に利用するのが開発環境です。ここでは、Arduinoの開発環境をパソコンに用意して、プログラムを作成できるようにしましょう。

Chapter 2-1　Arduinoを動作させるには
Chapter 2-2　Arduino IDEを準備する
Chapter 2-3　Scrattino3を準備する

Chapter
2-1

Arduinoを動作させるには

Arduinoで電子回路を制御するには、パソコン上で作成したプログラムをArduinoへ転送する必要があります。プログラムの作成には、Arduino IDEやマウス操作だけでプログラムの作成が可能なScrattinoなどが利用可能です。

Arduinoを動作させる

制御したい電子回路をArduinoの各インタフェースに差し込んで電源を接続しただけでは、電子回路は動作しません。電子回路を制御するプログラムを作成し、Arduinoに転送しておく必要があります。

制御プログラムはパソコン上で作成し、書き込みツールを利用してArduinoに転送します。転送が完了すれば、Arduino上でプログラムが実行され、電子回路が動作するようになります。

転送したプログラムはArduino上のフラッシュメモリー内に保存され、電源を切ってもそのまま保持されています。再びArduinoの電源を投入すれば、自動的に保存されたプログラムが読み込まれます。プログラムの実行にパソコンは必要ありません。

NOTE

電源の供給方法

Arduinoへの電気の供給方法についてはp.30を参照してください。

●パソコンで作成したプログラムをArduinoに転送する

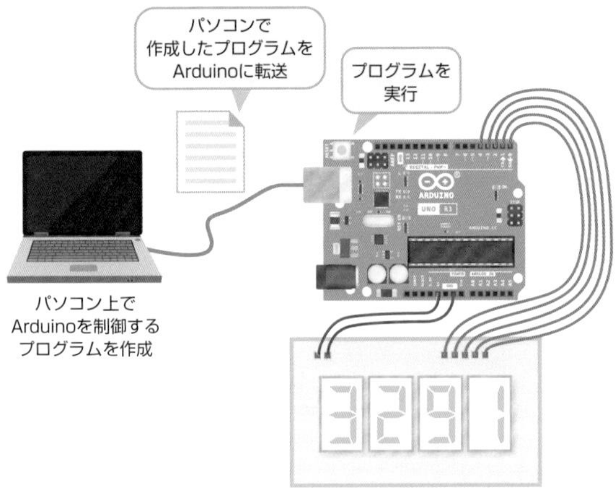

プログラムに従って電子回路が動作する

●保存されているプログラムが起動する

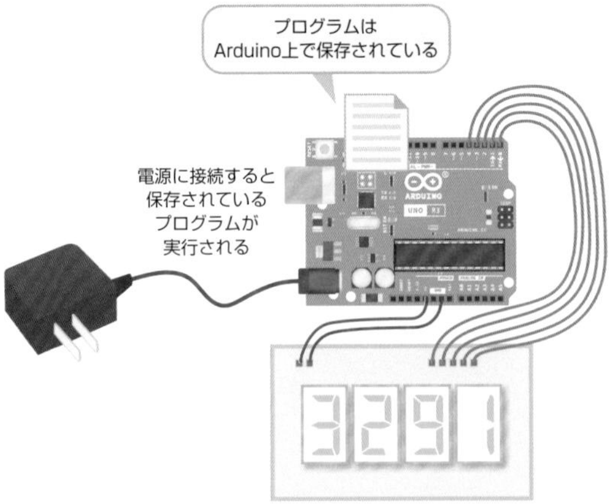

パソコンにつながなくても電子回路が動作する

NOTE

プログラムの動作がおかしい場合

転送したプログラムが途中で正常に動作しなくなった場合や、プログラムを最初から動作させたい場合は、Arduino本体上にある「リセット」ボタンを押します。Arduinoが再起動してプログラムを一から実行します。

●Arduinoを再起動する「リセット」ボタン

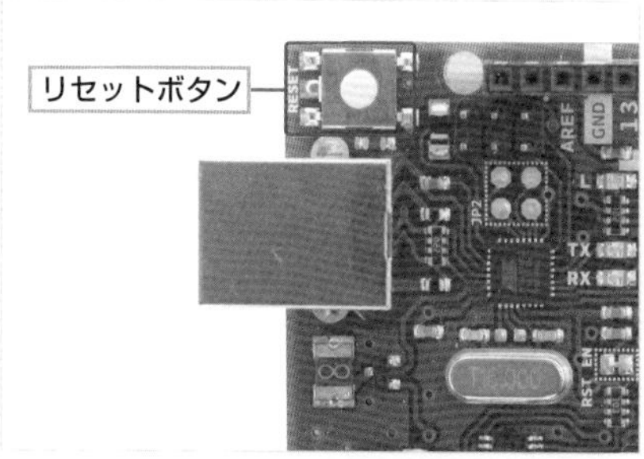
リセットボタン

Arduinoで電子部品を制御するプログラムの作成

Arduinoで電子部品を制御するには、制御用のプログラムを作成する必要があります。例えば「温度センサーで現在温度を計測し、計測した温度が規定温度よりも高いか否かを判定し、温度が高い（暑い）と判定したら扇風機を動かす」といった動作を、プログラミング言語の構文に則って作成します。作成したプログラムを実行すると、Arduinoはそれに則って電子回路を制御します。

プログラミングするには、プログラムを作成する環境（**開発環境**）をパソコンに準備しておく必要があります。Arduinoではいくつかの開発環境が利用できます。

●電子回路の制御にはプログラミングが必要

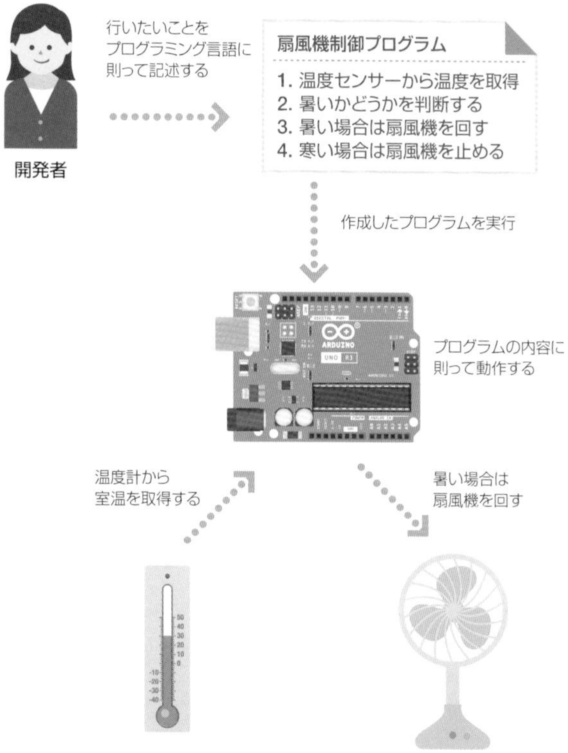
開発者
行いたいことを
プログラミング言語に
則って記述する
扇風機制御プログラム
1. 温度センサーから温度を取得
2. 暑いかどうかを判断する
3. 暑い場合は扇風機を回す
4. 寒い場合は扇風機を止める
作成したプログラムを実行
プログラムの内容に
則って動作する
温度計から
室温を取得する
暑い場合は
扇風機を回す

Arduinoが提供する「Arduino IDE」

Arduinoには、Arduino用開発環境「**Arduino IDE**」が提供されています。Arduino IDEでは、編集画面にArduino用の開発言語を記述してプログラムを作成します。Arduino用の開発言語は「C++」に似た形態です。Arduino IDEで作成するプログラムのことを「スケッチ」と呼びます。

Arduino IDEには作成したプログラムをチェックする機能や、Arduino本体への転送機能が実装されています。Arduino IDEだけでプログラム作成から、Arduino本体への転送まで一括で作業できます。

Arduino IDEの導入方法についてはChapter 2-2で、基本的な使い方についてはChapter 3-1、3-2で説明します。

●Arduino開発環境の「Arduino IDE」

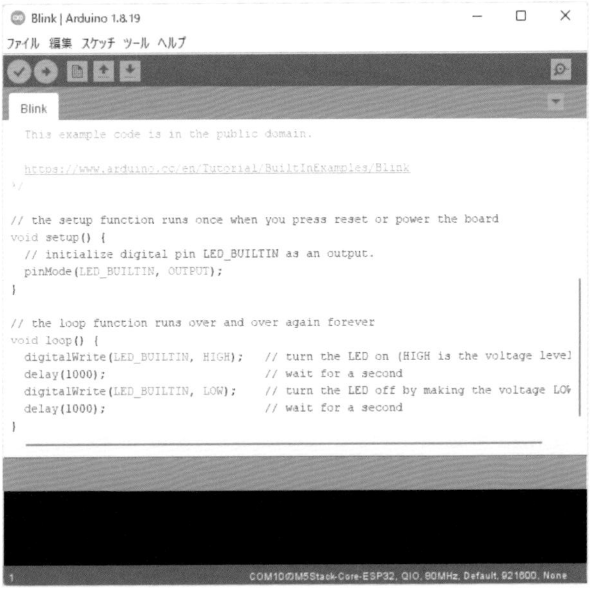

マウス操作でプログラミングできる「Scrattino」

Arduino IDEは専用エディタで構文に従ってプログラムを記述します。Arduino IDEでプログラムを作成する場合、各種命令の利用方法を覚えておく必要があります。利用したい機能を提供する関数も知っておく必要があり、プログラミング初心者にとってはハードルが高く感じられるかもしれません。

プログラミング初心者にお勧めなのが、プログラミング言語学習用環境「**Scratch**（スクラッチ）」です。Scratchは、あらかじめ用意されているアイテムをマウスで配置していくだけでプログラムを作成できる**プログラミング言語**（**プログラム学習環境**）です。**命令**名や**関数**名などを覚えておく必要がなく、視覚的にプログラミングが可能です。ただし、WindowsやMacで利用できる標準状態のScratchでは、Arduinoの制御はできません。

Scratch環境でArduinoの制御用プログラムを作成できるのが「**Scrattino3**（スクラッチーノ）」（https://lab.yengawa.com/project/scrattino3/）です。Scrattino3には、Scratchの基本的な命令に加えて、Arduinoの各インタフェースを制御できるようにArduino制御用の命令が拡張されています。

NOTE

ダウンロードして入手したソフトウェアを Mac で利用する際の注意

本書ではArduino IDEやScrattino3のMacへの導入方法なども解説しますが、Macはセキュリティ設定によってはダウンロードして入手したソフトウェアが動作しないことがあるため注意してください。特にMac 10.12 Sierra以降は、セキュリティが厳しく制限されており、環境によって動作しないことがあります。

●Scrattino3の開発画面

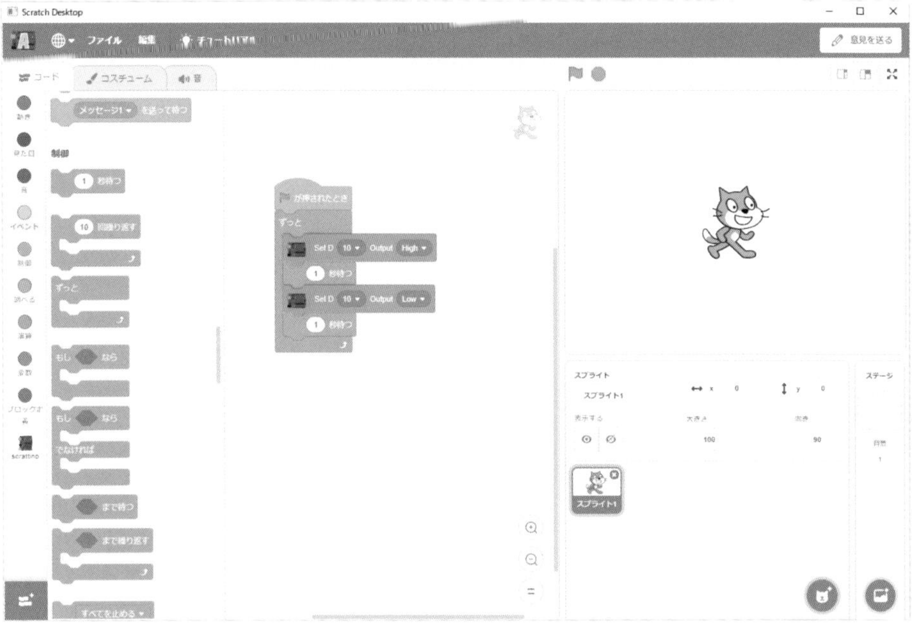

ただし、Scrattino3を用いる場合、Arduino単体で動作させることはできません。Scrattino3は常時パソコンとArduino間で通信して制御するため、Scrattino3で作成したプログラムでArduinoを制御するには、Arduinoとパソコンを接続したままで運用する必要があります。

NOTE

ブロックを配置してプログラミングを行える「ArduBlock」

Arduinoのプログラムを開発するツールは、Arduino IDEやScrattino3以外にもいくつかあります。「**ArduBlock**」(http://blog.ardublock.com/)はその中の1つです。ArduBlockはScrattino3同様に、ブロック状の命令を配置してプログラムを作成します。Arduinoでよく利用するデバイスのブロックがあらかじめ用意されており、ブロックを配置するだけでデバイスを簡単に利用できます。ArduBlockはArduino IDEの拡張機能として実装されるため、ArduBlockからArduinoへ直接プログラムの書き込みが可能です。Arduino IDEのプログラムに変換してからプログラムを書き込むため、Scrattino3と異なりパソコンから切り離してArduino単体で動作できます。

●ArduBlockの開発画面

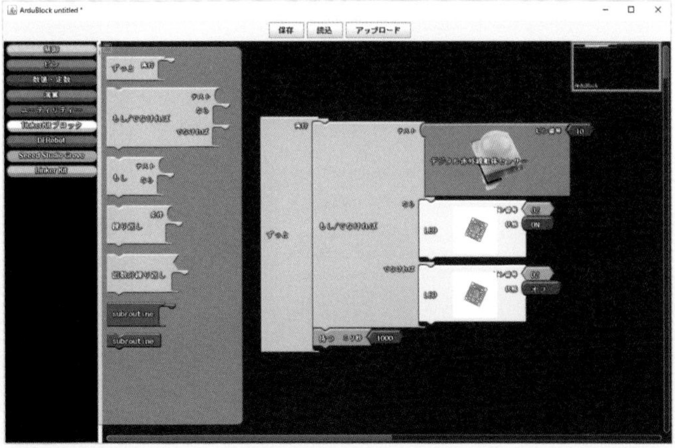

Chapter 2-2

Arduino IDEを準備する

Arduino IDEは、Arduinoの公式サイトから無償で入手可能です。パソコンにインストールしてArduinoのプログラムを作成できるようにしましょう。Arduino IDEは随時更新されていますが、本書では1.8系を使用して解説します。

● Arduino IDEを入手する

Arduino IDEをダウンロードしてパソコンにインストールしましょう。Arduino IDEはWindows版、Mac（OS X）版、Linux版が用意されています。それぞれArduinoの公式サイトのダウンロードページから入手可能です。本書ではWindows版とMac版（10.10以降用）のインストール方法について紹介します。Arduino IDEは随時更新され最新版が公開されていますが、本書では1.8系（バージョン1.8.19）を使用して解説します。

パソコンでWebブラウザを起動して「https://www.arduino.cc/en/Main/Software」にアクセスすると、これまでリリースされたArduino IDEをダウンロードできるページにアクセスします。「Download the Arduino IDE」の右にあるインストールするOSの種類をクリックします。Windowsの場合は「Windows Win 7 and newer」を、Macの場合は「Mac OS X 10.10 or newer」をクリックします。

●Arduino IDEのダウンロード

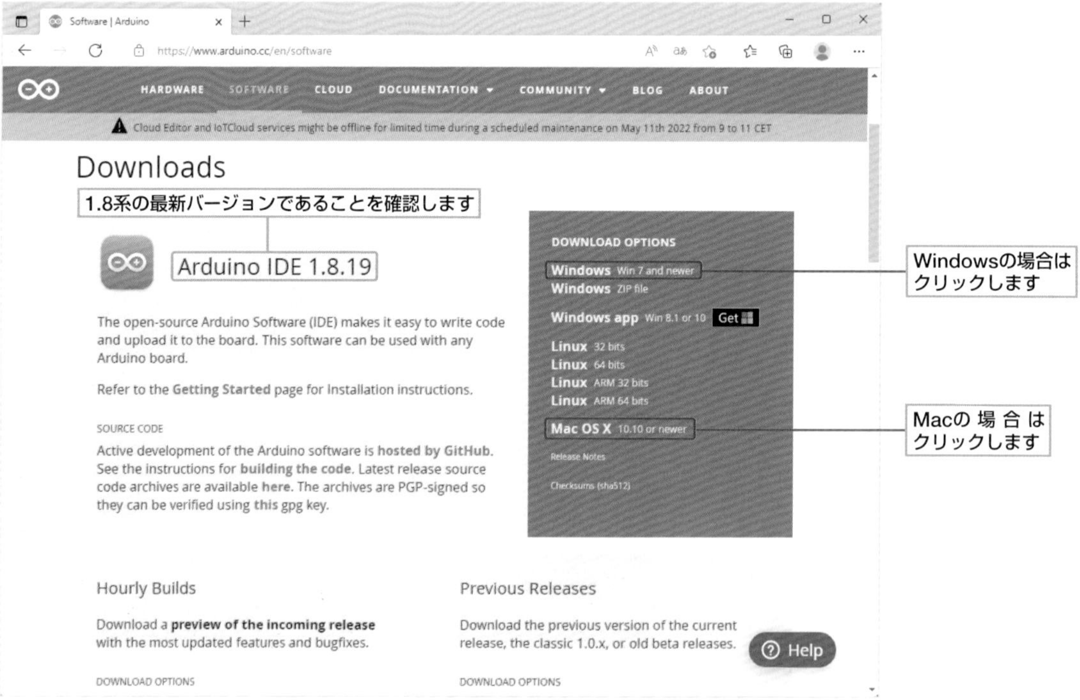

寄付の確認画面が表示されます。Arduino IDEは寄付しなくても利用可能です。寄付する場合は「CONTRIBUTE & DOWNLOAD」を、寄付しない場合は「JUST DOWNLOAD」をクリックします。

●寄付の選択

NOTE

Arduino IDE 1.8系以外のバージョンがリリースされた場合

Arduino IDEは開発が継続されており、将来バージョンが変わる可能性があります。本書はArduino 1.8系を前提に記事を執筆・検証していますが、1.8系内のマイナーバージョンアップの範囲内であれば、新しいバージョンのArduino IDEを利用しても問題はありません。
しかし、Arduino IDEがメジャーバージョンアップ（例えば2.0系など）した場合、機能の大幅な変更が予想されます。そのため、本書記載内容通りに読み進める場合は、必ず1.8系をインストールしてください。
Arduino IDEがメジャーバージョンアップされ、前ページで解説したダウンロードページでArduino 1.8系のダウンロードができなくなった場合は、https://www.arduino.cc/en/Main/OldSoftwareReleases#previousへアクセスして1.8系の最新バージョンを入手してください。

NOTE

Java実行環境が必要

Arduino IDEの起動には、**Java実行環境**が必要です。パソコンにJavaがインストールされていない場合（例えばMac Catalinaには、工場出荷状態ではJava実行環境がありません）は、https://java.com/ja/download/へアクセスして「無料Javaのダウンロード」をクリックしてJavaをインストールしておきます。

Arduino IDEをWindowsにインストールする

ダウンロードが完了したらWindowsにArduino IDEをインストールしましょう。本書ではWindows 11でのインストール方法を紹介しますが、Windows 10でも同様にインストール可能です。

1 ダウンロードフォルダに保存されている、Arduino IDEのインストーラをダブルクリックします。

2 ライセンスが表示されます。「I Agree」ボタンをクリックします。

3 インストール方法を指定します。通常はそのまま「Next」ボタンをクリックします。

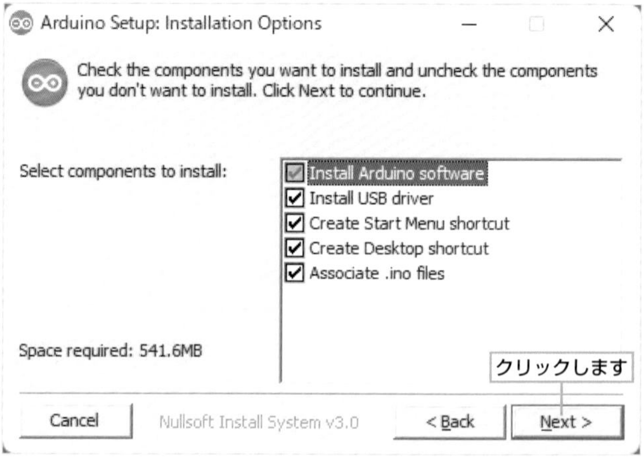

4 インストール先を指定します。通常はそのまま「Install」ボタンをクリックします。

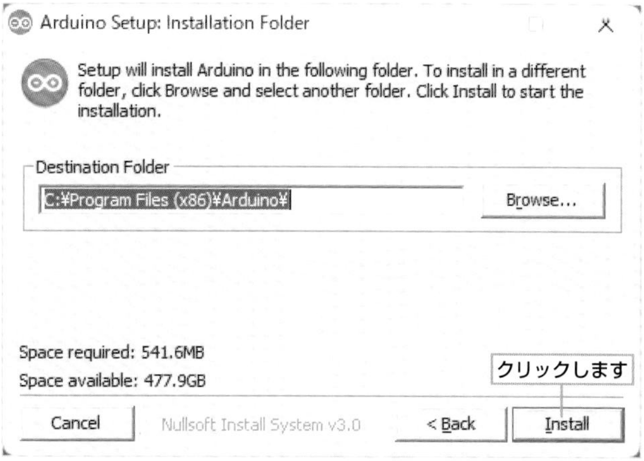

5 インストールが開始されます。途中で必要となる2つのドライバーをインストールします。いずれも「インストール」をクリックします。

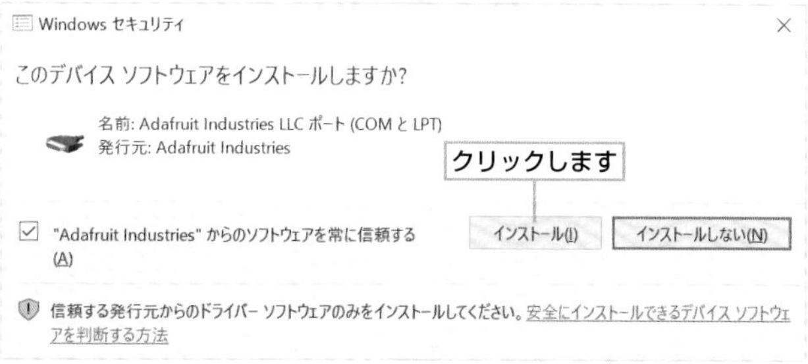

6 これですべてのインストールが完了しました。「Close」をクリックします。

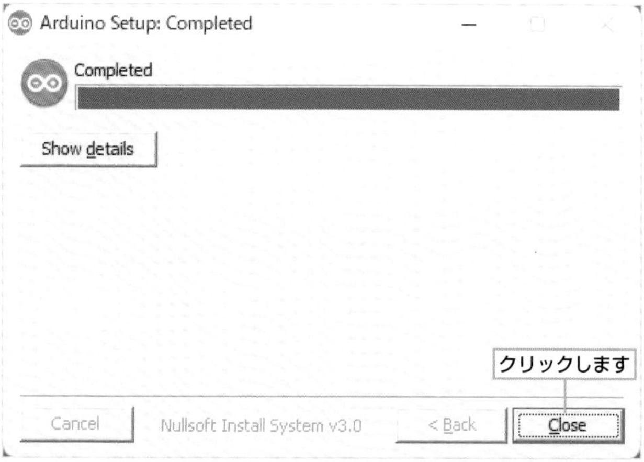

Part 2 Arduinoの準備

7 Arduino IDEを起動しましょう。スタートメニュー内にある「Arduino」をクリックします。

8 Arduino IDEが起動し、プログラムの編集画面が表示されます。

Arduino IDEをMacにインストールする

MacにArduino IDEをインストールしましょう。

1 Finderで「ダウンロード」フォルダを開き、ダウンロードしたArduino IDEのファイルを左の「アプリケーション」へドラッグ&ドロップします。

2 Arduino IDEを起動するには、Finderの「移動」メニューから「アプリケーション」を選択します。

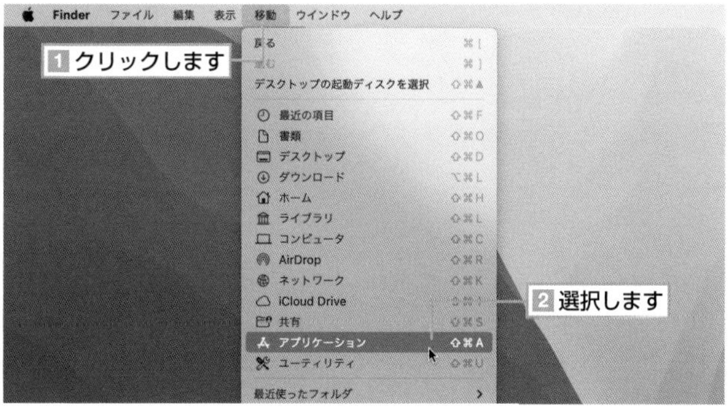

3 アプリケーションの一覧から「Arduino」を探し出し、ダブルクリックします。

4 初めて起動する場合は、警告メッセージが表示されることがあります。「開く」ボタンをクリックします。
また、設定によっては書類フォルダへのアクセス権を求められることもあります。「OK」ボタンをクリックします。

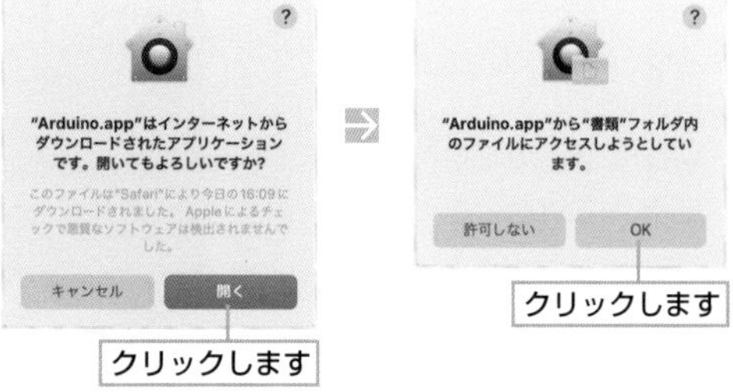

5 Arduino IDEが起動し、プログラムの編集画面が表示されます。

書き込み対象の製品を選択する

Arduino IDEを使う前に、あらかじめ設定しておくべきことがあります。対象となるArduinoのエディション（Arduinoボード）を選択することです。ボードを選択しておくことで、書き込みなどの設定がボードに合わせた状態になります。

ボードを設定するには「ツール」メニューの「ボード」を選択して、一覧から自分のArduinoボードを選択します。例えば、Arduino Unoを使う場合は「Arduino Uno」を選択します。なお、ツールメニューのボードには選択中のボード名が表示されています。

NOTE

Genuino Uno や Arduino Uno 互換機を利用する

Genuino UnoやArduino Unoに互換があるボードを利用する場合には、「Arduino Uno」を選択します。また、Arduino NanoやArduino Miniなどのほかのエディションに互換があるボードの場合もそれぞれ互換のあるボードを選択します。

●対象となるArduinoボードを選択する

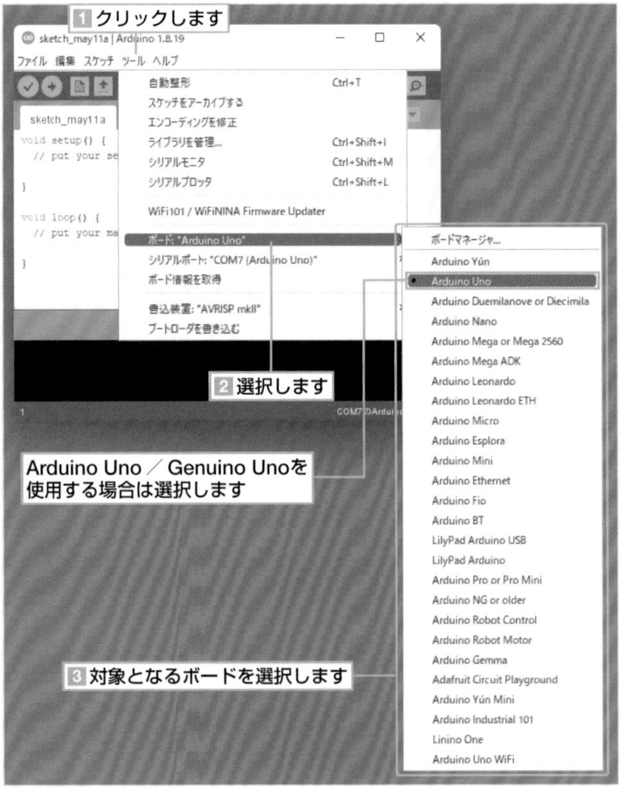

シリアルポートを選択する

Arduino IDEで作成したプログラムは、シリアル通信を利用してArduinoへプログラムを転送します。パソコンで作成したプログラムをArduinoへ転送すると、Arduino単体で動作できます。

しかし、Arduino自体にはディスプレイなどが搭載されていないので、Arduino上でプログラムが正常に動作しているかなどの確認をするために、**シリアル接続機能**（**UART**）を利用できます。

パソコンにArduino IDEを導入すれば、USBケーブルを介してArduinoとシリアル接続ができます。実際にシリアル接続する場合には、パソコン上でシリアルポートをあらかじめ選択して設定する必要があります。WindowsおよびMacでシリアル接続ができるように設定する方法を紹介します。

Windowsでシリアルポートを選択

ArduinoをUSBケーブルでパソコンに接続すると、自動的にシリアルポートが割り当てられます。シリアルポートは「COM1」や「COM2」などの名称で割り当てられます。

Arduino IDEを起動し、「ツール」メニューの「**シリアルポート**」を選択すると、認識されているシリアルポートが一覧表示されます。Arduinoを接続しているシリアルポートは、シリアルポート名の後に「Arduino」の名称が表示されます。右図の例では「COM7 (Arduino Uno)」と表示されています。このシリアルポートを選択します。

●Arduinoのシリアルポートを調べる

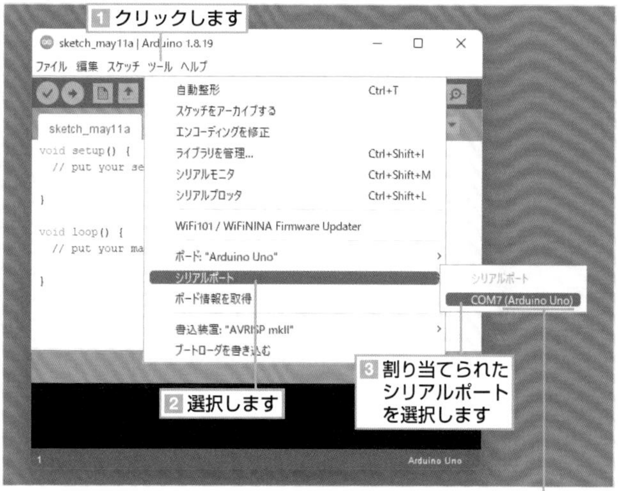

Macでシリアルポートを選択する

Arduino IDEを起動してから、「ツール」メニューの「シリアルポート」を選択します。利用可能なシリアルポートが一覧表示されるので、「/dev/cu.usbmodem」から始まるシリアルポートを選択します。下図の例では「/dev/cu.usbmodem142101」を選択しています。

これでシリアル通信が可能になります。

●シリアルポートの選択

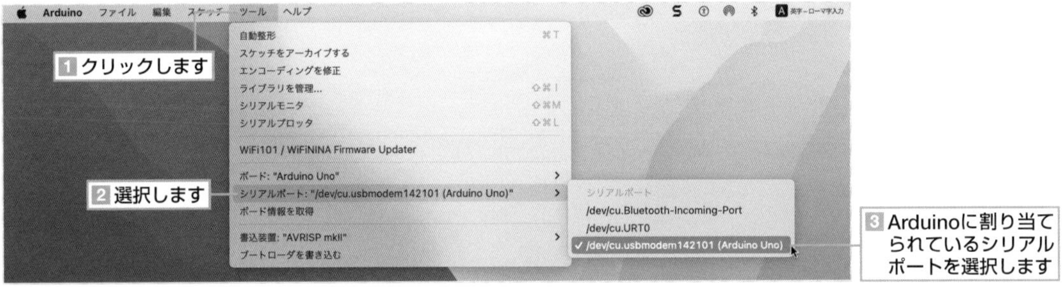

● ライブラリのアップデート

Arduino IDEでは、ボードやライブラリなどで更新があると画面下にメッセージが表示されます。このメッセージのリンクをクリックすることで、ライブラリ等を最新に更新できます。

メッセージのリンクをクリックすると、ライブラリマネージャまたはボードマネージャ画面が表示され、アップデート可能なプログラムが一覧されます。アップデートするライブラリ等をクリックして「更新」をクリックすると最新版に更新されます。

●更新を知らせるメッセージ

●ライブラリの更新

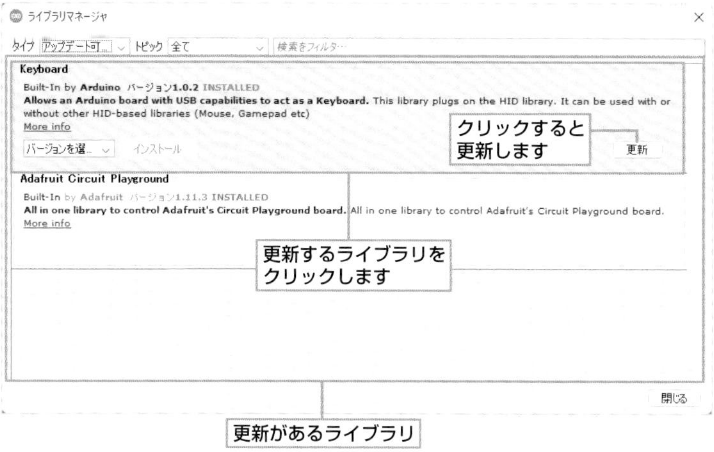

●ボードの更新

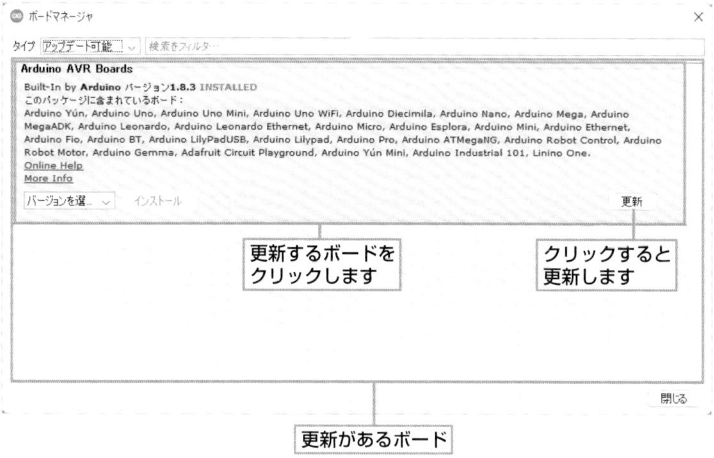

もし、更新を知らせるメッセージが消えてしまった場合は、ライブラリマネージャまたはボードマネージャから更新が可能です。

ライブラリマネージャは「スケッチ」メニューの「ライブラリをインクルード」➡「ライブラリの管理」の順に選択します。次に画面左上のプルダウンメニューで「アップデート可能」を選択するとアップデートのあるライブラリに絞って一覧されます。

ボードマネージャは「ツール」メニューの「ボード:＜ボード名＞」➡「ボードマネージャ」の順に選択します。画面左上のプルダウンメニューで「アップデート可能」を選択するとアップデートのあるボードに絞って一覧されます。

Chapter 2-3

Scrattino3を準備する

Scrattino3でArduino用のプログラムを作る場合は、Scrattino3をダウンロードしてパソコンへインストールする必要があります。さらにScrattino3でArduinoを制御するには、ArduinoにScrattino3との通信を可能とするファームウェアを書き込んでおきます。

Scrattino3を入手する

パソコンに**Scrattino3**をダウンロードしてインストールしましょう。Scrattino3はWindows版、Mac版が用意されています。それぞれは、Scrattino3のオフィシャルサイトのダウンロードページから入手可能です。本書では、WindowsとMacのインストール方法について紹介します。

各パッケージはGitHubで配布されています。パソコン上でWebブラウザを起動して「https://github.com/yokobond/scrattino3-desktop/releases」にアクセスします。アクセスするとScrattino3のバージョンごとにパッケージが表示されます。最新バージョンのv0.2.0（2022年8月時点）を利用してみます。Windows版は「scrattino_desktop-0_2_0-win.zip」、Mac版は「Scrattino.Desktop-0.2.0-mac.dmg」をクリックするとダウンロードできます。

●Scrattino3のダウンロード

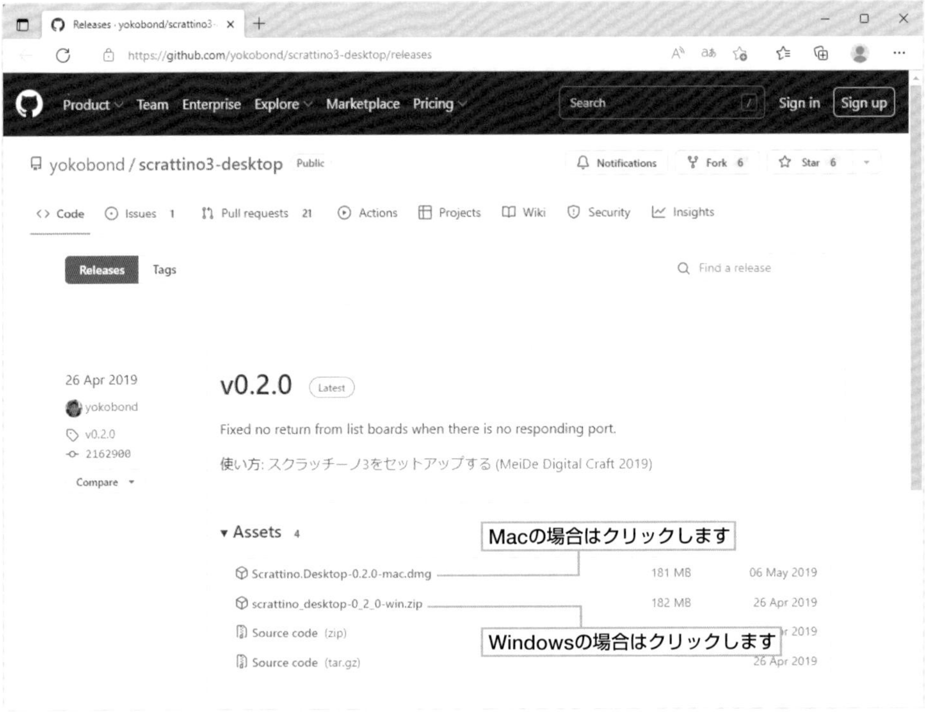

ダウンロードしたファイルは、通常ダウンロードフォルダに保存されます。

Scrattino3をWindowsにインストールする

ダウンロードが完了したらWindowsにScrattino3をインストールしましょう。本書ではWindows 11でのインストール方法を紹介しますが、Windows 10でも同様にインストール可能です。

1 ダウンロードしたファイルは書庫（圧縮）ファイルとなっています。まず、書庫ファイルを展開します。ダウンロードフォルダに保存されている「scrattino_desktop-0_2_0-win.zip」アイコン上で右クリックして「すべて展開」を選択します。

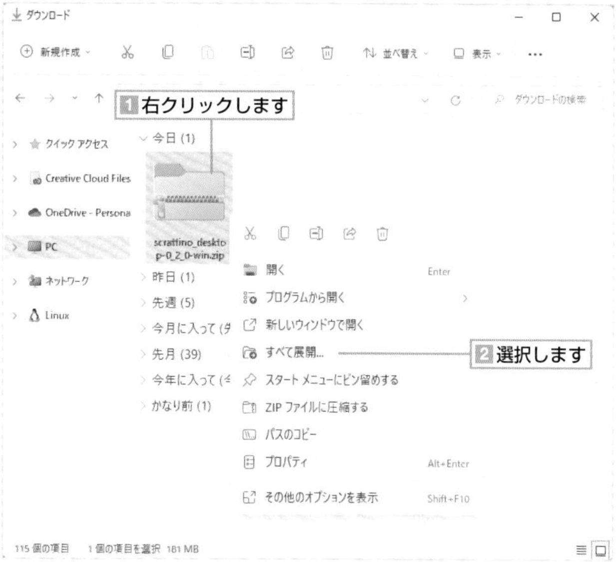

> **NOTE**
> **バージョンによってファイル名が変わる**
> Scrattino3は随時バージョンアップしています。バージョンアップするとScrattino3のファイル名も変更されます。例えばバージョン0.2.1に更新された場合は「scrattino_desktop-0_2_1-win.zip」などといった具合です。バージョンアップした場合は適宜読み替えてください。

2 圧縮ファイルの展開先を指定します。ここではそのまま特に変更せず、「展開」ボタンをクリックします。

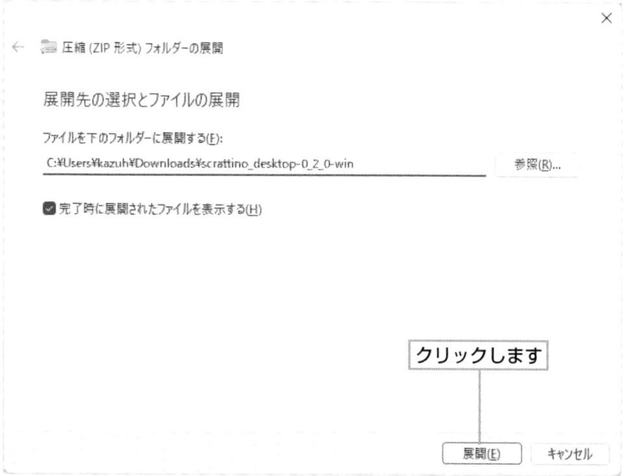

3 展開したフォルダをプログラムの保存フォルダへ移動します。エクスプローラーで「PC」➡「ローカルディスク」➡「Program Files」を開きます（C:\Program Files）。次にScrattino3を展開したフォルダを開き、Program Filesのフォルダにドラッグ&ドロップして移動します。

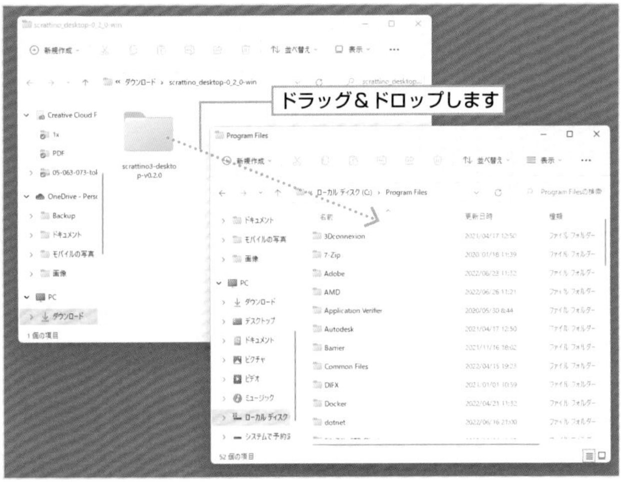

NOTE

フォルダへのアクセス

Program Filesフォルダは、パソコンの管理者のみ書き込みのできるフォルダです。このため、書き込んでよいか確認画面が表示されます。この場合は「続行」をクリックすると移動が開始されます。

4 移動したフォルダ（scrattino3-desktop-v0.2.0）をダブルクリックして開きます。フォルダ内にある「Scrattino Desktop.exe」上で右クリックして「スタートメニューにピン留めする」を選択します。

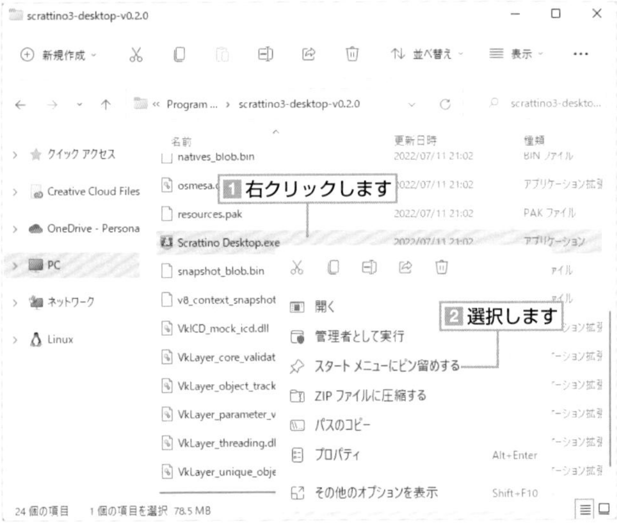

5 スタートメニューにScrattino3起動用の項目が追加されます。これをクリックするとScrattino3が起動します。

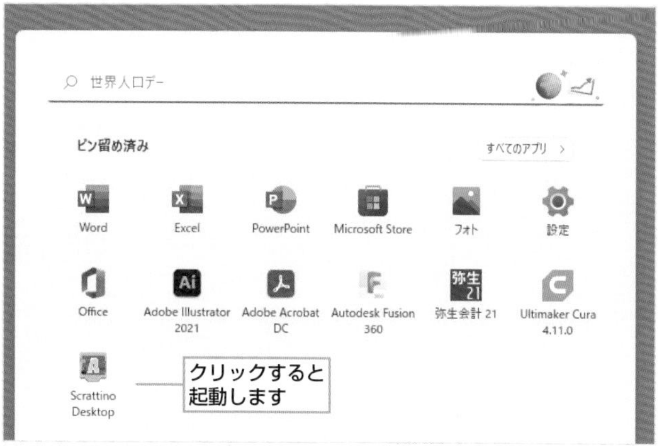

6 「WindowsによってPCが保護されました」と表示されます。「詳細情報」をクリックし「実行」をクリックします。

NOTE
PCの保護について

Windows 10 / 11では、改ざんされた不正なプログラムを不用意に実行しない仕組みが導入されています。Scrattino3はScratchをベースに開発されていますが、Scrattinoの開発元が発行元が正しいことを示す証明書を用意していないため、Windowsが警告メッセージを表示します。問題はないので、そのまま実行して利用してください。一度実行すると、このメッセージは表示されなくなります。

Part 2 Arduinoの準備

7 これでScrattino3が利用できるようになります。

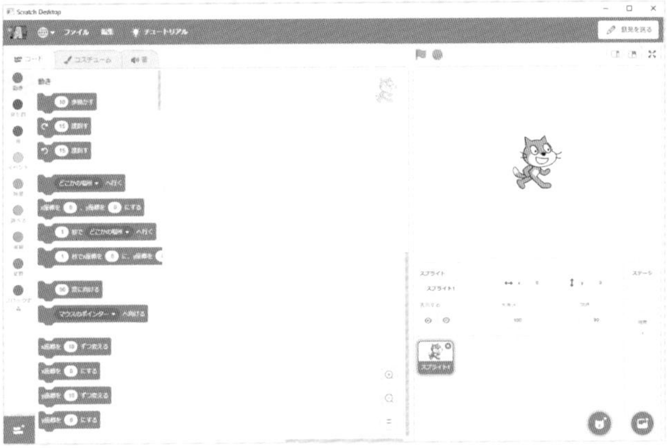

Scrattino3をMacにインストールする

1 ダウンロードしたファイルは仮想ディスクイメージファイル（.dmg）となっています。まず、イメージファイルをマウントします。ダウンロードフォルダに保存されている「Scrattino.Desktop-0_2_0-mac.dmg」アイコン上をダブルクリックします。

NOTE

バージョンによってファイル名が変わる

Scrattino3は随時バージョンアップしています。バージョンアップするとScrattino3のファイル名も変更されます。例えばバージョン0.2.1に更新された場合は「Scrattino.Desktop-0_2_1-mac.dmg」などといった具合です。バージョンアップした場合は適宜読み替えてください。

2 アプリケーションをアプリケーションフォルダへドラッグ＆ドロップでコピーします。これでインストールは完了です。アプリケーションフォルダのアプリケーションの一覧からScrattinoをダブルクリックすれば起動します。

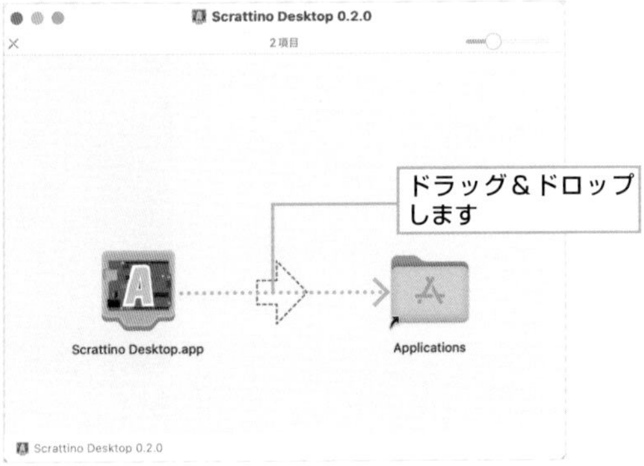

ファームウェアをArduinoに書き込む

Scrattino3は、パソコンとArduinoの間で常に通信します。この通信のために、通信用のファームウェアをArduino上で実行するようにします。こうすることで、Scrattino3からの処理内容をArduinoが受け取って実行できるようになります。

Scrattino3でプログラムを作成する前にArduinoにScrattino3用のファームウェアを転送しておきます。ファームウェアの書き込みにはArduino IDEを利用します。Arduino IDEをパソコン上にインストールしていない場合は、Chapter 2-2を参照してArduino IDEを利用できるようにしておきましょう。

ファームウェアの書き込み

Scrattino3を利用するためのファームウェアをArduinoに書き込みましょう。

1 ArduinoをUSBケーブルでパソコンに接続してから、Arduino IDEを起動します。「ファイル」メニューの「スケッチ例」➡「Firmata」➡「StandardFirmata」を選択します。

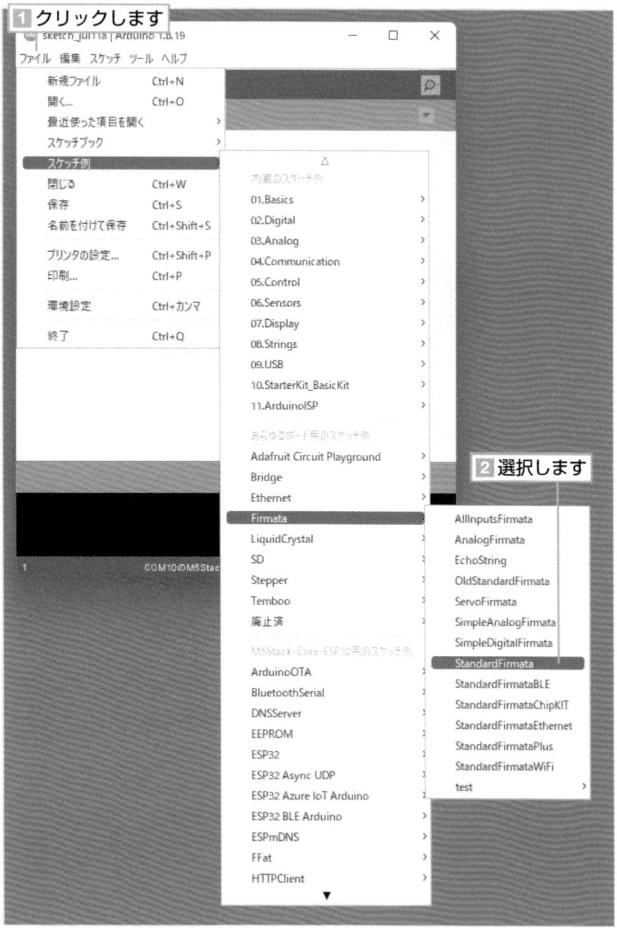

> **NOTE**
>
> **Arduinoの種類とシリアルポートを設定**
>
> Arduino IDEを初めて利用する場合は、Arduinoの種類とシリアル接続のポートを設定しておきます。設定方法についてはp.45を参照してください。

2 ファームウェアのファイルが開き、プログラムが表示されます。画面左上の●をクリックすると、Arduinoに書き込まれます。

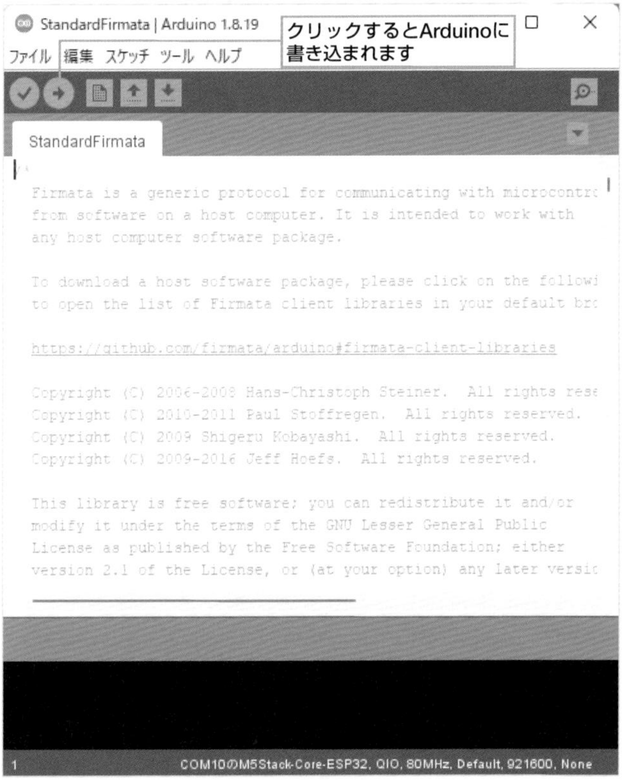

Part 3

プログラムを作ってみよう

Arduinoで電子回路を制御するには、Arduino IDEやScrattino3でのプログラム作成方法を知っておく必要があります。ここでは、Arduino IDEとScrattino3でのプログラムの基礎について説明します。

Chapter 3-1 Arduino IDEを使ってみよう

Chapter 3-2 Arduino IDEでのプログラミングの基本

Chapter 3-3 Scrattino3を使ってみよう

Chapter 3-4 Scrattino3でのプログラミングの基本

Chapter 3-1

Arduino IDEを使ってみよう

Arduinoを制御するプログラムはArduino IDEで作成できます。プログラムは所定の命令などを文字列で記述します。Arduino IDEのシリアルモニタを使えば、Arduinoの状態をUSBを介してパソコンで表示できます。

Arduino IDEの画面構成

Arduino IDEを起動すると、下図のような編集画面が表示されます。

●Arduino IDEの画面

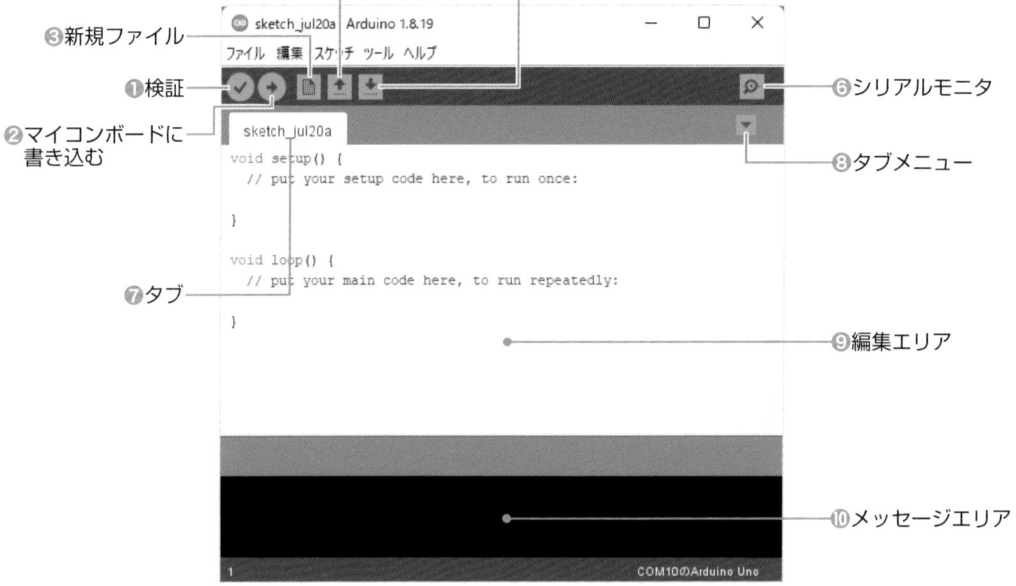

❶ 検証

作成したプログラムに誤りがないかを確かめます。誤りが存在すると、メッセージエリアに内容が表示されます。

❷ マイコンボードに書き込む

作成したプログラムを検証した後、Arduinoに転送します。

❸ 新規ファイル

新たなプログラムを作成する際にクリックします。

❹ 開く

保存しておいたArduinoのプログラムを読み込みます。

❺保存

作成したプログラムをファイルに保存します。

❻シリアルモニタ

Arduinoからのシリアル通信で送られた内容を表示します。

❼タブ

作成したプログラムは複数のタブに分けて表示可能です。タブをクリックすることで表示を切り替えられます。

❽タブメニュー

新たなタブを表示する、タブを閉じるなどのタブに関する操作を行うメニューを表示します。

❾編集エリア

ここにプログラムを作成します。

❿メッセージエリア

プログラムの検証結果やArduinoへの転送の状態などのメッセージを表示します。

Arduino IDEでプログラムを作成してみる

Arduino IDEでプログラムを作成し、Arduinoを制御してみましょう。Arduino IDEで作成したプログラムを「**スケッチ**」と呼びます。

Arduinoの基板上には、デジタル入出力に接続されたLEDが搭載されています。13番のデジタル入出力ソケットに出力すると、LEDの点灯や消灯ができます。Arduino Unoでは、LEDがArduinoのロゴの左にある「L」と書かれた部品にあたります。

Arduino IDEでこのLEDを点灯させるプログラムを作成して、Arduinoを制御する手順を覚えましょう。

●Arduino Unoのデジタル入出力に接続されたLED

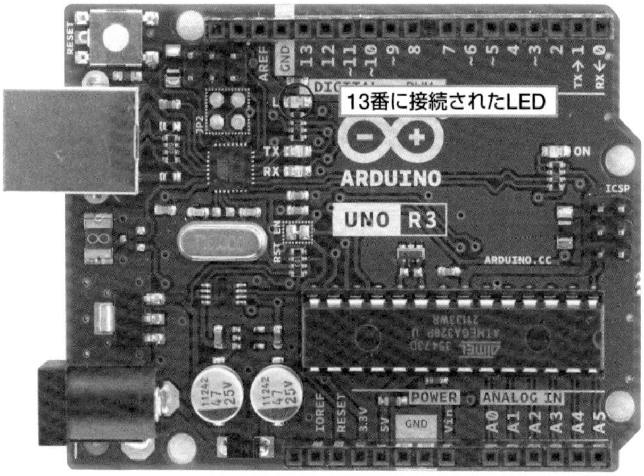

LEDを点灯するプログラムの作成

Arduino IDEを起動してから、編集エリアに右のプログラムを入力します。プログラムは必ず半角英数文字で記述します。文字列の中に全角英数文字が入ると、プログラムは正しく動作しません。

2行目や6行目の行頭にはスペースを入力しています。これは「**インデント**」と呼び、プログラムを見やすくするため入れているものです。Tab キーを押してもインデントできます。

入力できたら、画面左上の✓をクリックします。プログラムを検証します。右図のように「コンパイルが完了しました。」と表示されれば、プログラムは問題ありません。

●LEDを点灯させるプログラム

```
void setup() {
    pinMode( 13, OUTPUT );
}

void loop() {
    digitalWrite( 13, HIGH );
}
```

●プログラムの検証

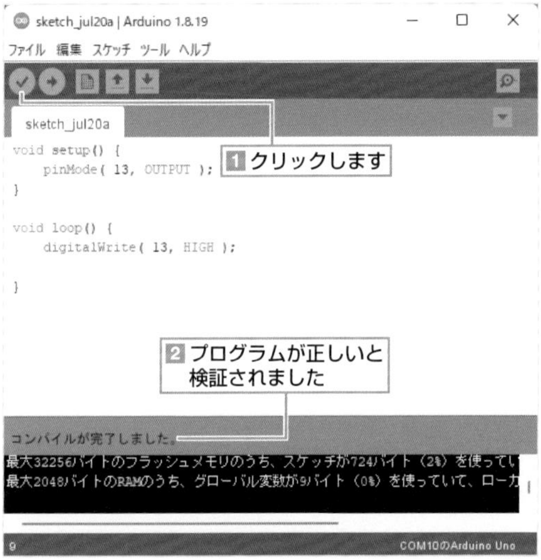

正常でない場合は、右図のようにメッセージエリアにエラーが表示されます。右図では「digitalWrit」が誤り（eが抜けている）であると表示されています。間違っている行には赤でハイライト表示されます。

間違った部分を修正してから、再度検証しましょう。

●プログラムが誤っている場合

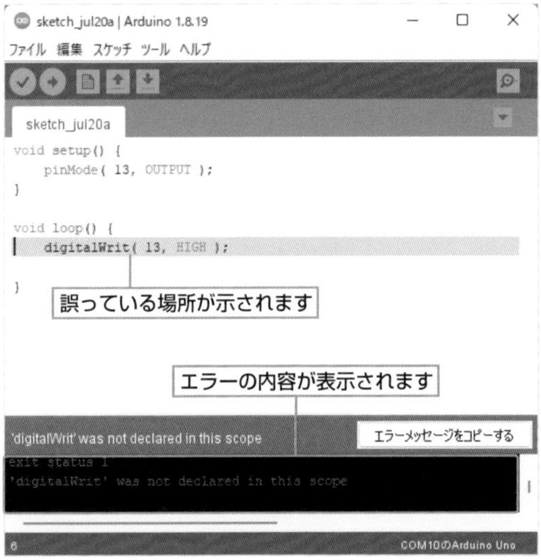

NOTE

異なる文字色で表示される

プログラムを作成している際に、voidやifといった予約語というプログラムで利用する命令や宣言、pinModeといった関数は、異なる文字色で表示されます。このため、文字色を見ることで入力ミスがないかを確かめることができます。

Arduinoにプログラムを転送する

プログラムが正しく作成できたら、Arduinoに転送してLEDを点灯させてみましょう。

ArduinoをUSBケーブルでパソコンと接続して画面左上の●をクリックすると、プログラムがArduinoに転送されます。

メッセージエリアに「ボードへの書き込みが完了しました。」と表示されたら正常にArduinoに送られました。

●Arduinoへのプログラムの転送

1 クリックします

2 正常に転送されました

Arduino上でプログラムが実行され、ボード上のLEDが点灯します。

●書き込んだプログラムでLEDが点灯した

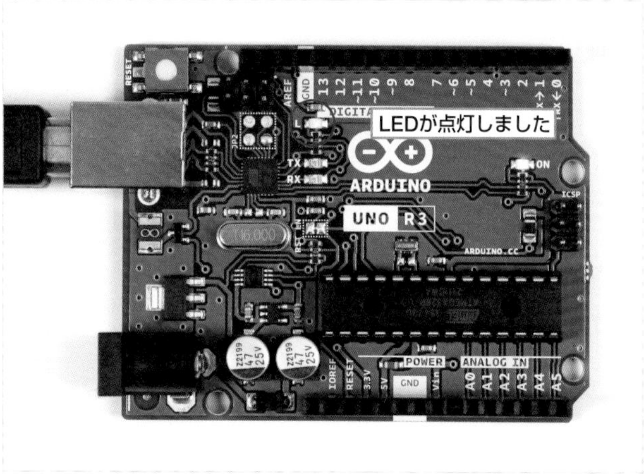

シリアル通信でArduinoからの情報をパソコン上に表示する

Arduinoとパソコン間でシリアル通信することで、センサーから取得した値を確認したり、正しくプログラムが動作しているかなどといったArduinoの状態をパソコンで確認できます。

シリアル通信でArduinoから取得した情報は、Arduino IDEの「**シリアルモニタ**」を使って確認が可能です。試しにArduinoからパソコンにシリアル通信で情報を転送し、シリアルモニタで確認してみましょう。

シリアルモニタを利用するには、シリアルポートを正しく選択しておく必要があります。p.45を参考に、シリアルポートを選択しておいてください。

シリアル通信を使ったプログラム作成

シリアル通信でArduinoから文字列を転送するプログラムを作成しましょう。プログラムを次図のように入力します。

●シリアル通信を行うプログラム

sotech/3-1/message.ino

```
void setup() {
    Serial.begin(9600);                          ①シリアル通信の初期化を行います
}

void loop() {
    Serial.println("From Arduino Message.");     ②文字列をArduinoからパソコンに送る

    delay(1000);
}
```

①シリアル通信するには、setup()関数の中に「Serial.begin()」で初期化します。括弧の中に通信速度を指定します。通信速度は「bps」の単位で指定します。

②Arduinoからパソコンに情報を転送するには、「Serial.println()」を利用します。括弧の中に転送する文字列を指定します。また、文字列はダブルクォーテーションで括っておきます。また、「Serial.print()」を使うと、文字の表示後に改行しないようにできます。

作成できたら、Arduino IDE画面左上の➡をクリックしてArduinoにプログラムを転送しておきます。

通信内容を表示する

プログラムをArduinoへ転送すると、プログラムが実行されてデータがシリアル通信でパソコンに転送されます。この内容を確認するには「シリアルモニタ」を利用します。Arduino IDE画面右上の🔍をクリックすると、シリアルモニタのウインドウが表示されます。この中に、Arduinoから転送された文字列が表示されます。

正常に文字列が表示できない場合は、画面右下の通信速度を、プログラム上で指定した通信速度と同じにします。今回の場合は「9600 bps」を選択しておきます。

●シリアルモニタでArduinoからの情報を表示する

Chapter 3-2

Arduino IDEでのプログラミングの基本

Arduinoを制御するプログラムはArduino IDEで作成できます。プログラムは所定の命令などを文字列で記述します。Arduino IDEのシリアルモニタを使えば、Arduinoの状態をUSBを介してパソコンで表示できます。

● プログラムの基本構成

Arduino IDEでプログラムを作成する際、次の図のような構成が基本になります。

●プログラムの基本構成

```
❶ 宣言等

void setup() {
        ❷ 初めに実行する関数
}

void loop() {
        ❸ 繰り返し実行する関数
}
```

❶ 宣言等

初めの部分は、利用するライブラリやプログラム全体で利用する変数や関数などを宣言するのに利用します。また、プログラムの内容説明を行うコメント文を記述することもできます。

❷ 初めに実行する関数

「setup()」関数は、Arduinoを起動した後に1度だけ実行する関数です。ここに接続した電子デバイスの初期設定や、利用するライブラリの設定などを行います。

Arduinoのプログラムではsetup()関数が必須です。

関数名の前には、データの型として「void」と記述します。プログラム本体は、変数名の後に記述した「{」「}」の間に記述します。

❸ 繰り返し実行する関数

「loop()」関数は繰り返し処理する関数です。ここにプログラムの本体を記述します。また、関数の最後まで達すると、loop()の初めに戻り再度実行を行います。Arduinoのプログラムではloop()関数が必須です。

setup()関数同様に、変数名の前に「void」と記述し、プログラム本体は「{」「}」内に記述します。

プログラムを実行すると、❶→❷→❸の順に実行されます。❸の実行が終了すると再度❸の先頭に戻り、実行を繰り返します。

KEYWORD

関数

特定の機能をまとめたプログラムのことを「関数」といいます。関数を利用することで、特定の機能を関数名を指定するだけで実行します。関数についてはp.71を参照してください。

KEYWORD

変数

データを一時的に保持しておく領域を「変数」といいます。プログラムの実行結果や、計算結果、センサーの値などを保持しておき、後の処理で利用することが可能です。変数についてはp.64を参照してください。

KEYWORD

データの型（データ型）

Arduino IDEではデータにいくつかの種類があります。例えば、整数、小数、負の数を扱えるか、どこまでの数値を扱えるかなどが異なります。データを格納しておく変数では、データの型（データ型）をあらかじめ指定しておき、データ型にあった値を格納するようにします。また、関数は実行した結果を出力する「戻り値」にもデータ型を決めます。また、戻り値が無い場合は、「void」と指定することとなっています。詳しくはp.66を参照してください。

実際のプログラムは次のようになります。Arduinoの基板上に配置されたLEDを点灯するプログラムです。

①初めの定義部分で「led_pin」という変数を定義しています。また、イコール（=）と値を付加することで、変数内に値を格納できます。

②1度だけ実行されるsetup()関数で、「pinMode()」関数を利用して指定した端子を出力モードに初期設定を行っています。

③loop()関数では、「digitalWrite()」関数を利用してLEDの接続された端子の出力をHIGH（電圧がかかっている状態）にしてLEDを点灯させています。

プログラムを作る際は次の点に注意しましょう。

●プログラムの例

```
int led_pin = 13;                          ①led_pinという変数を定義

void setup() {
    pinMode(led_pin, OUTPUT);              ②初めの1回だけ実行される
}

void loop() {
    digitalWrite(led_pin, HIGH);           ③繰り返し実行される
}
```

・各命令の行末に「;」を付ける

各命令の最後には**セミコロン**「;」を付加します。このセミコロンが次の命令との区切りとなることを表しています。セミコロンを忘れると、前の命令と後の命令が繋がっている状態になり、エラーになってしまいます。なお、括弧の後や後述する#define（p.65を参照）ではセミコロンを付けないこともあるので注意しましょう。

・括弧は必ず対にする

Arduino IDEのプログラムでは処理の範囲を表すのに各種括弧を使用します。この括弧が、必ず閉じ括弧と対になっている必要があります。右図のように括弧が対になっていないと正しく動作しません。

●括弧は必ず対にする

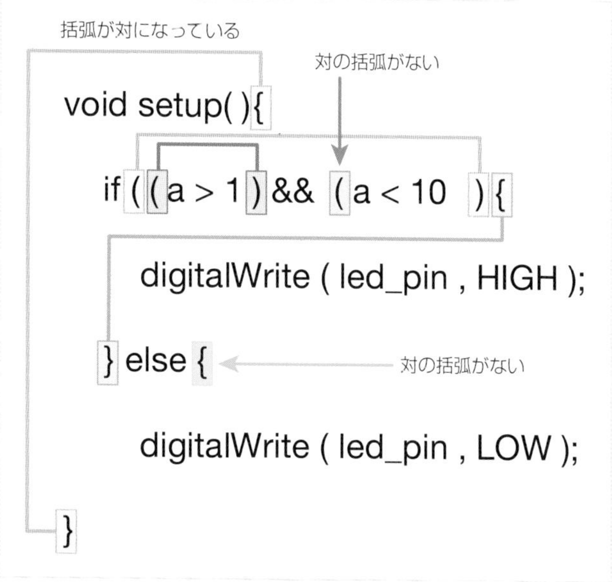

値を保存しておく「変数」

Arduino IDEでは「**変数**」を使うことで、計算した結果やセンサーの状態などを保存しておけます。保存した値は自由に読み出すことができ、他の処理や計算を利用できます。

変数を利用するには、あらかじめ定義が必要です。定義する場所は、一般的にプログラムの宣言部分や関数の初めに指定します。定義するには「データ型 変数名;」のように記述します（データ型についてはp.66を参照）。変数名にはアルファベット、数字、記号の「_」が利用できます。また、大文字と小文字は区別されるので気をつけましょう。

例えば、名前を「value」とした変数を用意する場合は、右のように指定します。

```
int value;
```

また、カンマで区切ることで複数の変数を一度に定義できます。

```
int value, str, flag;
```

定義時に値を代入しておくこともできます。この場合は、変数名の後に「=」で代入する値を指定します。

```
int value = 1;
```

POINT

変数名には予約語を利用できない

変数名には、予約語と呼ばれるいくつかの文字列は指定できません。予約語には「if」「while」「for」などがあります。変数名を入力した際に文字がオレンジや青に変化した場合は、予約語として利用されているので他の変数名に変更しましょう。

変数の値を変更したい場合は、「変数名 = 値」のように記述します。valueの値を「10」に変更する場合は右のように記述します。

```
value = 10;
```

変数を利用するには、利用した場所に変数名を指定します。例えば、valueに格納した値をシリアルモニタに表示したい場合は、Serial.println()関数に変数名を指定します。

```
Serial.println( value );
```

変数を利用したプログラムの例を下に示しました。このプログラムでは、「value1」の値を「value2」の値でかけ算して結果を表示します。

①利用する変数、「value1」「value2」「answer」を定義します。

②「value1」と「value2」に計算を行う数値を代入しておきます。

③代入した変数同士を掛け合わせ、答えを「answer」変数に代入します。

④計算式をSerial.print()関数およびSerial.println()関数を使ってシリアルモニタに表示します。この際、文字列と変数の値は同時に表示できないため、文字列を表示してから、別のSerial.print()関数で変数内の値を表示するようにしています。また、Serial.print()関数は表示後に改行せず、Serial.println()関数は表示後に改行します。

⑤最後に、計算結果を格納してあるanswer変数の値をシリアルモニタに表示します。

●変数を利用したプログラム例

sotech/3-2/calc.ino

```
void setup(){
    Serial.begin(9600);
}
void loop(){
    int value1, value2, answer;

    value1 = 10;
    value2 = 3;

    answer = value1 * value2;

    Serial.print( "Formula : " );
    Serial.print( value1 );
    Serial.print( " * " );
    Serial.println( value2 );
    Serial.print( "Answer : " );
    Serial.println( answer );

    delay(10000);
}
```

- Serial.begin(9600); — シリアル通信の初期化を行います
- int value1, value2, answer; — ①各変数を定義します
- value1 = 10; / value2 = 3; — ②計算対象の値を変数に代入します
- answer = value1 * value2; — ③かけ算を行った結果をanswer変数に代入します
- Serial.print("Formula : "); 〜 Serial.println(value2); — ④計算式を表示します
- Serial.print("Answer : "); / Serial.println(answer); — ⑤計算結果を表示します
- delay(10000); — 10秒間待機します

作成したらArduinoにプログラムを転送して、シリアルモニタを表示します。すると、計算式と答えが表示されます。

●計算して結果を表示するプログラムの実行結果

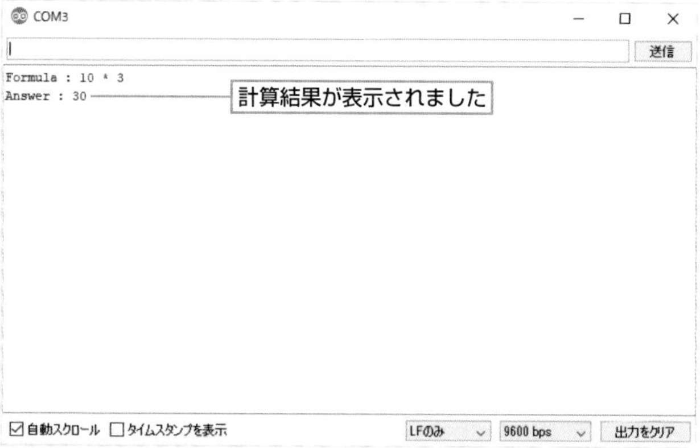

NOTE

変更しない値を格納する「定数」

LEDの端子のように決まった値の場合、プログラム実行中は変更しません。このようなケースでは「定数」として定義する方法があります。定数で定義すると、プログラム中に内容の変更ができなくなります。定数を定義する場合は「const」を前に付けます。例えば、int型であれば「const int LED = 13;」のように記述します。

また、「#define」を用いても定数のように定義できます。#defineを用いる場合は「#define LED 13」のように記述します。この際、変数の場合とは異なり「=」で代入したり、行末には「;」を付けないので注意しましょう。

変数のデータ型

Arduino IDEの変数は、データの種類がいくつか用意されており、用途に応じて使い分ける必要があります。定義したデータ型とは異なる値を代入しようとするとエラーが発生してしまいます。

主な**データ型**は次表の通りです。

●主なデータ型

データ型	説明	利用できる範囲
boolean	0または1のいずれかの値を代入できます。ON、OFFの判断などに利用します	0,1
char	1バイトの値を代入できます。文字の代入に利用されます	-128 ～ 127
int	2バイトの整数を代入できます。整数を扱う変数は通常int型を利用します	-32,768 ～ 32,767
long	4バイトの整数を代入できます。大きな整数を扱う場合に利用します	-2,147,483,648 ～ 2,147,483,647
float	4バイトの小数を代入できます。割り算した答えなど、整数でない値を扱う場合に利用します	3.4028235×10^{38} ～ $-3.4028235 \times 10^{38}$

「int型」は32,767までしか扱えません。これ以上大きな数値を扱う場合は「long型」で定義します。また、int型やlong型は整数だけ扱えます。もし、割り算の答えや、センサーからの入力など値が小数である場合は「float型」を利用します。

POINT

正の数のみ扱う

char型やint型、long型では、データ型の前に「unsigned」を付加すると、正の整数のみ扱えるようになります。また、負の数を扱うより倍の正の数を扱えます。例えば、int型ならば「0 ～ 65,535」まで代入可能です。

NOTE

文字列を代入する

Arduino IDEの変数では文字列をそのまま扱える変数がありません。文字列を扱いたい場合は、char型を複数使って、それぞれに1文字ずつ代入する必要があります。
この際に「ポインタ」というデータの扱い方を利用して文字列を代入します。ポインタとは、変数の値を保存しておくメモリーのアドレス（場所）を記録しておく方法です。変数の値を代入する場合は、ポインタが示したアドレスに値を記録します。
この方法では、ポインタのアドレスから連続的にメモリーに書き込んでいくことができるため、複数の保存領域が必要な文字列を扱う場合に利用されます。
ポインタを利用する場合は、変数の定義時に変数名の前に「*」を付加します。例えば、変数名を「str」とする場合は、以下のように定義します。

```
char *str;
```

ポインタの変数に値を代入するなど、値を扱いたい場合、変数名の「*」は記述しません。例えば、strに「Arduino」と代入する場合は、ダブルクォーテーションでくくって次のように記述します。

```
str = "Arduino";
```

同じ処理を繰り返す

Arduino IDEでは、loop()関数内に書き込んだ処理を繰り返します。また「**while**」文を利用することで、loop()関数内の別の繰り返し処理や、別の関数内での繰り返しを行えます。whileの記述方法は右図の通りです。

NOTE

条件式

条件式についてはp.69を参照してください。

●「while」での繰り返し

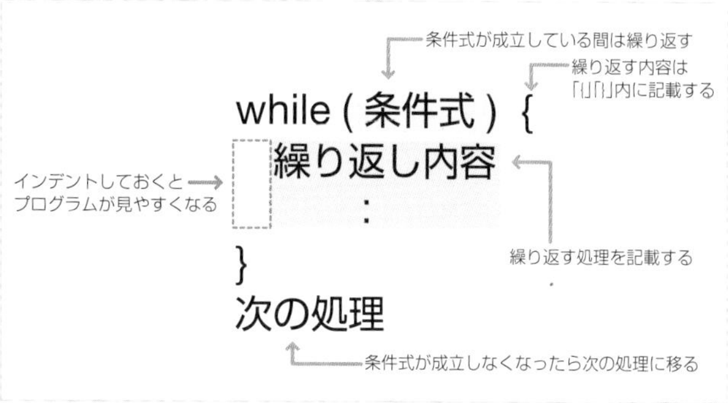
条件式が成立している間は繰り返す
繰り返す内容は「{」「}」内に記載する
while (条件式) {
繰り返し内容
:
}
次の処理
インデントしておくとプログラムが見やすくなる
繰り返す処理を記載する
条件式が成立しなくなったら次の処理に移る

while文は、その後に指定した条件式が成立している間、繰り返しを続けます。括弧の中の条件式が成立しなくなったところで、繰り返しをやめて次の処理に進みます。

while文の条件式の後に処理する命令等を記述します。この際「{」「}」でくくることで、この中の命令を繰り返し処理するようになります。括弧内はインデントしておくことで、繰り返している部分が一目で分かります。

繰り返しを利用したプログラムの例を次に示しました。

①プログラムでは、「count」変数にカウントした値を格納しています。さらに、定義の際に変数に0を代入しておきます。

②whileで繰り返しを行います。繰り返しはカウントが100になるまで続けます。そのため、カウントが100よりも小さい場合に繰り返すようにします。

③繰り返しではcount変数を1増やします。「count++;」としても同様に変数を1増やせます。

④最後にカウントした値をシリアルモニタに表示します。

●while文を利用したプログラム例

sotech/3-2/count_up.ino

```
void setup(){
    Serial.begin(9600);           シリアル通信の初期化を行います
}

void loop(){
    int count = 0;                ①カウント中の数を格納します

    while ( count < 100 ) {       ②countが100よりも小さい場合は繰り返します

        count = count + 1;        ③カウントを1増やします

        Serial.print( "Count : ");    ④現在のカウントした数を表示します
        Serial.println( count );

        delay(1000);              1秒間待機します
    }
}
```

プログラムを作成したら、Arduinoに転送してシリアルモニタを表示します。すると、1秒ごとにカウントされ、その値が表示されます。カウントが99まで達すると繰り返しが終了します。その後loop()変数の初めに戻り、0から再度カウントが開始されます。

●カウントするプログラムの実行結果

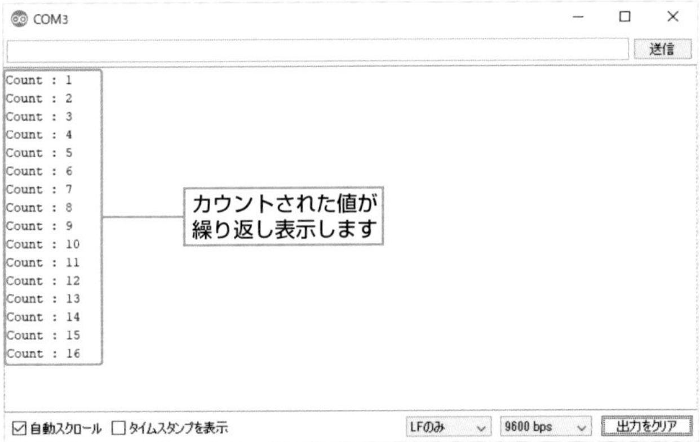

NOTE

「for」と「do while」

繰り返しは「while」の他にも「for」と「do while」があります。

「for」は、繰り返しに利用する変数の初期値の設定、条件式、変数の変更を一括して指定できます。右のように利用します。

```
for ( 初期化; 条件式; 変数の変更) {
    繰り返し内容
}
```

例えば、前ページで作成したカウントするプログラムであれば、右図のように変更できます。

●forに置き換えたプログラム

```
void setup(){
    Serial.begin(9600);
}

void loop(){
    int count;

    for ( count = 0; count < 100; count++ ) {
        Serial.print( "Count : ");
        Serial.println( count );
        delay(1000);
    }
}
```

「do while」は、whileと同様に条件式を指定して繰り返しを行います。ただし、繰り返し処理内容を行った後に条件を判別します。「do while」は右のように利用します。

```
do {
    繰り返し内容
} while ( 条件式 );
```

このとき、whileの条件式の後にセミコロン（;）を忘れないようにします。

条件によって処理を分岐する

プログラムの基本的な命令の1つとして「**条件分岐**」があります。条件分岐とは、ある条件によって実行する処理を分けることができる命令です。例えば、センサーの状態によってLEDの点灯・消灯を切り替えたりできます。

条件分岐するには、条件式と条件分岐について理解する必要があります。

条件式で判別する

条件分岐を行うには、分岐を行う判断材料が必要です。この判断に利用する式のことを「**条件式**」といいます。Arduino IDEでは「**比較演算子**」を利用します。比較演算子には右のようなものが利用できます。

●Arduino IDEで利用できる比較演算子

比較演算子	意味
A == B	AとBが等しい場合に成立する
A != B	AとBが等しくない場合に成立する
A < B	AがBより小さい場合に成立する
A <= B	AがB以下の場合に成立する
A > B	AがBより大きい場合に成立する
A >= B	AがB以上の場合に成立する

例えば、変数「value」が10であるかどうかを確認する場合は右のように記述します。

```
value == 10
```

複数の条件式を合わせて判断することも可能です。右のような演算子が利用できます。

●複数の条件式を同時に判断に利用できる演算子

<table>
<tr><th>演算子</th><th>意味</th></tr>
<tr><td>A && B</td><td>A、Bの条件式がどちらも成立している場合のみ成立します</td></tr>
<tr><td>A || B</td><td>A、Bのどちらかの条件式が成立した場合に成立します</td></tr>
<tr><td>! A</td><td>Aの条件式の判断が逆になります。つまり、条件式が不成立な場合に成立したことになります</td></tr>
</table>

例えば、valueの値が0以上10以下であるかを判別するには右のように記述します。

```
( value >= 0 ) && ( value <= 10 )
```

条件分岐で処理を分ける

条件式の結果で処理を分けるには「**if**」文を利用します。ifは右図のように利用します。

ifは、その後に指定した条件式を確認します。もし、成立している場合はその次の行に記載されている処理を行います。

また、「**else**」を利用することで、条件式が成立しない場合に行う処理を指定できます。この「else」は省略可能です。

ifを利用する場合は、while同様に条件式および「else」の後に「{」「}」内に処理する内容を記述します。

●「if」文での条件分岐

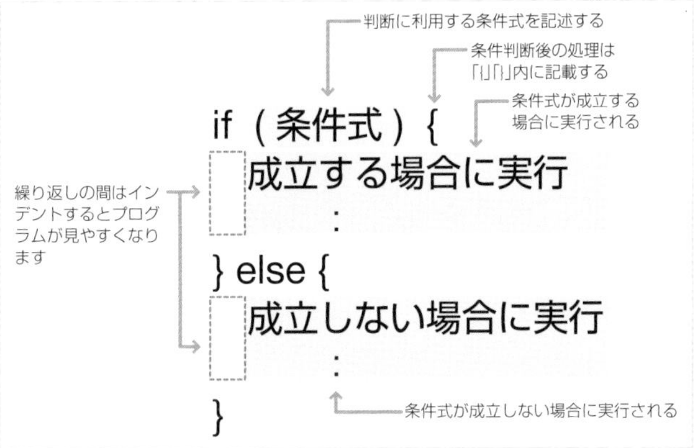
判断に利用する条件式を記述する
条件判断後の処理は「{」「}」内に記載する
条件式が成立する場合に実行される
if（条件式）{
成立する場合に実行
:
} else {
成立しない場合に実行
:
}
繰り返しの間はインデントするとプログラムが見やすくなります
条件式が成立しない場合に実行される

条件式と条件分岐を利用したプログラム例を右図に示しました。

このプログラムでは、「value」に格納した値が偶数か奇数かを判別します。

①value変数に判断する数値を代入しておきます。

②valueの値を2で割った余りをanswer変数に格納します。これを偶数か奇数かの判断に利用します。

③if文ではanswerの値が「0」であるかを判別します。

④もし「0」の場合は「Even number」（偶数）と表示します。

⑤「0」でない場合は「Odd number」（奇数）と表示します。

●if文を利用したプログラム例

sotech/3-2/even_odd.ino

```
void setup() {
    Serial.begin(9600);
}

void loop(){
    int value, answer;

    value = 7;

    answer = value % 2;

    if ( answer == 0 ){

        Serial.println( "Even number" );

    } else {
        Serial.println( "Odd number" );

    }
    delay(10000);
}
```

①判断の対象となる数値をvalue変数に格納します

②2で割った余りをanswerに格納します

③answerが「0」であるかを判断します

④answerが「0」の場合に表示します

⑤answerが「0」以外の場合に表示します

作成して実行すると、valueの値が偶数か奇数かを判断します。valueの値を変更すれば答えが変わります。

●偶数か奇数かを判断するプログラムの実行結果

NOTE

if は複数の条件式を判断できる

ifは、1つの条件式が成立しているか不成立であるかを判断するだけでなく、複数の条件式を判断して処理を分けられます。この場合は、右のように「else if」で条件を追加します。
「else if」を使えば、条件式はいくつでも増やすことが可能です。

```
if (条件式1) {
    条件式1が成立する場合に実行
} else if (条件式2) {
    条件式2が成立する場合に実行
} else if (条件式3) {
    条件式3が成立する場合に実行
} else {
    すべての条件が成立しない場合に実行
}
```

機能を提供する「関数」

プログラムを作成する際に、「LEDの点灯を違う間隔で点滅させる」などといった、同類の処理を何度も実行することが多々あります。この場合は、点滅の間隔が異なるため、同じ処理を何度も記述する必要があります。

例えば1秒間隔で10回、5秒間隔で3回、3秒間隔で7回とそれぞれ点滅する場合は、右図のようなプログラムを作成します。

右図の例では点滅する処理を3回記述しています。もしこれが10回、20回となった場合、プログラムが非常に冗長になってしまいます。

●LEDを複数のパターンで点滅させる

sotech/3-2/led_blink.ino

```
void setup() {
    pinMode( 13, OUTPUT );
}

void loop(){
    int count;

    count = 0;
    while( count < 10 ){   ← 1秒間隔で10回、LEDを点滅させる

        digitalWrite( 13, HIGH );
        delay(1000);
        digitalWrite( 13, LOW );
        delay(1000);
```

次ページへつづく

このようなときに便利なのが「**関数**」です。関数とは、特定の機能をまとめておく機能で、利用時に関数名を指定するだけで機能を利用できます。複数のパラメータを引き渡すことができるため、条件が異なった処理をすることができます。

Arduino IDEのプログラムでは、たくさんの関数を利用できます。例えば、デジタル出力をする「digitalWrite()」やシリアルモニタに表示する「Serial.println()」は関数です。初期に実行する「setup()」やプログラムの本体となる「loop()」も関数です。

```
        count++;
    }

    count = 0;
    while( count < 3 ){        5秒間隔で3回、LEDを点滅させる

        digitalWrite( 13, HIGH );
        delay(5000);
        digitalWrite( 13, LOW );
        delay(5000);
        count++;
    }

    count = 0;
    while( count < 7 ){        3秒間隔で7回、LEDを点滅させる

        digitalWrite( 13, HIGH );
        delay(3000);
        digitalWrite( 13, LOW );
        delay(3000);
        count++;
    }
}
```

NOTE

ライブラリの読み込み

Arduino IDEでは「ライブラリ」という形式で、プログラムで利用できる関数などを追加できます。このライブラリをプログラムで利用できるようにするには、プログラムの先頭で「インクルード」する必要があります。インクルードは、プログラムの先頭に「#include」と記述し、読み込むライブラリ名を指定します。例えばI^2Cのライブラリを使うには次のように指定します。

```
#include <Wire.h>
```

独自の関数を作成する

関数を作成するには、「関数の宣言」と「関数本体」をプログラム内に記述します。

関数の宣言は、setup()関数の前に右の形式で記述します。

戻り値の型　関数名 (引き渡す値) ;

関数名は、アルファベットや数字、一部の記号を利用して任意の名称を付けられます。

関数名の後に、関数へ引き渡す値を決められます。前述したLEDの点滅を行う場合は、回数と間隔を引き渡します。この場合は、引き渡した値を格納する変数名を、カンマで区切りながら指定します。このとき、データの型の指定も必要です。

関数名の前には、「戻り値」の型を指定します。戻り値とは、関数を終了する際に戻す値のことです。関数で計算した結果や、関数が正常に動作したかなどを戻すことができます。関数の宣言ではこの戻す値のデータ型を指

定します（データ型についてはp.66を参照）。また、戻す値が無い場合は「void」と指定します。

前述したLEDの点滅を行う関数を宣言するには、右のように記述します。関数の宣言の末尾に「;」を付けるのを忘れないようにします。

```
void led_blink(int count, int interval);
```

実際に関数の処理を行う本体部分は、loop()関数の後に関数を指定します。

関数本体は、関数の宣言を記述し、その後に「{」「}」を付加してプログラム本体を記述します。関数の内容は、通常のプログラム作成同様に記述できます。

```
戻り値の型 関数名 ( 引き渡す値 ) {
    関数本体
}
```

前述したLEDの点滅関数であれば、右図のように作成できます。

関数化することで、関数の処理を行う際には、関数名と引き渡すパラメータを指定するだけで済みます。1秒間隔で10回LEDを点滅させるには、「led_blink(10, 1000);」と記述するだけで済みます。

こうすることで、何度も同じ処理を行う場合でも1行関数を呼び出すだけで済むため、プログラムが長くなるのを防げます。

●関数を使ってLEDを複数のパターンで点滅させる

sotech/3-2/led_blink_func.ino

```
void led_blink(int count, int interval);   ← 関数の宣言

void setup() {
    pinMode( 13, OUTPUT );
}

void loop(){
    led_blink(10, 1000);   ← 1秒間隔で10回、LEDを点滅させる

    led_blink(3, 5000);    ← 5秒間隔で3回、LEDを点滅させる

    led_blink(7, 3000);    ← 3秒間隔で7回、LEDを点滅させる

}
                           ↓ 関数の本体
void led_blink(int count, int interval){
    int i = 0;
    while( i < count ){
        digitalWrite( 13, HIGH );
        delay(interval);
        digitalWrite( 13, LOW );
        delay(interval);
        i++;
    }
}
```

Chapter 3-3

Scrattino3を使ってみよう

Scrattino3では、ブロック化された各命令を画面上に配置していくことでプログラムを作成できます。そのためプログラム経験のないユーザーでも簡単にプログラミングできます。Scrattino3の基本を学び、Arduinoの制御を試してみましょう。

Scrattino3の起動と画面構成

Scrattino3を起動すると、次の図のような編集画面が表示されます。編集画面はいくつかのエリアに分かれています。それぞれのエリアの用途は次の通りです。

●Scrattino3の画面

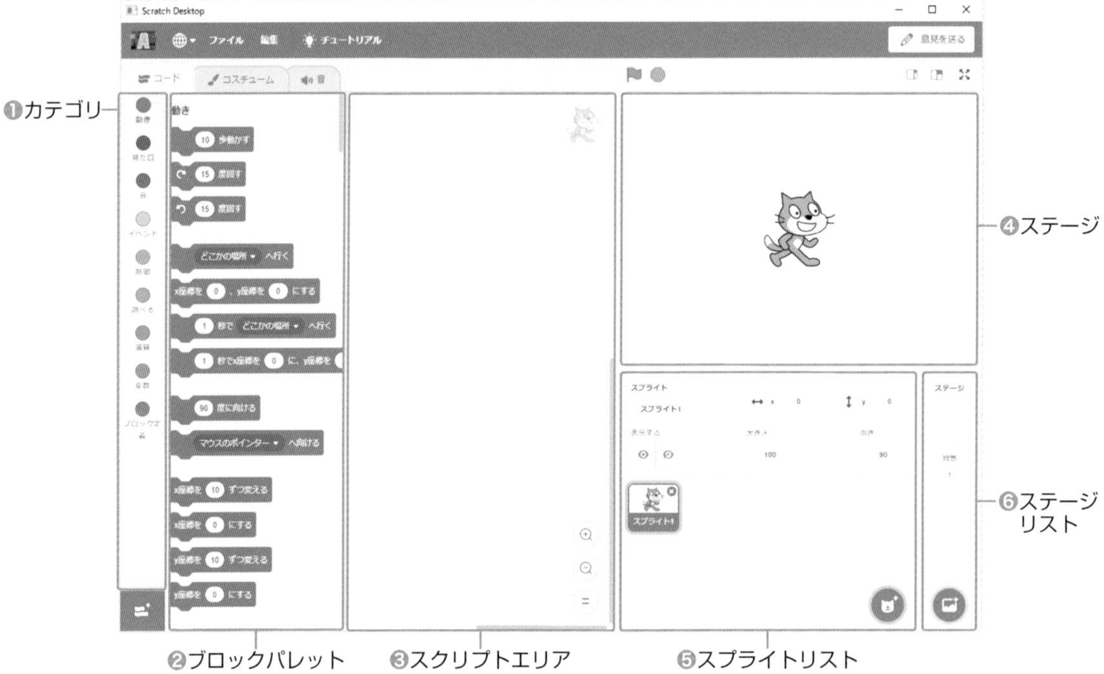

❶カテゴリ

ブロックパレットに一覧表示するブロックの種類を選択します。

❷ブロックパレット

カテゴリごとのブロック（命令）が一覧表示されます。ここからマウスで右のスクリプトエリアにドラッグ＆ドロップすることでブロックを配置できます。

❸スクリプトエリア

ここにブロックを配置しながらプログラムを作成します。

❹ステージ

プログラムの実行結果が表示されます。

❺スプライトリスト

利用するキャラクターなどを一覧表示します。

❻ステージリスト

複数のステージを登録することで、場面を切り替えることができます。

POINT

Webブラウザでscratchを体験する

Scrattinoのベースである**Scratch**（http://scratch.mit.edu/）は、公式Webサイト上でScratchでのプログラミングが体験できます。このサイトを利用すれば、ScratchやScrattinoをパソコンにインストールしなくても、WindowsやmacOSでScratchによるプログラミングを試せます。
プログラムを作成するには、Webサイトにアクセスして画面上部のメニュー左上の「作る」をクリックします。編集画面が表示され、プログラミングができます。ただし、ScratchではScrattinoのようなArduinoを制御するプログラムは作成できません。

●WebサイトでScratchのプログラミングが可能

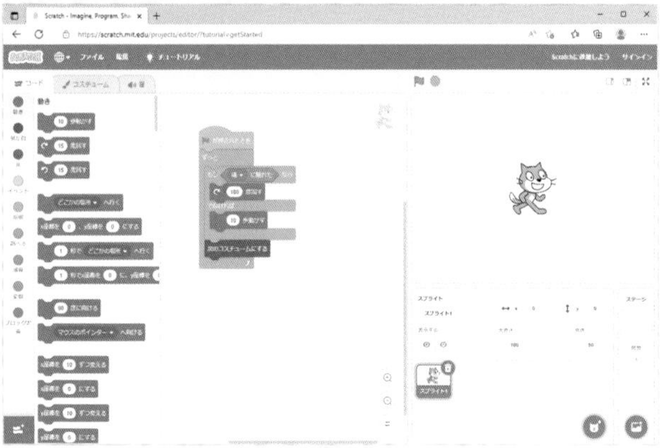

● Scrattino3でArduinoを制御してみる

Scrattino3を利用してArduinoを制御してみましょう。Scrattino3でArduinoを制御するには、あらかじめ接続操作が必要です。

Scrattino3でArduinoに接続する

ArduinoをScrattino3で制御するには、常時Arduinoが接続されている必要があります。このため、ArduinoをUSBケーブルで接続し制御することとなります。

また、Scrattino3でArduinoを利用するには、認識して接続操作が必要となります。接続すると、常時Arduinoと通信をし、各電子パーツを動かしたり、スイッチなどの状態を取得するなどが可能となります。

なお、Scrattino3を終了してしまうと、Arduinoとの接続は切れてしまうため、再度Scrattino3を起動した際には、接続操作をする必要があります。

1 p.53でファームウェアを書き込んだArduinoをパソコンに接続します。

2 Scrattino3を起動し、画面左下の をクリックします。

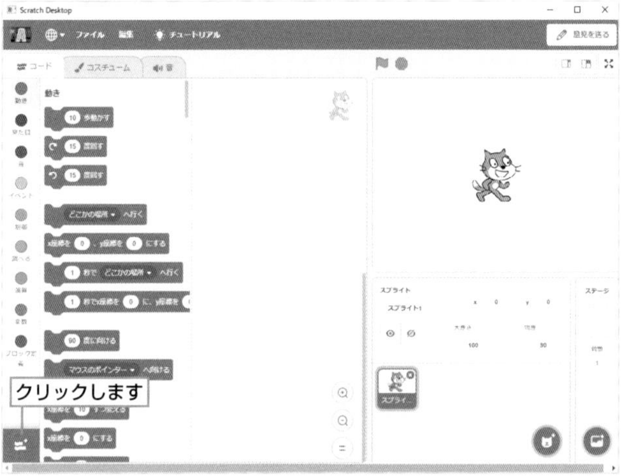

3 一覧から「scrattino」をクリックします。

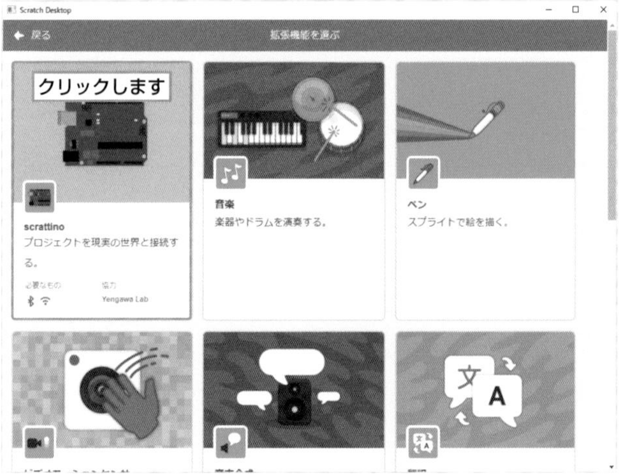

4 接続されているArduinoを認識し、一覧します。対象のArduinoの右にある「接続する」をクリックします。

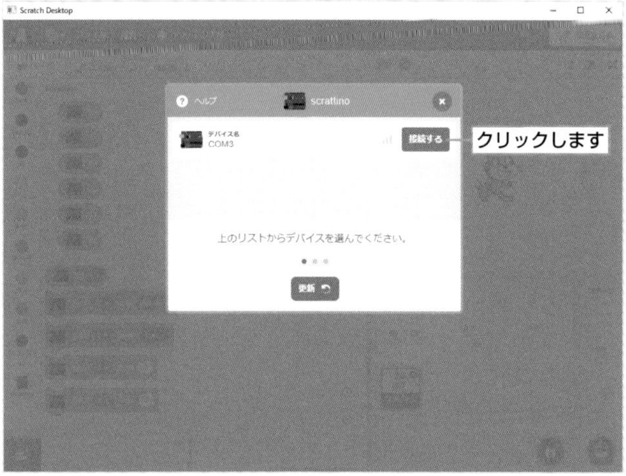

5 「接続されました」と表示されたらScrattino3で制御できるようになります。「エディターへ行く」をクリックします。

6 画面左にArduino制御用のブロックが表示されます。

POINT

「scrattinoへの接続が失われました」と表示されたら

パソコンからArduinoを取り外すと、「scrattinoへの接続が失われました」と表示されます。この場合は、再度Arduinoを接続し、「再接続」をクリックすることで再度利用できるようになります。
なお、Scrattinoを再起動すると、拡張機能が登録されていない状態に戻るため、再度同じ操作をしてScrattinoの拡張機能を登録します。

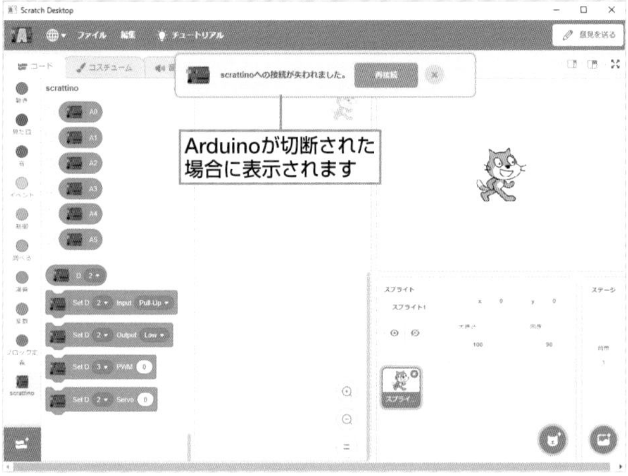

LEDを点灯するスクリプトを作成する

Scrattino3の準備ができたら、実際にArduinoを制御してみましょう。Arduino IDEでも試したように（p.57）、Arduinoの基板上にあらかじめ用意されているデジタル入力用のLEDを点灯させてみます。13番のデジタル入出力ソケットに出力すると、LEDの点灯や消灯が可能です。Arduino Unoでは、LEDがArduinoのロゴの左にある「L」と書かれた部品にあたります。Scrattino3でArduinoを制御する方法として、このLEDを点灯させてみます。

1 実行を開始するブロックを配置します。「イベント」カテゴリにある「🏴が押されたとき」ブロックを配置します。

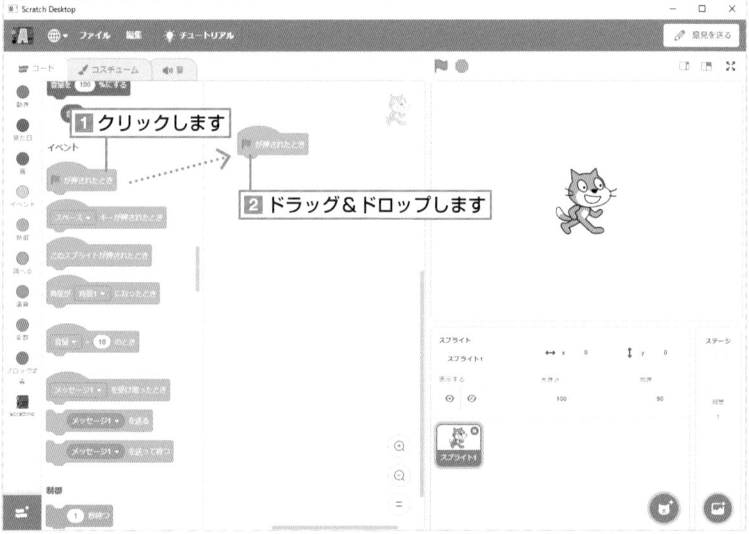

2 13番端子のデジタル出力を「ON」にするブロックを配置します。「scrattino」カテゴリにある「Set D □ Output □」ブロックを「が押されたとき」の下側にぴったりと貼り付けるようにドラッグ＆ドロップします。すると、ブロックが繋がった上で配置されます。

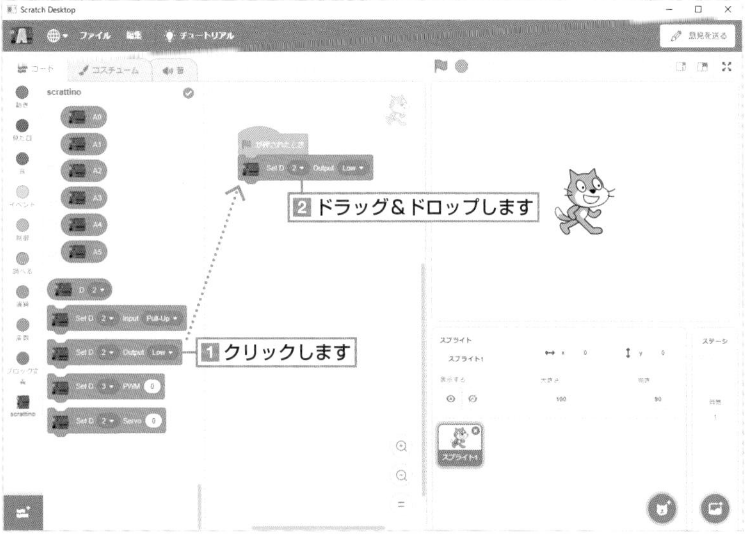

3 出力するソケットを選択します。配置した「Set D □ Output □」ブロック内のDの後のプルダンメニューをクリックして「13」を選択します。

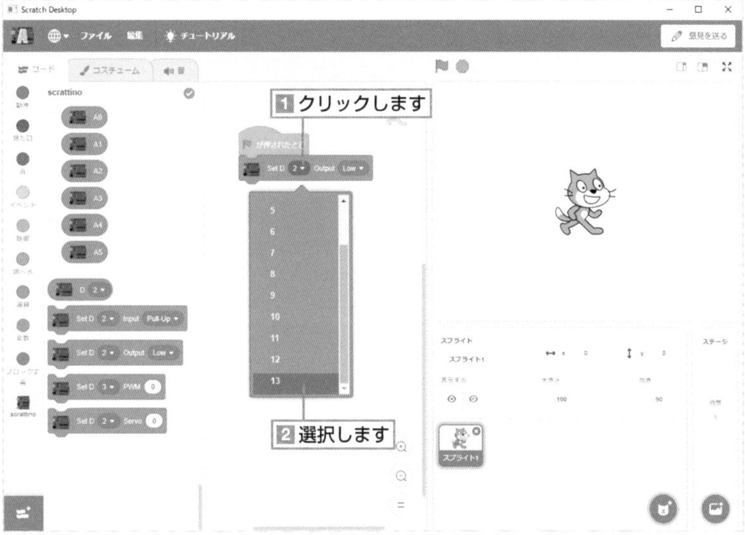

4 13番端子を「ON」にするには、Outputの後のプルダウンメニューをクリックして「High」を選択します。

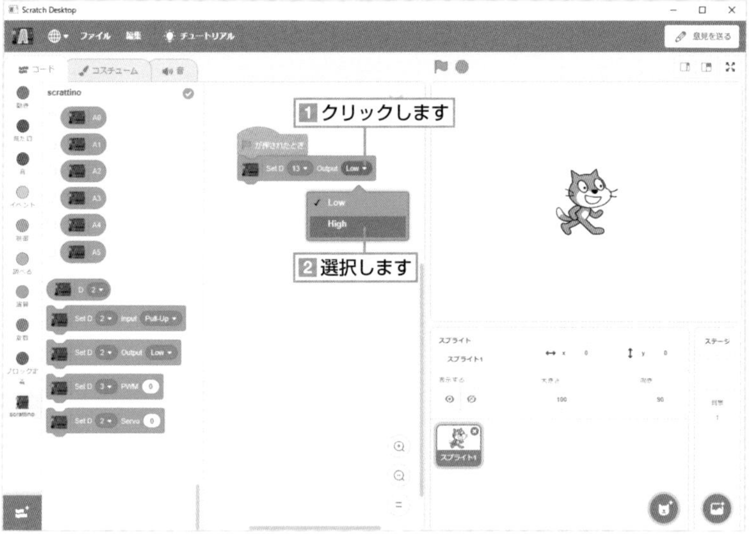

5 スクリプトが作成できました。実際にArduinoを制御するには、ステージの左上にある⚑をクリックします。

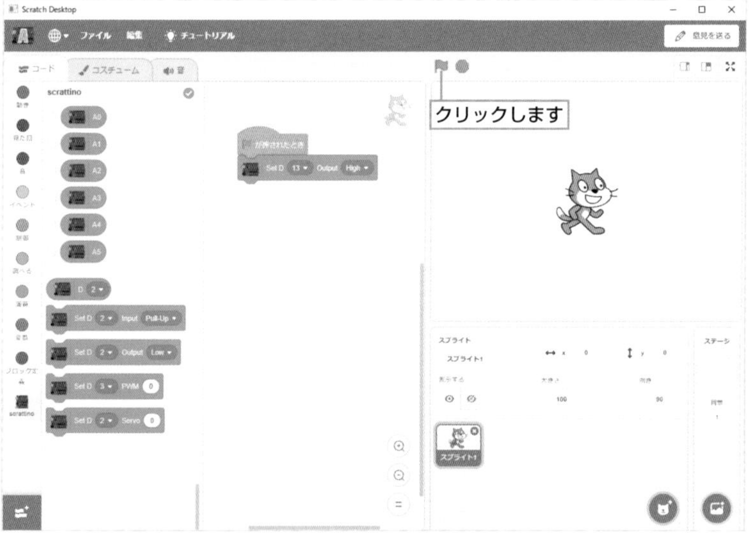

6 Scrattino3からArduinoに命令が転送され、Arduino上のLEDが点灯します。

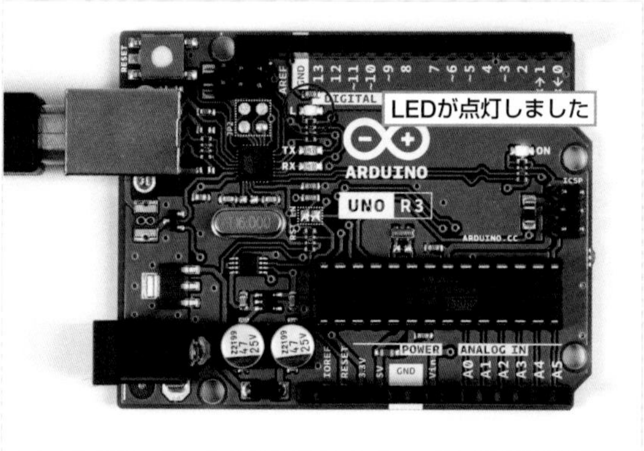

Chapter 3-4

Scrattino3でのプログラミングの基本

Scrattino3でArduinoを制御するには、繰り返しや条件分岐などのプログラムの基本を理解しておく必要があります。ここでは、Scrattino3上で基本的なプログラムの命令について解説します。

プログラミングで基本的な命令の理解が必須

Chaper 3-3のように、各インタフェースの制御用ブロックを配置すれば、Arduinoの出力を変更したり、センサーなどから入力が可能です。

しかし、インタフェースの制御だけではプログラミングを十分には理解できません。仮に「センサーの値によってLEDを点灯する」という処理をする場合、センサーの状態を調べ、特定の条件を満たした場合にLEDを点灯させるという処理が必要です。

このような場合には、「**条件分岐**」や「**繰り返し**」といった制御ブロックを利用します。さらに、値を一時的に保管しておく「**変数**」の使い方も理解する必要があります。

そこで、ここでは**Scrattino3**の基本となる主なブロックの使い方について説明します。

ステージ上のイラストを動かしながら命令を理解する

プログラムで作成した命令を確認する場合、Arduino単体の状態だと、LEDが点滅することでしかプログラムを確認できません。そうでなければ、Arduinoに確認するための電子回路を接続する必要があります。

Scrattino3は、ステージ上に配置したスプライトを動かしたりすることで、プログラムの実行状態を簡単に確認できます。ここではステージ上に猫のイラストを使って、プログラムを動かしながら、各命令ブロックの使い方を理解していきましょう。

Scrattino3でプログラムを作る

右上のステージに配置されている猫を右に動かすプログラムを作成します。

実行を開始するブロックを配置します。「イベント」カテゴリをクリックして、ブロックパレットにある「🏴が押されたとき」ブロックを、スクリプトエリアにドラッグ＆ドロップします。次に「動き」カテゴリをクリックして、「10歩動かす」ブロックを同様にスクリプトエリアにドラッグ＆ドロップします。この際、「🏴が押されたとき」ブロックの下にぴったりと貼り付けるようにドラッグ＆ドロップします。

これでプログラムが完成しました。プログラムの実行は、「ステージ」左上にある🏴アイコンをクリックします。猫のキャラクターが右に10歩分一度に移動します。

●猫のキャラクターを動かす

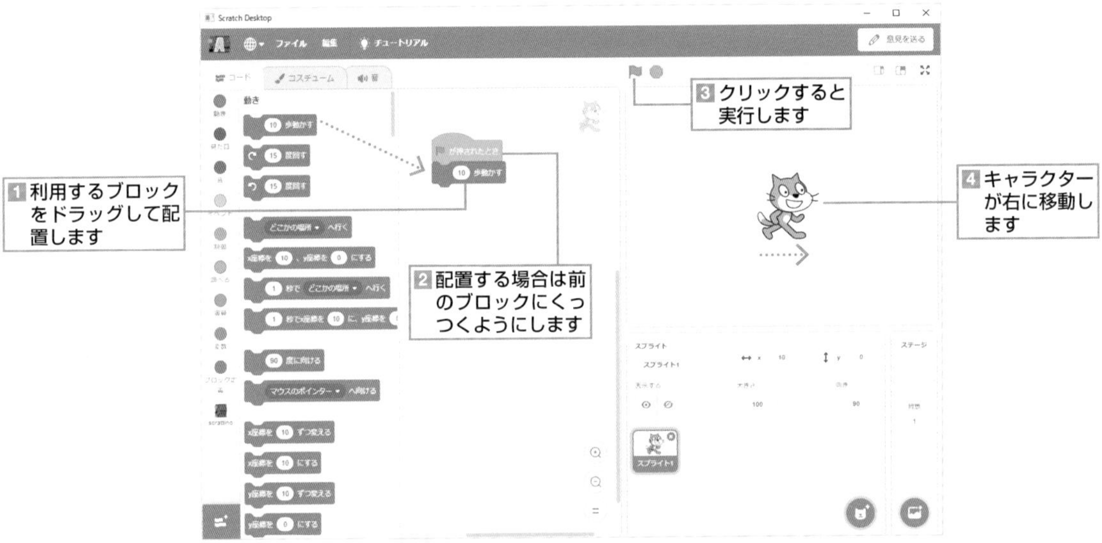
Scratch Desktop
1 利用するブロックをドラッグして配置します
2 配置する場合は前のブロックにくっつくようにします
3 クリックすると実行します
4 キャラクターが右に移動します

> **NOTE**
> **配置したブロックを移動させる**
>
> スクリプトエリアに配置したブロックの並びを変更する場合は、移動するブロックをドラッグすることで、結合しているブロックが離れて他の場所に移動できます。
> 複数のブロックが結合されている場合は、ドラッグしたブロックより下に結合されているブロックは、結合したまま一緒に移動します。

> **NOTE**
> **ブロックの削除・複製**
>
> 不要になったブロックは、ブロック上で右クリックして表示されるメニューから「ブロックを削除」を選択することで削除できます。
> 同様にブロック上で右クリックしてから「複製」を選択すると、同じブロックが複製されてスクリプトエリア上に配置されます。

同じ処理を繰り返す

前ページで紹介したプログラムは、キャラクターが右に10歩分動いてプログラムが終了します。

同じ動作を繰り返して、キャラクターをさらに右に移動したい場合は、右図のように「10歩動かす」ブロックを付け加えることで実現できます。ここでは、動作が視覚的にもわかりやすいように、「制御」カテゴリの「1秒待つ」ブロックを間に入れて、10歩分右へ動いたら1秒停止を繰り返すようにします。

しかし、同じ処理を永続的に繰り返す場合、この方法ではブロックを延々と配置する必要があります。そこで、同じ処理を繰り返し行う場合は、繰り返し処理を行うブロックを使用します。

繰り返しを行うブロックは「制御」カテゴリに格納されています。繰り返しブロックは「コ」の字の逆向きの形状をしていて、この中に配置したブロックを繰り返し実行します。

永続的に同じ処理を繰り返すならば「ずっと」ブロックを利用します。この中に「10歩動かす」と「1秒待つ」ブロックを配置すると、前述したように同じ組み合わせのブロックを何個も配置しなくても、キャラクターを永続的に右に動かす処理を繰り返し実行します。

●ブロックをさらに付け加えて同じ処理をする

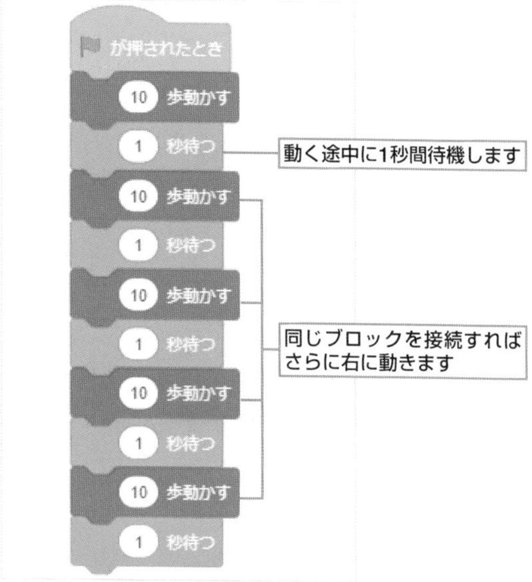

●同じ処理を繰り返す

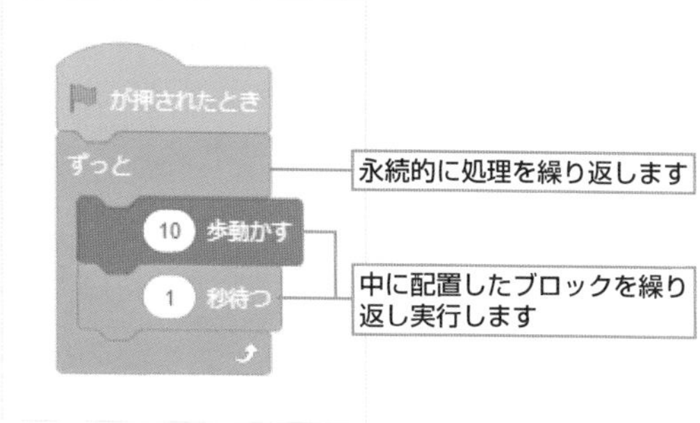

NOTE

プログラムを中止する

「ずっと」ブロックを使用した場合、プログラムを実行すると永遠に実行し続けてしまいます。もし、プログラムの実行を止めたい場合は、ステージエリアの左上にある●をクリックします。

NOTE

キャラクターを元の位置に戻す

このプログラムを実行すると、猫のキャラクターが右端に移動して、次に実行した際に動かなくなってしまいます。この場合は、ステージエリア上のキャラクターを左にドラッグ＆ドロップすることで元の位置に戻せます。

値を格納しておく「変数」

計算結果や処理回数のカウント、現在の状態など、特定の情報を一時的に保存しておきたい場合があります。この場合は「**変数**」と呼ばれる、値を格納しておく機能を利用します。変数はいわば「箱」のようなもので、数や文字などの情報を一時的に保存しておけます。変数に保存している値は、自由に取り出して計算や比較、表示などに利用できます。

Scrattino3で変数を使用するには、「変数」カテゴリをクリックします。次に「変数を作る」ボタンをクリックして変数を新規作成します。ダイアログボックスが表示されるので、任意の変数の名称（変数名。漢字も利用可能）を入力して「OK」ボタンをクリックします。

●変数の作成

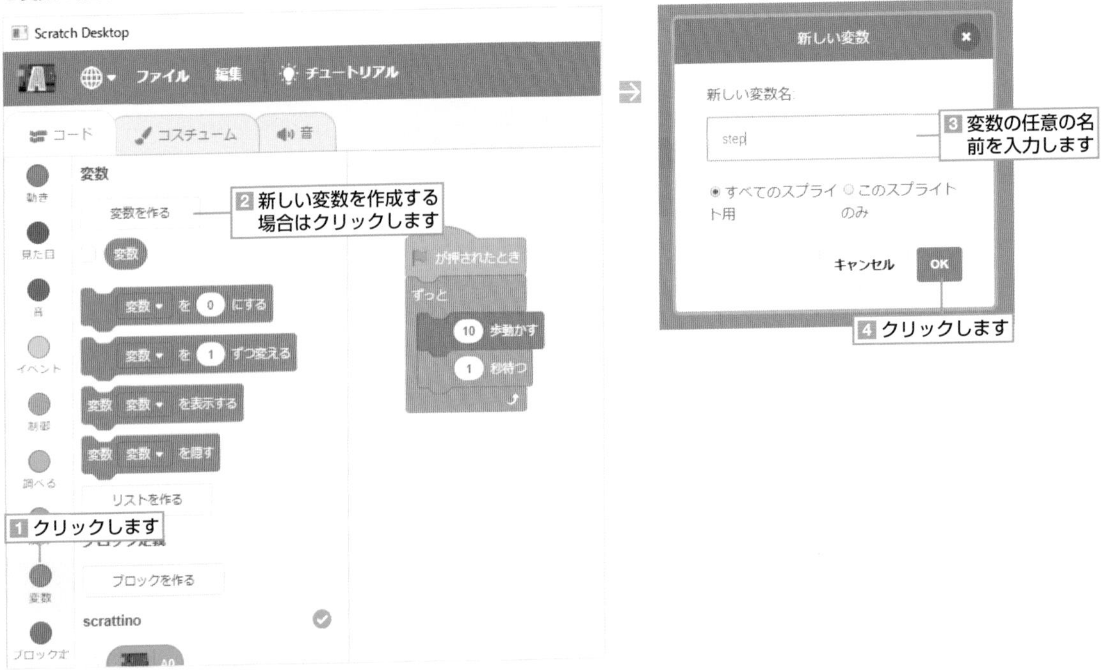

これで変数が作成できました。作成した変数はブロックパレットに一覧表示されます。

実際に変数を利用してみましょう。ここではキャラクターが1回の処理で動く距離を変数で変更できるようにします。

1 「変数」カテゴリの「・・・を○にする」ブロックで変数の内容を変更できます。ここでは、作成した「step」変数に移動距離を入力します。

2 変数を使用する場合は、角丸の矩形に変数名が表示されているブロックを配置します。例えば、歩く距離に変数の値を利用するには「○歩動かす」のブロックの数字が入っている部分（初期状態では「10」）に「step」ブロックをドラッグ＆ドロップします。

●変数をプログラムで使う

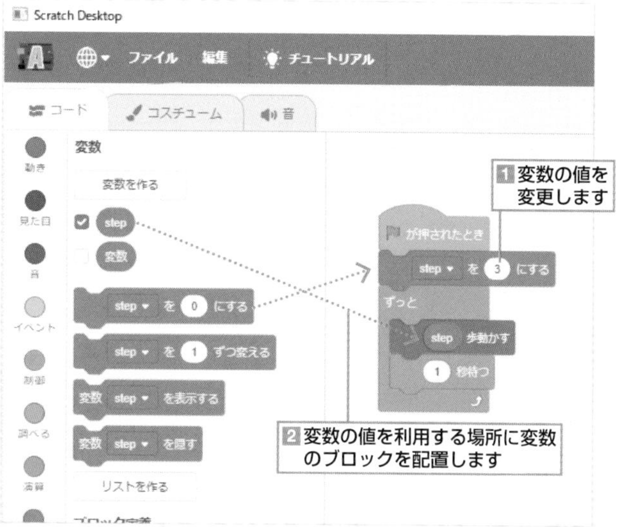

これで、1回で歩く距離に、変数に格納された値を利用するようになります。「stepを○にする」の値を変更して実行すると、1回の移動距離が変わるのが分かります。

NOTE

変数の値を表示する

現在、変数内の値がどうなっているかを知りたい場合は、ブロックパレットにある調べたい変数の左のチェックボックスにチェックを入れます。すると、ステージの左上に現在の変数の値が表示されます。

条件によって処理を分岐する

プログラムの基本的な命令の1つに「**条件分岐**」があります。条件分岐とは、ある条件によって、実行する処理を切り替えられる命令です。例えば、「所定のキーが押されている間はキャラクターを動かし、放したら止める」「特定の時間になるまで処理を待機し、時間になったら処理を実行する」「計算の結果が特定の値以上の場合に処理をする」などといったことが可能です。

条件分岐をするには、「条件式」と「条件分岐」について理解する必要があります。

条件式で判別する

条件分岐をするには、分岐の判断材料が必要となります。この判断に利用する式のことを「**条件式**」といいます。条件式は「演算」カテゴリに格納されています。

条件式には、主に次の3つがあります。

●条件式のブロック

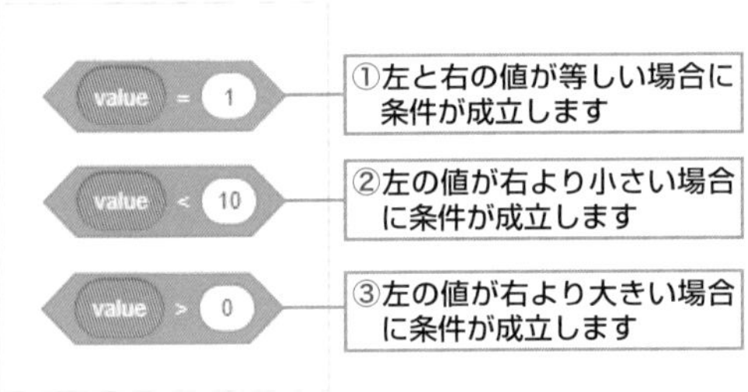
value = 1
①左と右の値が等しい場合に条件が成立します
value < 10
②左の値が右より小さい場合に条件が成立します
value > 0
③左の値が右より大きい場合に条件が成立します

①「○=○」ブロックは、左と右の値が同じかどうかを判断する式です。右図のようにした場合は、「value」変数の値が「1」になった時、条件が成立したと判断します。

②「○<○」ブロックは、左の値が右より小さいかどうかを判断する式です。右図のようにした場合は、「value」変数の値が「10」より小さい場合に条件が成立したと判断します。

③「○>○」ブロックは、左の値が右より大きいかどうかを判断する式です。上図のようにした場合は、「value」変数の値が「0」より大きい場合に条件が成立したと判断します。

複数の条件式を組み合わせることもできます。この際に利用するのが「○かつ○」ブロックと「○または○」ブロックです。それぞれ、左右に前述した条件式を入れられます。

●複数の条件式を組み合わせる

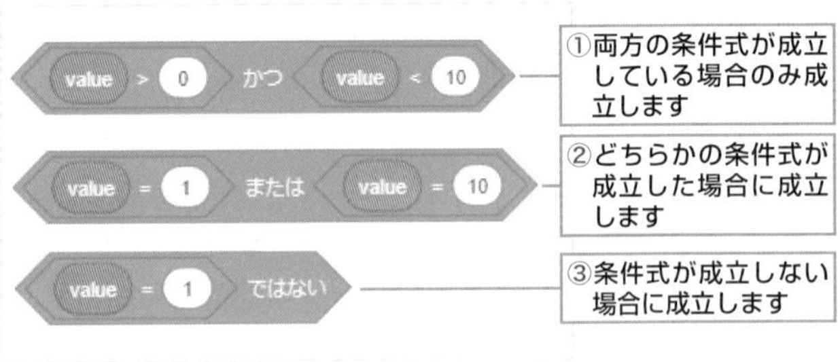
value > 0 かつ value < 10
①両方の条件式が成立している場合のみ成立します
value = 1 または value = 10
②どちらかの条件式が成立した場合に成立します
value = 1 ではない
③条件式が成立しない場合に成立します

①「○かつ○」ブロックは、右と左に入れたい条件式のどちらも成立している場合に条件が成立したと判断します。右図の例では、「value」の値が「0」よりも大きく、「10」よりも小さいと成立したこととなります。

②「○または○」ブロックは、右または左のどちらか一方の条件式が成立していれば、条件が成立していたと判断します。右図の例では、「value」の値が「1」か「10」ならば成立したと判断します。

③「○ではないブロック」では、条件式が成立しない場合に、成立したと判断します。前ページの図の例では「value」の値が「1以外」の場合に成立したことになります。

条件分岐で処理を分ける

条件式で判断した結果は、**条件分岐**ブロックを利用して処理を分けられます。条件分岐は「制御」カテゴリに格納されています。いくつか条件分岐のブロックがありますが、「もし〜なら」ブロックと、「もし〜なら・・・でなければ・・・」ブロックの使い方を覚えておくと良いでしょう。

①「もし〜なら」ブロックは、「もし」と「なら」の間に入れた条件式のブロックが成立している場合に、その下に入れたブロックを実行します。

②「もし〜なら・・・でなければ・・・」ブロックは、条件式が成立する場合には「もし〜なら」の下にあるブロックを実行します（②a）。もし、成立しない場合は「でなければ」以下のブロックを実行します（②b）。

●条件判別のブロック

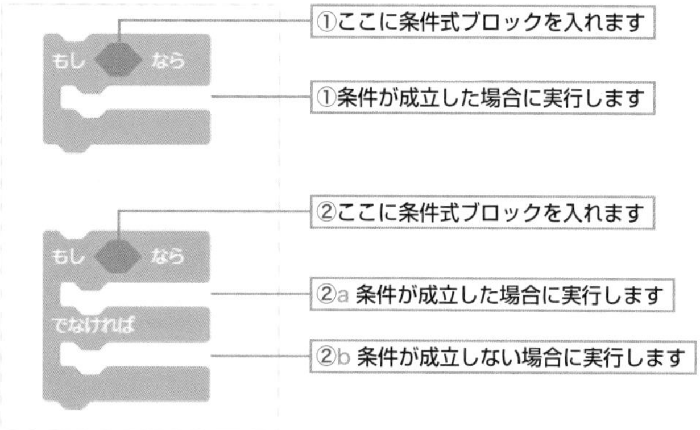
もし
なら
①ここに条件式ブロックを入れます
①条件が成立した場合に実行します
もし
なら
でなければ
②ここに条件式ブロックを入れます
②a 条件が成立した場合に実行します
②b 条件が成立しない場合に実行します

● 2つのコスチュームを切り替えて猫を歩かせる

いままで説明した命令を利用してプログラムを作ってみましょう。前述した猫のキャラクターを歩かせる方法では、1枚の画像を動かしているため、滑っているような動きになっています。そこで、2枚の画像を利用して交互に表示を切り替えることで、猫が歩いて動いているプログラムを作ってみましょう。

1 Scrattino3の新規作成の状態では、2枚の猫の絵があらかじめセットされています。セットされている絵（コスチューム）を確認するには「コスチューム」タブをクリックします。すると、コスチューム1とコスチューム2の画像がセットされているのがわかります。それぞれのコスチュームの左上にある番号がそれぞれのコスチュームに割り当てられている番号となります。

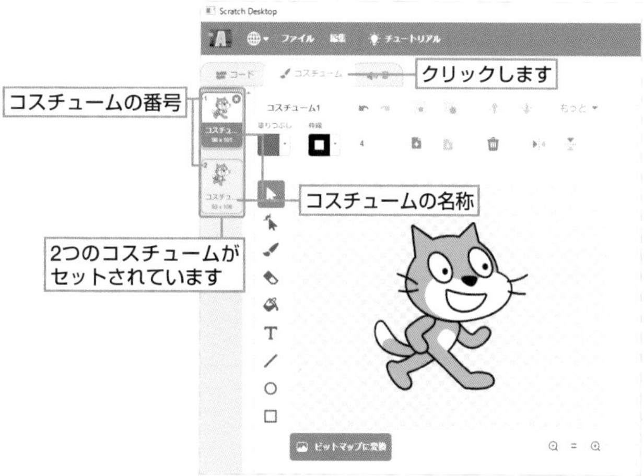
Scratch Desktop
ファイル
編集
チュートリアル
クリックします
コスチュームの番号
コスチューム1
コスチュームの名称
2つのコスチュームがセットされています
ビットマップに変換

2 コスチュームの確認ができたら、「スクリプト」タブをクリックして、図のようにスクリプトを作成します。
「コスチュームを・・・にする」ブロックで初めに表示するコスチュームを選択します。歩くように見せるため絵を切り替える処理は、「もし・・・でなければ・・・」ブロックを利用します。「コスチュームの番号」ブロックでは、現在表示中のコスチュームの番号（コスチューム一覧の左上の番号）を確認できます。条件式を利用することで、現在表示中のコスチュームによって処理を切り替えられます。コスチューム1の場合はコスチューム2に切り替え、コスチューム2の場合はコスチューム1に切り替えるようにします。
切り替えた後に猫を動かして、1秒間待機するようにします。

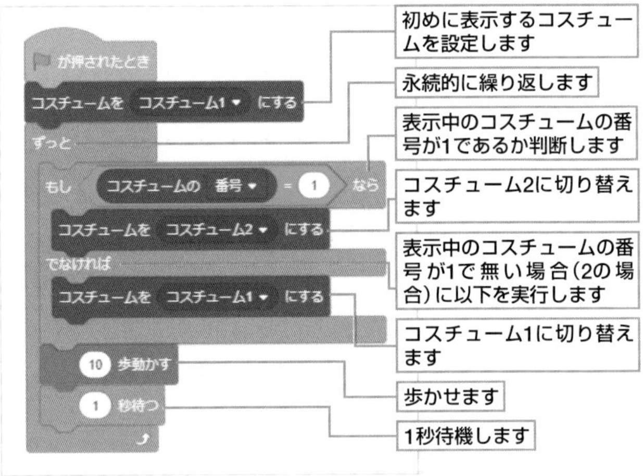
が押されたとき
コスチュームを コスチューム1 にする
ずっと
もし コスチュームの 番号 = 1 なら
コスチュームを コスチューム2 にする
でなければ
コスチュームを コスチューム1 にする
10 歩動かす
1 秒待つ
初めに表示するコスチュームを設定します
永続的に繰り返します
表示中のコスチュームの番号が1であるか判断します
コスチューム2に切り替えます
表示中のコスチュームの番号が1で無い場合(2の場合)に以下を実行します
コスチューム1に切り替えます
歩かせます
1秒待機します

3 作成後に実行すると、コスチュームを切り替えながら右に動きます。

1歩動くごとにコスチュームが切り替わります
右方向に動きます

NOTE

「次のコスチュームにする」ブロックで簡単に作成

本書の例では、条件判別の使い方の説明のため、「もし・・・でなければ・・・」ブロックを使ってコスチュームを切り替える方法を説明しました。しかし、コスチュームを順番に切り替えるだけならば、「次のコスチュームにする」ブロックを使うことでプログラムを短くできます。

●「次のコスチュームにする」ブロックを使ってプログラムを短くする

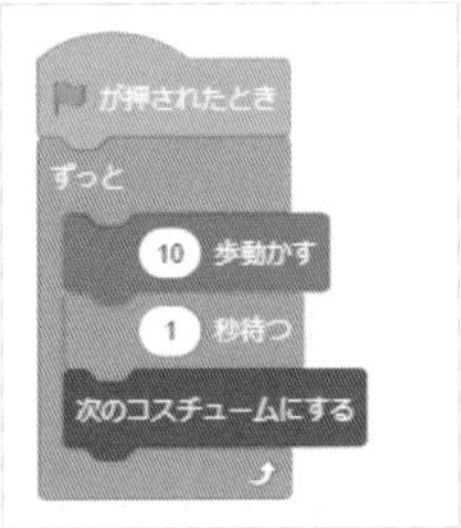
が押されたとき
ずっと
10 歩動かす
1 秒待つ
次のコスチュームにする

Part 4

電子回路の基礎知識

Arduinoに搭載されているデジタル入出力およびアナログ入力インタフェースを利用すれば、デジタルやアナログ信号の入出力が行えます。これを利用して電子回路を作成するとArduinoで制御できます。ここでは、電気や電子回路の基本について解説します。

Chapter 4-1　Arduinoで電子回路を操作する

Chapter 4-2　電子部品の購入

Chapter 4-3　電子回路入門

Chapter 4-1

Arduinoで電子回路を操作する

Arduinoに搭載されているデジタル入出力などのインタフェースを利用すれば、電子回路を制御できます。電子回路をどこに接続するかを理解しておきましょう。

Arduinoで電子回路を制御できる

私たちの周りにある電気スタンド、ドライヤー、時計から、パソコンやスマートフォン、テレビなど高機能な機器まで、ほとんどの電化製品は電子回路を搭載しています。電子回路上にある様々な部品に電気を流すことで、様々な制御や動作が可能です。

例えば、テレビであればスイッチを入れると画面に映像が映ります。これは、電子回路でスイッチを押されたことを認識して、放送電波の受信➡電波の解析➡映像信号を画面に表示、などの一連の処理をするためです。

電子回路は一般の人でも設計して作成できます。しかし、すべてを設計するには、深い電子回路の知識が必要です。例えばロボットを作りたい場合、モーターを動かす回路、どのようにモーターを動かすかを命令する回路、センサーを制御する回路、センサーから取得した情報を処理する回路、モーターなどに電気を供給する回路、などのようにたくさんの回路を考えて組み合わせる必要があります。

Arduinoを利用すれば、このような複雑な回路であっても比較的簡単に作れます。Arduinoは小さいながらもコンピュータですので、モーターをどのように動かすかやセンサーの制御といった処理をArduino上でプログラムを作成して処理できます。

また、複雑なシステムを構築するのではなく、ランプの点灯や、センサーからの各種情報の入力などといった簡単な電子回路も操作できるので、電子回路の学習用途にも向いています。

デジタル・アナログ入出力で電子回路を操作

Arduinoで電子回路を操作するには、デジタル入出力、およびアナログ入力インタフェースを利用します。Arduinoの右図の位置のピンソケットが各インタフェースです。ここから導線を使って電子回路に接続し、Arduinoから操作したり、センサーの情報をArduinoで受け取ったりします。

●上下のソケットに電子回路を接続する

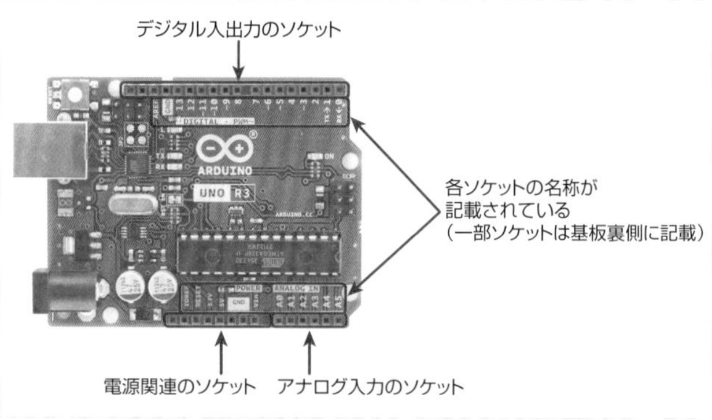

上部のソケットはデジタル入出力とPWM（擬似的なアナログ出力）ができ、右下のソケットはアナログ入力ができます。PWMはPD3、PD5、PD6、PD9、PD10、PD11の

6ソケット（番号に「~」が付いているソケット）が対応しています。また、下中央には電源を供給するソケットが搭載されています。

それぞれのソケットには番号や名称が付いており、上部ソケットの右端が「PD0」、その左が「PD1」と続き、「PD13」まであります。

右下のアナログ入力ソケットは、左から「PA0」、「PA1」と続き、右端が「PA5」となっています。そのほかの端子には電源を供給する「5V」、「3.3V」、0Vとなる「GND」、Arduinoをリセットする「RESET」などが配置されています。

●各ソケットの名称

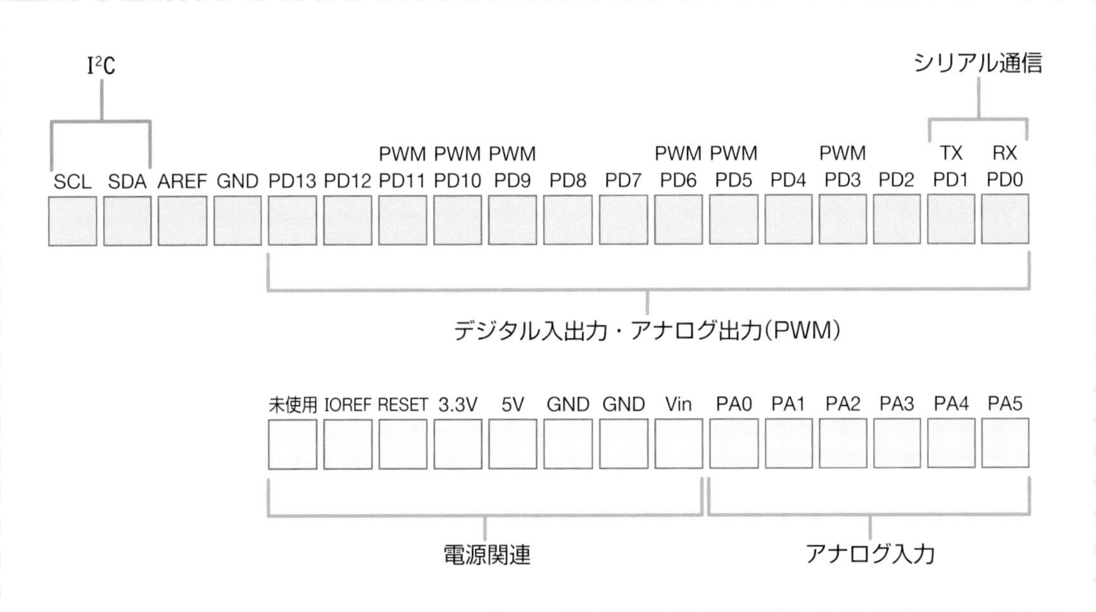

また、2つの機能を併用するソケットもあり、モードを切り替えることで用途を変更できます。例えば「PD0」は、シリアル通信の「RX」と併用されています。

各ソケットの用途や利用方法については、本書のソケットを利用する項目で説明します。

NOTE

Arduino の他の機種のソケット

Arduinoの他のエディションにも、同様の機能のソケットが備わっています。Arduino Unoと同じサイズのArduino Duemilanoveは、Arduino Unoとソケット位置が同じです。ただし、Arduino UnoにあるI^2Cのソケットが無いなど、一部ソケットが実装されていないことがあります。

異なるサイズのArduinoの場合は、端子形状や配置が異なることがあります。各製品の端子情報を参照してください。

Chapter 4-2

電子部品の購入

Arduinoで電子回路を動作させるには、電子回路の部品などをそろえる必要があります。ここでは電子部品の購入先や、はじめに購入しておくべき部品について紹介します。

● 電子部品の購入先

電子部品（**電子パーツ**）は、一般的に電子パーツ店で販売しています。東京の秋葉原や、名古屋の大須、大阪の日本橋周辺に電子パーツ店の店舗があります。主な店舗についてはp.264で紹介しています。

このほかにも、ホームセンターなどで部品の一部は購入可能です。ただし、これらの店舗では種類が少ないため、そろわない部品については電子パーツ店で入手する必要があります。

通販サイトで購入する

電子パーツ店が近くにない場合は、通販サイトを利用すると良いでしょう。電子パーツの通販サイトについてもp.264で紹介しています。

秋月電子通商（http://akizukidenshi.com/）や**マルツ**（http://www.marutsu.co.jp/）、**千石電商**（http://www.sengoku.co.jp/）などは多くの電子部品をそろえています。また、**スイッチサイエンス**（http://www.switch-science.com/）や**ストロベリー・リナックス**（http://strawberry-linux.com/）では、Arduinoなどのマイコンボードや、センサーなどの機能デバイスをすぐに利用できるようにしたボードが販売されています。秋月電子通商やスイッチサイエンスなどでは、液晶ディスプレイのような独自のキット製品を販売しています。

●秋月電子通商の通販サイト
（http://akizukidenshi.com/）

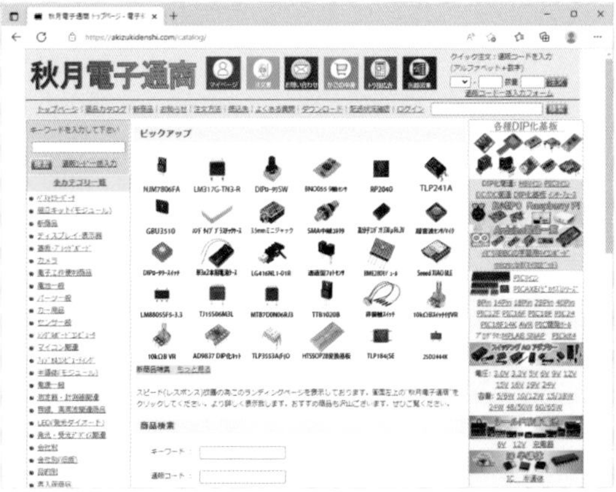

●スイッチサイエンスの通販サイト
（http://www.switch-science.com/）

おすすめの電子部品

Arduinoで電子回路を利用する主要な部品について紹介します。これらの部品はあらかじめ購入するなどして準備しておくようにしましょう。また、ここで説明していない必要な部品については、各Chapterで随時紹介します。

NOTE

本書で利用した部品や製品について

本書で利用した部品や製品についてはp.262にまとめました。準備や購入の際に参考にしてください。

1. ブレッドボードとジャンパー線

電子回路を作成するには、「**基板**」と呼ばれる板状の部品に電子部品をはんだ付けする必要があります。しかし、はんだ付けすると部品が固定されて外せなくなります。はんだ付けは、固定的な電子回路を作成するには向きますが、ちょっと試したい場合には手間がかかる上、固定した部品は再利用しにくいので不便です。

そこで役立つのが「**ブレッドボード**」です。ブレッドボードにはたくさんの穴が空いており、その穴に各部品を差し込んで利用します。各穴の縦方向に5～6つの穴が導通しており、同じ列に部品を差し込むだけで部品が導通した状態になります。

ブレッドボードの中には、右図のように上下に電源とGND用の細長いブレットボードが付属している商品もあります。右図のブレッドボードでは、横方向に約30個の穴が並んでおり、これらがつながっています。電源やGNDといった多用する部分に利用すると良いでしょう。

様々なサイズのブレッドボードが販売されていますが、まずは30列程度のブレッドボードを購入すると良いでしょう。例えば、1列10穴（5×2）が30列あり、電源用ブレッドボード付きの商品であれば、200円程度で購入できます。

●手軽に電子回路を作成できる「ブレッドボード」

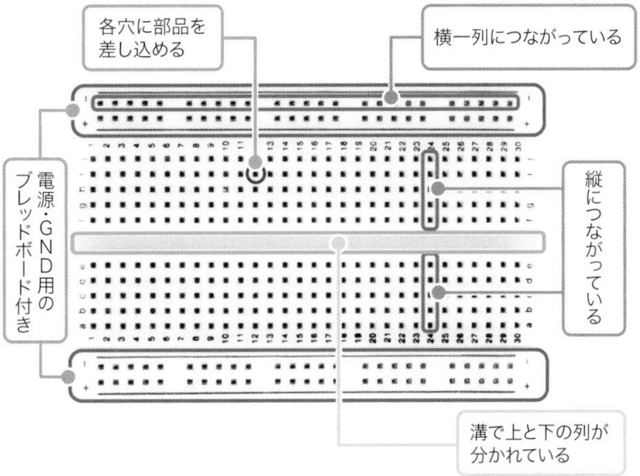
各穴に部品を差し込める
横一列につながっている
電源・GND用のブレッドボード付き
縦につながっている
溝で上と下の列が分かれている

接続していない列同士をつなげるには「**ジャンパー線**」を利用します。ジャンパー線は両端の導線がむき出しになっており、電子部品同様にブレッドボードの穴に差し込めます。

ジャンパー線には端子部分が「オス型」のものと「メス型」のものが存在します。ブレッドボードの列同士を接続するには両端がオス型（オス―オス型）のジャンパー線を利用します。Arduinoのデジタル・アナログ入出力ソケットはメス型となっているため、両端がオス型のジャンパー線を利用できます。

オス―オス型のジャンパー線は30本程度あれば十分です。例えば、秋月電子通商ではオス―オス型ジャンパー線（10cm）は20本入り150円で購入できます。

●ブレッドボード間の列やArduinoのソケットに接続する「ジャンパー線」

KEYWORD
オス型とメス型

電子部品では、先端が凸状に穴に差す形式の端子を「オス型」、凹状に差し込まれる形式の端子を「メス型」と呼びます。

2. 電圧や電流を制御する「抵抗」

「**抵抗**」は、使いたい電圧や電流を制御するために利用する部品です。例えば抵抗を用いることで、回路に流れる電流を小さくし、部品が壊れるのを抑止したりできます。

抵抗は1cm程度の小さな部品です。左右に長い端子が付いており、ここに他の部品や導線などを接続します。端子に極性はなく、どちら向きに差し込んでも動作できます。

●電圧や電流を制御する「抵抗」

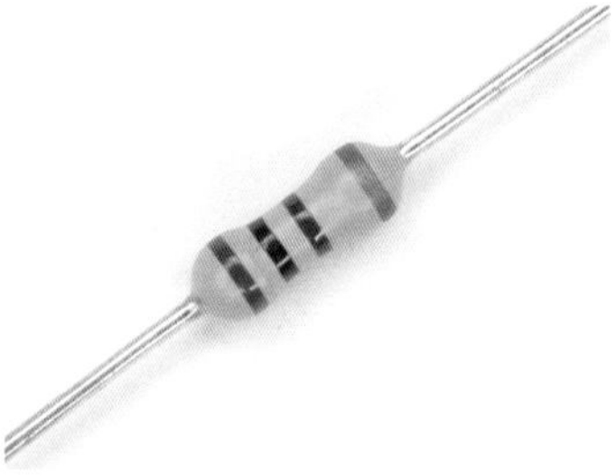

抵抗

抵抗の回路記号

抵抗は、使用材料が異なるものが複数存在し、用途に応じて使い分けます。電子回路で利用する場合、通常は「**カーボン抵抗**」でかまいません。抵抗の単位は「**Ω（オーム）**」で表します。

抵抗は1本5円程度で購入できます。100本100円程度でセット売りもされています。様々な値の抵抗が販売されていますが、まずは次の6種類の抵抗をそれぞれ10本程度購入しておくと良いでしょう。

- 100Ω
- 330Ω
- 1kΩ
- 5.1kΩ
- 10kΩ
- 100kΩ

抵抗は、本体に描かれている帯の色で抵抗値が分かるようになっています。それぞれの色には、次ページの表のような意味があります。

●抵抗値の読み方

帯の色	それぞれの意味			
	1本目	2本目	3本目	4本目
	2桁目の数字	1桁目の数字	乗数	許容誤差
■黒	0	0	1	—
■茶	1	1	10	±1%
■赤	2	2	100	±2%
■橙	3	3	1k	—
■黄	4	4	10k	—
■緑	5	5	100k	—
■青	6	6	1M	—
■紫	7	7	10M	—
■灰	8	8	100M	—
□白	9	9	1G	—
■金	—	—	0.1	±5%
■銀	—	—	0.01	±10%
色無し	—	—	—	±20%

1本目と2本目の色で2桁の数字が分かります。これに3本目の値を掛け合わせると抵抗値になります。例えば、右図のように「紫緑黄金」と帯が描かれている場合は「750kΩ」と求められます。

4本目は抵抗値の誤差を表します。誤差が少ないほど精密な製品であることを表しています。右図の例では「金」ですので「±5%の誤差」（±37.5kΩ）が許容されています。つまり、この抵抗は「787.5k～712.5kΩ」の範囲であることが分かります。

●抵抗値の判別例

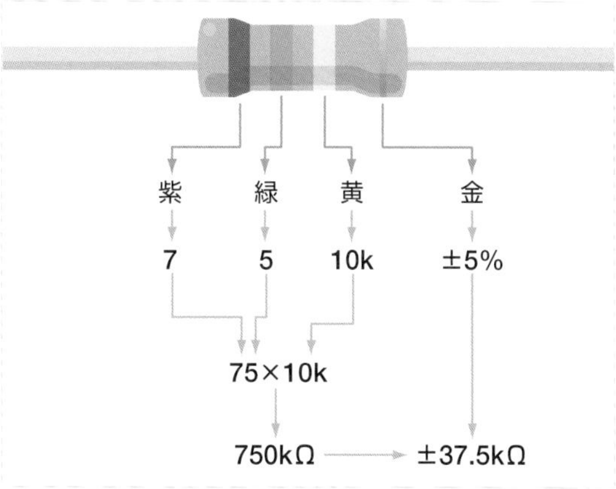

NOTE

区切りの良い値の抵抗がない場合

電子パーツ店で抵抗を購入する場合、5kΩなどのような区切りのよい値の抵抗が販売されていないことがあります。一方で、330Ωなどのような一見区切りの良くない値の抵抗が売られていることもあります。
これは、抵抗の誤差を考慮するため、「**E系列**」という標準化した数列に合わせて抵抗が作られているからです。小さな値であれば誤差の範囲は小さいですが、大きな値であると誤差の範囲が大きくなります。例えば誤差が5%の場合、1Ωであれば誤差の範囲は0.95～1.05Ωですが、10kΩの場合は9.5k～10.5kΩと誤差の範囲が広がります。このため、例えば10kと10.01kΩのように誤差の範囲がかぶる抵抗を準備しても無意味です。
電子工作では、5%の誤差のある抵抗がよく利用されています。5%の抵抗では「**E24系列**」に則って抵抗が作られています。例えば1k～10kΩの範囲のE24の抵抗値は、「1k」「1.1k」「1.2k」「1.3k」「1.5k」「1.6k」「1.8k」「2.0k」「2.2k」「2.4k」「2.7k」「3.0k」「3.3k」「3.6k」「4.3k」「4.7k」「5.1k」「5.6k」「6.2k」「6.8k」「7.5k」「8.2k」「9.1k」「10k」となっています。このため、「5kΩ」といったきりの良い値の抵抗は販売されていません。
なお、E系列でも利用頻度の低い抵抗は、店舗によっては取り扱いがないこともあります。例えば、秋月電子通商では「1k」「1.2k」「1.5k」の抵抗は販売されていますが、「1.1k」「1.3k」「1.6k」「1.8k」の抵抗は販売されていません。
電子部品は、どのようなものであっても誤差があります。計算で正しい値を導いたとしても、おおよそ近い値を選択するようにしましょう。多くの場合、少々の違いがあっても問題なく動作します。

3. 明かりを点灯する「LED」

「**LED**（Light Emitting Diode：**発光ダイオード**）」は、電流を流すと発光する電子部品です。電化製品などのスイッチの状態を示すランプなどに利用されています。最近では、省電力電球としてLED電球が販売されていることもあり、知名度も高くなってきました。

●明かりを点灯できる「LED」

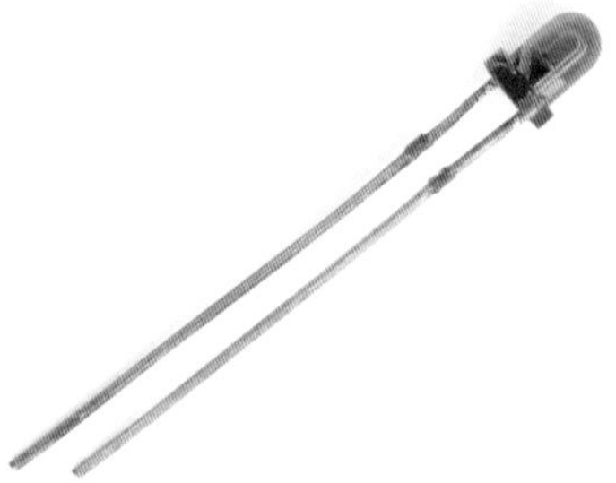

赤色LED

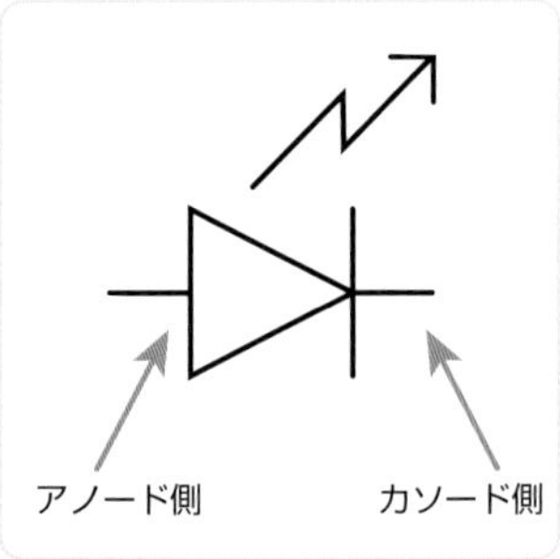

LEDの回路記号

LEDには極性があります。逆に接続すると電流が流れなくなり、LEDは点灯しません。

極性は端子の長い方を「**アノード**」と呼び、電源の＋（プラス）側に接続します。端子の短い方を「**カソード**」と呼び、電源の－（マイナス）側に接続します。

さらに、端子の長さだけでなく、LEDの外殻や内部の形状から極性が判断できます。外殻から判断する場合は、カソード側が平たくなっています（ただし製品によっては平たくない場合もあります）。内部の形状で判断する場合は、三角形の大きな金属板がある方がカソードとなります。

●LEDの極性は形状で判断できる

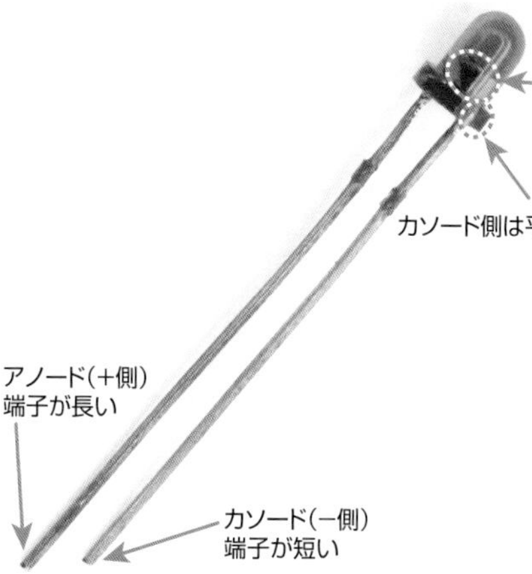
カソード側は
中の金属板が大きい
カソード側は平たくなっている
アノード(＋側)
端子が長い
カソード(－側)
端子が短い

LEDには、点灯のために必要な情報として「**順電圧（Vf）**」と「**順電流（If）**」が記載されています。一般的に順電圧が2～4V程度、順電流が20～30mAの製品が販売されています。本書では、順電圧が2V程度、順電流が20mA程度のLEDを利用することを前提に解説します。また、各LEDの順電圧と順電流はLED本体では判別できないので、購入時に分かるようメモしておきましょう。これらの値はLEDを使う際に必要です。

LEDは「赤」「緑」「黄色」「青」「白色」など様々な色が用意されています。この中で赤、緑、黄色は駆動電流が比較的小さくて済むため、手軽に利用できます。初めのうちはこれらの色のLEDを選択するようにしましょう。直径5mmの赤色LEDであれば、1つ15円程度で購入できます。

NOTE

LEDの使い方

LEDを点灯させるには、抵抗を接続して流れる電流を制限します。詳しくはp.108のNOTEを参照してください。

Chapter
4-3 電子回路入門

電子回路を作成するには、いくつかのルールに則って作業する必要があります。そこで、実際にArduinoで電子回路を制御する前に、基本的なルールについて確認しておきましょう。

電源と素子で電子回路が作れる

電子回路の基本を説明します。電子回路は、電気を供給する「**電源**」と、その電気を利用して様々な動作をする「**素子**」を、電気的に導通性の金属性の線である「**導線**」で接続することで動作します。

電源は、家庭用コンセントや電池などがそれにあたります。電源から供給した電気は、導線を通じて各素子に送られ、電気を消費して素子が動作します。電球を光らせたり、モーターを回したり、といった動作です。

●電源と素子を導線で接続すれば電子回路が完成

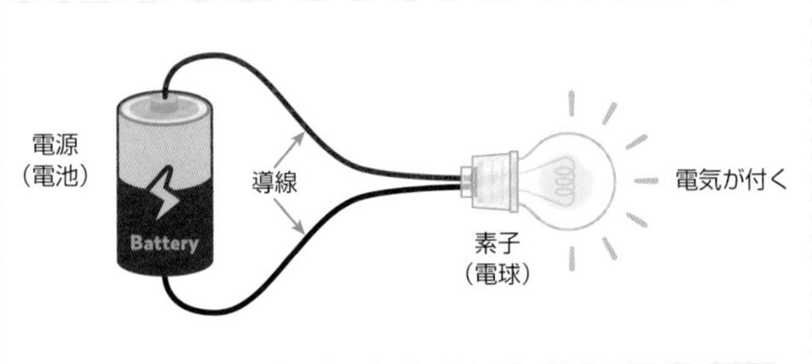

基本的に、電子回路はこのように構成されています。他に複数の素子を接続したり、素子を動作させるために必要な電気の量を調節したりして、様々な機器ができ上がっているわけです。

しかし、闇雲に電源や素子をつなげれば動作するというわけではありません。目的の動作をさせるには、適切な電源や素子を選択し、適切に素子を接続する必要があります。そのためには素子の特性を理解して、どの素子を利用するかを選択するなどといった知識が必要となります。

そこで、ここでは基本的な電気の性質や電子回路の知識を解説します。

電源は電気を流す源(みなもと)

コンセントや電池など、電気を供給する源が電源です。電源が送り出せる電気の力は「**電圧**」として表します。電圧の単位は「**ボルト(V)**」です。この値が大きい電源ほど、電気を流せる能力が高いことを表します。身近なものでは電池1本「1.5V」、家庭用コンセント「100V」などがあります。電池よりも家庭用コンセントから送り出される電気の力が大きいことが分かります。

Arduinoは、電源ソケットの出力として5Vまたは3.3Vが供給できます。これらを使って、電池と同じように電子回路への電気の供給が可能です。

電圧には、次の特性があるので覚えておきましょう。

1. 直列に接続された素子の電圧は足し算

電源から直列に複数の素子を接続した場合、それぞれの素子にかかる電圧の総和が電源の電圧と同じになります。

例えば、右図のように5Vの電源に2つの電球を直列に接続した場合、それぞれの電球にかかる電圧を足し合わせると5Vになります。また、片方の電球に3Vの電圧がかかっていたと分かる場合、もう片方の電球には2Vの電圧がかかっていると導けます。

●直列接続の素子にかかる電圧の関係

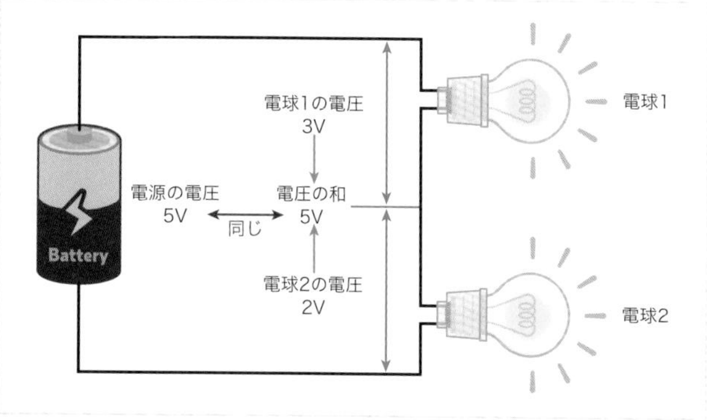

2. 並列に接続された素子の電圧は同じ

複数の素子を並列に接続した場合、それぞれの素子にかかる電圧は同じになります。もし、5Vの電源から並列に2つの電球に接続した場合、それぞれにかかる電圧は電源と同じ5Vとなります。

●並列接続の素子にかかる電圧の関係

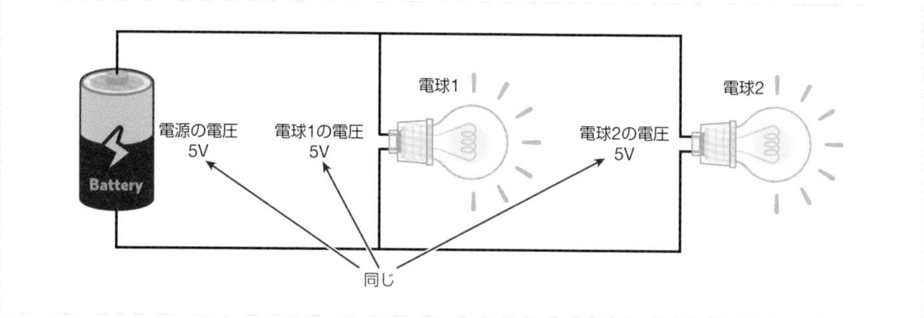

KEYWORD

電圧と電位差

電圧は、ある1点からもう1点までの差を示しています。電池の場合はマイナス側からプラス側までの差が電圧です。もし、10Vの位置から30Vの位置までの電圧を示す場合、「30V - 10V」と計算でき、電圧は「20V」となります。また、電圧のことを「**電位差**」とも呼びます。

一方、遥か遠く（「基点」または「無限遠」といいます）からの電位差のことを「**電位**」と呼びます。

電気の流れる量を表す「電流」

電源からは「**電荷**」と呼ばれる電気の素が導線を流れます。この電荷がどの程度流れているかを表すのが「**電流**」です。電流が多ければ、素子で利用する電気も多くなります。つまり、電流が多いほどLEDなどは明るく光ります。

電流を数値で表す場合、「**アンペア（A）**」という単位が利用されます。家庭にあるブレーカーに「30A」などと書かれているので目にしたことがあるかもしれません。これは、30Aまでの電流を流すことが可能であることを示しています。

電流は次のような特性があるので覚えておきましょう。

1. 直列に接続された素子の電流は同じ

電源から直列に複数の素子を接続した場合、それぞれの素子に流れる電流は同じです。ホースに流れる水は、水漏れがなければどこも水流量が同じであるのと同様です。例えば、2つの電球が直列に接続されており、一方の電球に10mAの電流が流れていれば、もう一方の電球にも10mAが流れます。

●直列接続の素子にかかる電流の関係

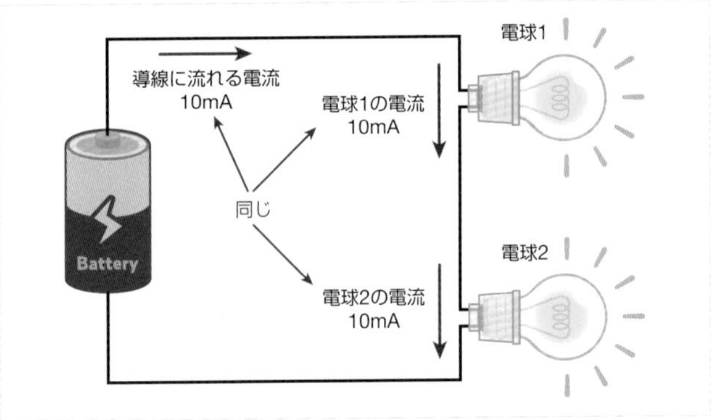

2. 並列に接続された素子の電流は足し算

複数の素子を並列に接続した場合、それぞれの素子に流れる電流の合計は、分かれる前に流れる電流と同じになります。もし、電源に2つの電球が接続されており、それぞれの電球に10mA、20mA流れていたとすると、分かれる前は30mA流れていることになります。

●並列接続の素子にかかる電流の関係

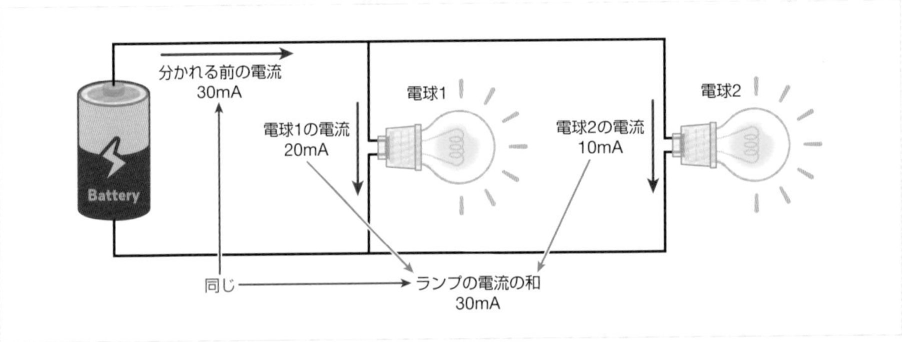

NOTE

電流と電圧について、おおよその数値の大きさを感覚的に身につけよう

長さや重さであれば、数値でおおよそ長い、短い、軽い、重いといったことが感覚的に分かります。例えば、徒歩で移動するときに100m先であればすぐ近くと感じますが、10km先となると遠すぎて歩くのは無理だと判断します。
電気でも、おおよその数値の大きさについて感覚的に分かっていれば、十分であるか危ないかなどを判断できます。もし大きすぎると感じられれば、再度確認して数値に間違いがないかを確かめることができます。
電子工作では、1から24V程度の電源を利用しています。Arduinoでは5Vが基準です。このため、「0から5V」程度であれば特に問題はありませんが、50Vや100Vの電圧がかかっている場合は、再度確認したほうがよいでしょう。また、Arduinoのソケットに10Vなどといった、5V以上の電圧がかかっている場合も注意が必要です。逆に、1V以下の場合は電圧が足りないことがあるので確認しましょう。また、デジタル入出力では0Vと5Vを切り替えています。Arduinoのソケットにかかる電圧を確認し、約0Vや約5Vの電圧以外がかかっている場合は、回路に間違いが無いかを確かめるようにします。
一方、電流の場合は「1mAから100mA」程度であれば特に問題はありません。1Aや10Aといった電流は大きすぎるので、確認しましょう。ただし、高輝度に点灯するLEDやモーターといった電気をたくさん利用する電子パーツの場合は1Aや2Aなど大きな電流が流れることがあります。逆に1mAより小さい場合は電流が少ないので電子パーツが正しく動作しないことがあります。なお、通信などといった信号をやり取りするような使い方ではほとんど電流が流れませんが、動作するのに問題はありません。

NOTE

実際に流れるのは「電子」

導線などは、金属の原子が集まって構成されています。原子は中央にプラスの電気的な性質を持つ「原子核」（陽子と中性子）と、その周りを電気的にマイナスの性質を持つ「**電子**」が回っています。
原子核は原子の形状をなすものであり、その場からは動きません。一方、電子は小さな粒子状のように考えることができ隣の原子に移動が可能となっています。電子が次々と別の原子に移動していくことで、マイナスの電気的な粒子が、導線上を移動できます。
また、電子回路では電子のことを「**マイナス電荷**」と呼びます。マイナス電荷が流れると逆方向にプラスの電気的な性質を持つ電荷が流れているように見えるので、電子と逆方向に「**プラス電荷**」が流れていると見なしています。
電子回路では、プラス電荷の流れる量のことを電流と呼んでいます。なお、現在でも動かないプラス電荷を電流としているのは、発見当初プラス電荷が動いていると考えられていたためです。

● 電圧、電流、抵抗の関係を表す「オームの法則」

電子回路の基本的な公式の1つとして「**オームの法則**」があります。オームの法則とは、「抵抗にかかる電圧」と「抵抗に流れる電流」、それに「抵抗の値」の関係を表す式で、右図のように表記されます。

●オームの法則

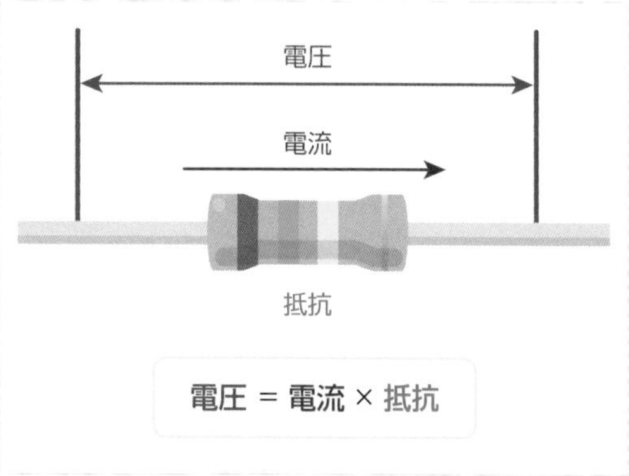

この式を利用すると、電圧、電流、抵抗のうち2つが分かれば、残りの1つを導き出すことができます。例えば、5Vの電源に1kΩの抵抗を接続した場合、次の式のように電流の値を求められます。

$$5V \div 1k\Omega = 5V \div 1000\Omega = 0.005A = 5mA$$

オームの法則では電流と抵抗を掛け合わせた値が電圧なので、電圧を抵抗で割ると、電流を求めることができます。つまり、電圧の5Vから抵抗の1kΩを割ると、電流を5mAと求められます。

これは、電子回路を作る際、素子やArduinoに流れる電流が規定以下であるかなどを導き出すのに利用されます。重要な公式なので覚えておきましょう。

POINT

オームの法則に当てはまらない素子

オームの法則はすべての素子で利用できるわけではありません。抵抗のように、電圧と電流が比例して変化する素子のみに使える式です。例えば、LEDはある電圧以上にならないと電流は流れず、電圧と電流は比例的に変化しないため、オームの法則で電流を求めることはできません。

電子回路の設計図である「回路図」

電子回路を作成する際、どのような回路にするかを考え、「**回路図**」と呼ばれる設計図を作成します。回路図はそれぞれの部品を簡略化した記号を用い、各部品を線で結んで作成します。

●電子回路の設計図「回路図」の一例

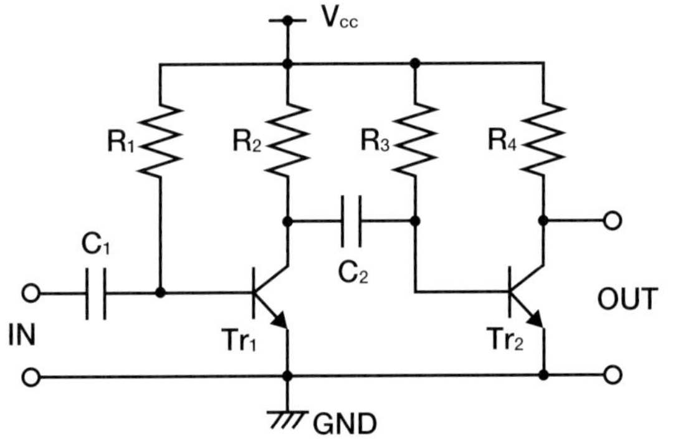

例えば、電池などの電源は右のような記号です。

●電源の回路記号

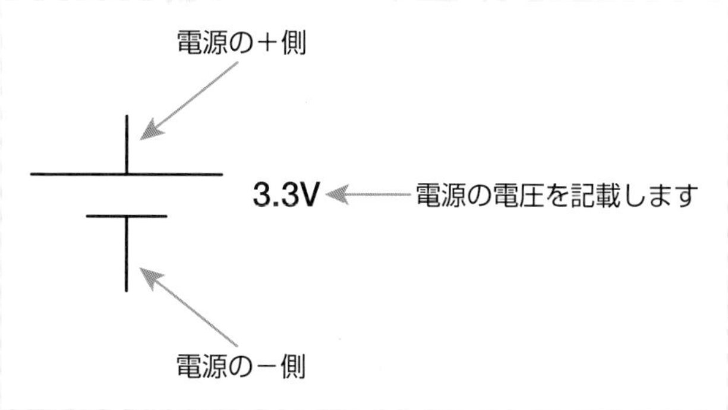

このほかに、抵抗やLED、スイッチなどもそれぞれの記号が用意されています。本書で使用する素子の回路記号については、素子の説明で併せて紹介します。

Part 4
電子回路の基礎知識

NOTE

電子回路記号

電子回路記号は、国際電気標準会議（IEC）により標準化されています。また日本において日本産業規格として標準化されています。標準化することで、電子回路の制作者と閲覧者が電子パーツを読み間違えるのを防げます。
各電子パーツはどのような電子回路記号を利用するか分からない場合は、いずれかの規格で調べることができます。国際電気標準会議の場合は「**IEC 60617**」、日本産業規格は「**JIS C 0617**」（旧版はJIS C 0301。1999年に廃止）として標準化されています。
JISについては、Webサイトで閲覧することが可能です。JIS検索ページ（https://www.jisc.go.jp/app/jis/general/GnrJISSearch.html）にアクセスし、JIS規格番号で「JISc0617」を検索してみましょう。抵抗やコンデンサーなどについては「JISC0617-4」に掲載されています。
なお、本書では抵抗などについては、抵抗などの記号が分かりやすいためJIS C 0301を利用して説明しています（JIS検索では閲覧できません）。

電源記号の別表記

電源は、電気を供給する部品であるため、たくさん配線を引きます。1つの**電源記号**にたくさんの配線を引くと線の数が多くなり、回路図が見づらくなります。

そこで、電源は他の記号に置き換えることができます。＋側、－側それぞれの記号を、右図のように変えられます。電源のプラス側であることを表す「**Vdd**」、マイナス側であることを表す「**GND**」という文字を、それぞれの記号付近に記述していることもあります。

●電源記号の別表記

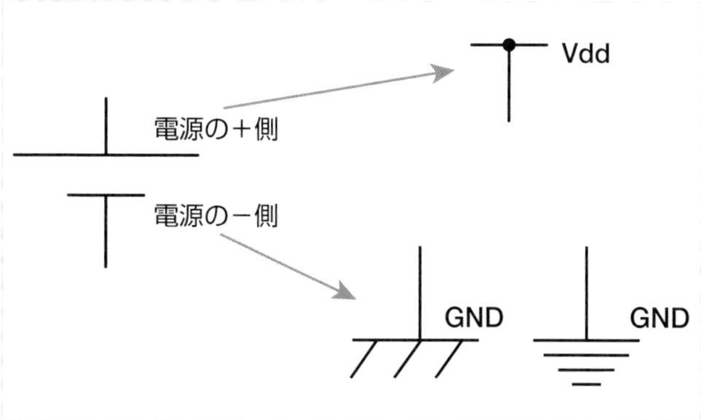

KEYWORD

Vdd

電源のプラス側を示す表記として「**Vdd**」が利用されます。VはVoltage（電圧）に由来します。また、「**Vcc**」と表記される場合もあります。従来、「Vdd」と「Vcc」は接続する素子の種類によって使い分けられていました。Vddは電界効果トランジスタ（FET）と呼ばれる半導体に、Vccはバイポーラトランジスタと呼ばれる半導体に接続することを表しました。しかし最近ではVddとVccを特に使い分けずに記述するケースもあります。ちなみに、Vddのdはドレインを表し、Vccのcはコレクタを表します。なお、次に解説するグランド（GND）の表記として「Vee」（eはエミッタの意味）や「Vss」（sはソースの意味）と表記する場合もあります。

KEYWORD

グランド（GND）

一般的に電源のマイナス側を「**グランド**」と呼びます。電圧の基準として、地面（Ground）を利用したため、この名称が使われています。実際には電子回路のマイナス側と地面の電位は一致しないことがありますが、そのままグランドと呼ばれることが一般的です。また、グランドは省略して「**GND**」と記載したり、「**アース**」と呼ばれる場合もあります。

電子回路を作成する際の注意点

電子回路を扱う上での注意がいくつかあります。この注意をおろそかにすると、正常に動作しなかったり、部品の破損、怪我などにつながるので、十分に気をつけてください。

1. 回路は必ずループさせる

電気は電源のプラス側からマイナス側に向けて電荷（プラス電荷）が流れます。しかし、途中で線が切れていたりすると電気が流れません。回路は必ずループ状になっているかを確認しましょう。

●電気回路は必ずループ状にする

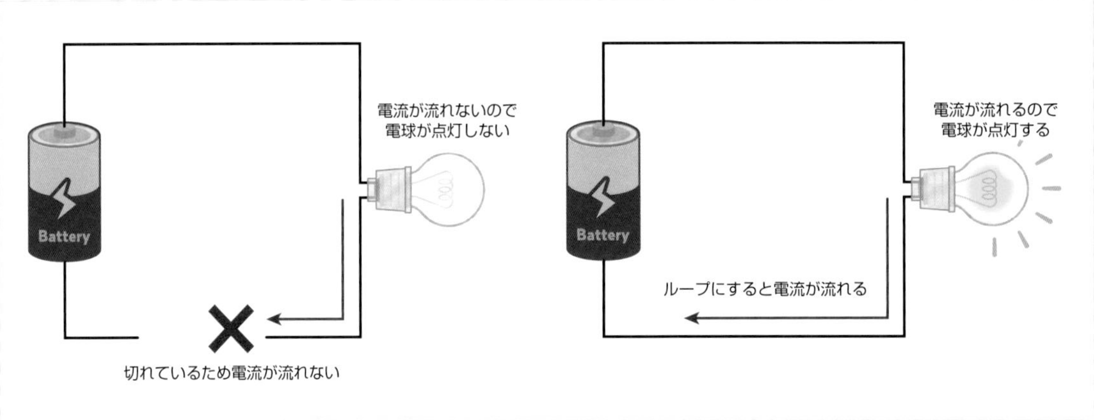

2. 部品の極性や端子の接続は正確に

電子部品の多くは、それぞれの端子に役割が決まっています。例えば、プラス側に接続する端子、マイナス側に接続する端子、信号を入出力する端子などです。これらの部品は必ず端子の利用用途を十分確認してから接続するようにしましょう。

誤った端子に接続してしまうと、部品が正常に動作しなくなる恐れがあります。特に、給電する部品の場合は、極性（プラスとマイナス端子が分かれていること）を逆にしないようにします。逆に接続してしまうと、正常に動作しないばかりか、部品自体を破壊しかねません。さらに、部品自体が発熱することがあり、接触した際に火傷する危険性があります。

極性が存在する部品や、多数の端子がある部品は、どの端子かを把握できるように端子の形状が異なっていたり、印が付いていたりします。これらを確認して正しく接続しましょう。

ただし、抵抗やスイッチなどの一部の部品には、極性がなくどちらに接続しても問題ないものもあります。

Part 4 電子回路の基礎知識

●電子部品には端子の役割が決まっている

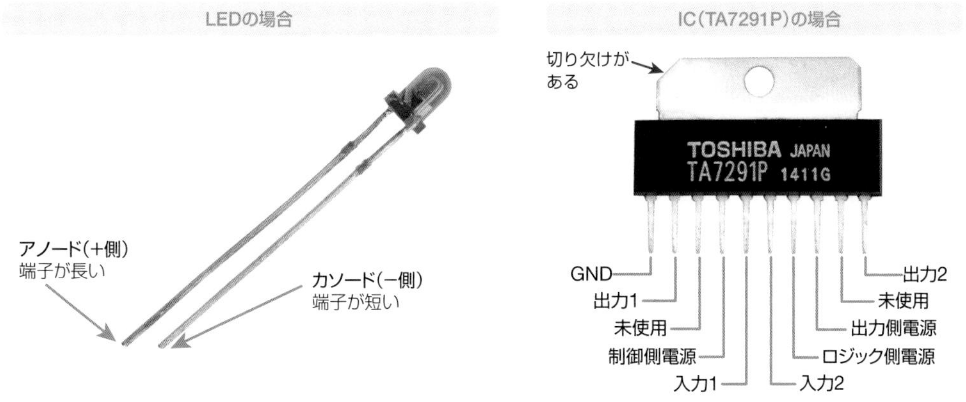

3. ショートに注意

ブレッドボードは、部品の端子を切らずにそのまま差し込めて、手軽に回路を作成できます。しかし、抵抗のように長い端子がある部品を差し込む場合は、他の部品の端子と直接触れないように注意する必要があります。

もし、部品の端子同士が誤って接触してしまうと、回路が正常に動作しなくなる恐れがあります。特に電源のプラス側とマイナス側が直接接触（**ショート**）した状態になると、過電流が流れてしまい、部品を破壊したり、発熱したりする危険性があります。

部品を無理に配置せずに、端子が接触しないよう配置を考慮しましょう。

●ショートには注意

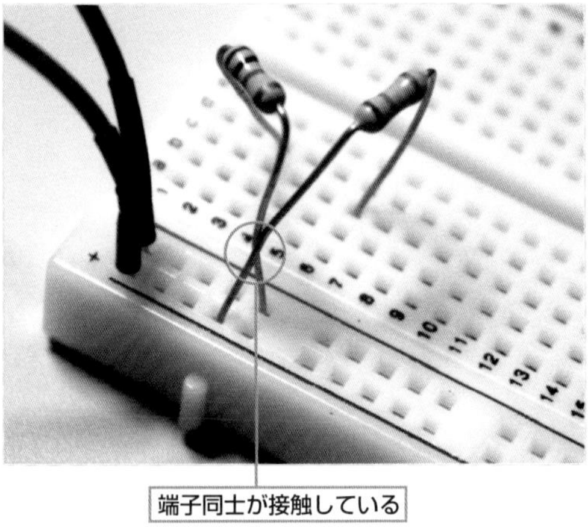

静電気除去をしっかりと

電子部品にとって静電気は大敵です。静電気は数千Vと高電圧であるため、静電気が流れ込むと部品内で絶縁破壊を起こして破損してしまいます。一般的に部品の抵抗値が高いものが壊れやすい傾向にあります。

電子部品を手で扱う場合は、直前にテーブルや椅子などの金属部分や静電気除去シートなどに触れることで、静電気を逃しておきましょう。

● 電子回路を作ってみよう

電子回路を作成する上でのルールを覚えたところで、実際に電子回路を作ってみましょう。ここでは、電源から供給した電気をLEDに送って光らせてみます。

今回は右のような回路を作成します。電源のプラス側からLEDのアノードにつなげます。その後、流れる電流を制限するため、LEDのカソードから抵抗につなげます。ここでは200Ωの抵抗を利用することにします。最後に抵抗から電源のマイナス側に接続します。

これで、回路がループ状になり、電源から供給した電気がLEDを流れて点灯します。

路図が完成したら、実際にブレッドボード上に電子回路を作成しましょう。ここでは、Arduinoの電源端子を利用してみます。Arduino Unoは5Vと3.3Vが利用できますが、5Vを

●LEDを点灯する回路図

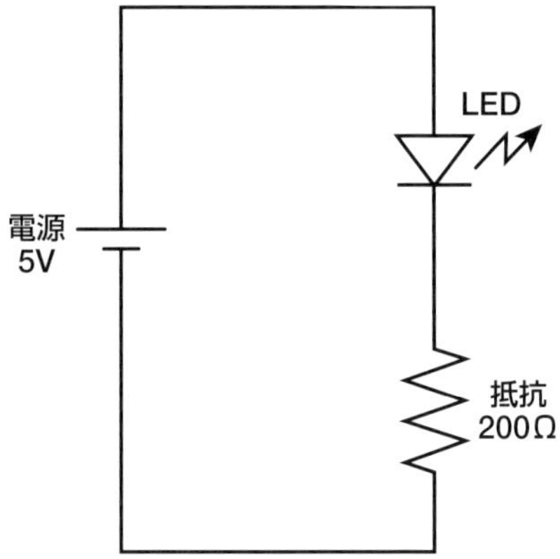

使うことにします。下側の「5V」ソケットに接続し、電源のプラス側とみなします。電源のマイナス側は「GND」ソケットに接続します。3カ所GNDソケットがありますが、ここでは電源ソケットの隣にあるGNDソケットに接続します。また、ブレッドボードの上下にある電源用のブレッドボードにそれぞれの端子を接続しておきます。

●電源はArduinoのソケットから取り出す

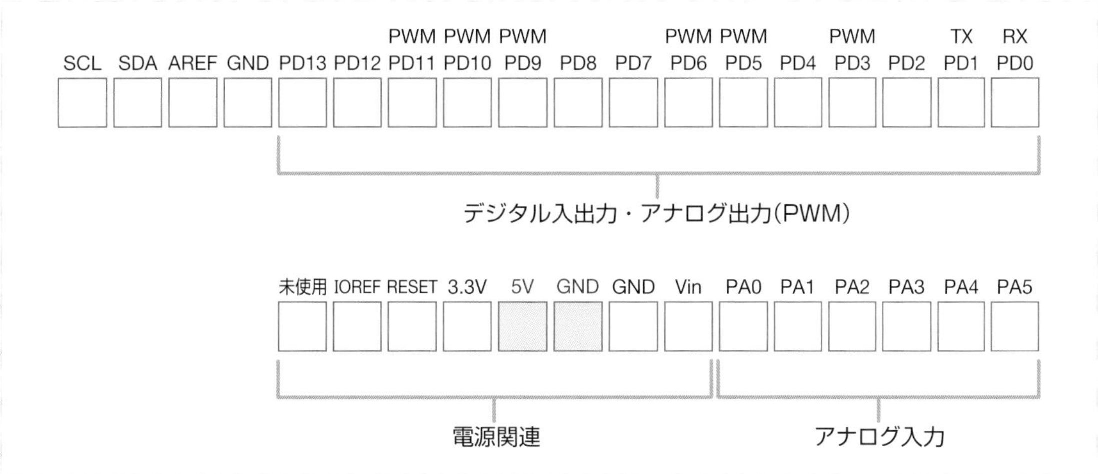

電源が用意できたら、各部品をブレッドボードに取り付けていきます。この際、LEDのアノード側（足の長い方）を電源のプラス側に、カソード側（足の短い方）を抵抗に接続するようにします。正しく接続できれば、LEDが点灯します。

光らない場合は逆に差さっていないかを確認しましょう。なお、5V程度であれば逆に差したとしてもLEDが壊れる心配はありません。

●各部品をブレッドボードに差し込む

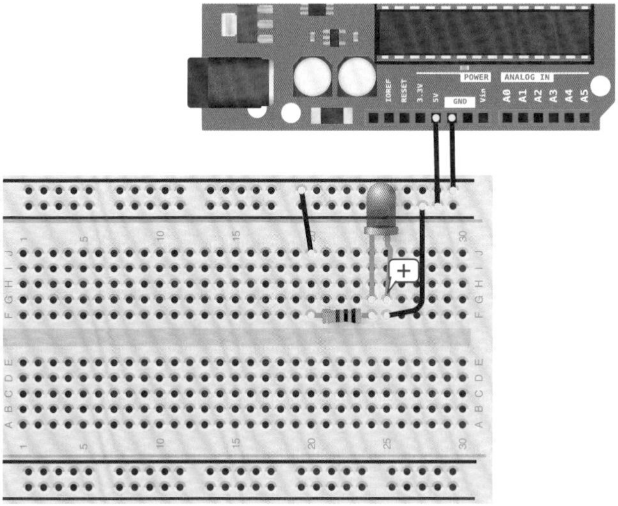

●LEDが点灯しました

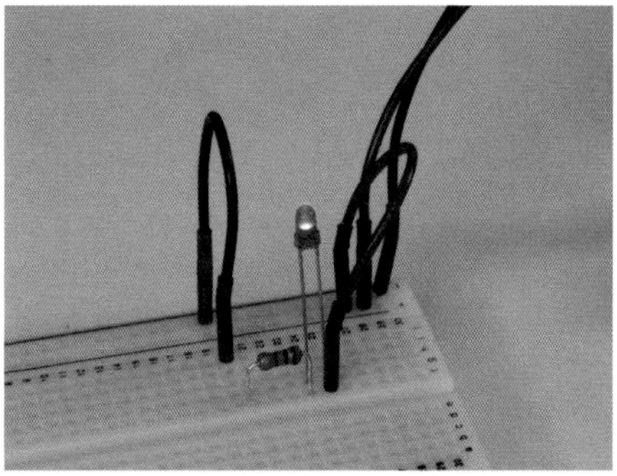

POINT

Arduinoに電源を接続しておく

Arduinoの電源ソケットを利用する場合は、あらかじめArduino本体へのACアダプタやUSBケーブルを接続して電気を供給しておきます。

NOTE

LEDに接続する抵抗の選択

LEDは規定以上の電圧をかけないと光りません。LEDを動作させるための電圧を「**順電圧**」（**Vf**と表すこともあります）といいます。一般的に購入できる赤色LEDであれば、Vfはおおよそ1.5Vから3Vの範囲となっています。
LEDは電流が流れることで光ります。流れる電流が多ければ多いほど明るくなります。しかし、許容量以上に電流を流すと、LED自体が破壊され光らなくなってしまいます。発熱して発火する危険性もあるので、適切な電流を流す必要があります。そこで、個々のLEDには「**順電流**」（**If**とも表されます）という、LEDの推奨する電流値が決められています。
LEDを使った電子回路を作成する場合は、LEDに流れる電流を制御することが重要です。LEDに流れる電流は、直列に抵抗を接続することで制限できます。接続する抵抗は次のように求められます。

❶ 抵抗にかかる電圧を求めます。LEDにかかる電圧は「順電圧」の値を用います。LEDに流れる電流が変化してもかかる電圧はほとんど変化がないため、順電圧の値をそのまま用いてかまいません。
抵抗にかかる電圧は、「電源電圧」から「LEDの順電圧」を引いた値になります。例えば、電源電圧が「5V」、順電圧が「2V」の場合は、抵抗にかかる電圧が「3V」だと分かります。

❷ LEDに流す電流値を決めます。通常はLEDの順電流の値を利用します。また、Arduinoを使う場合は、すべてのデジタル入出力ソケットに流れる電流が200mAまでと決まっています。この「流して良い電流」のことを「定格電流」といいます。利用するLEDの順電流が20mA（0.02A）である場合、Arduinoの定格電流の範囲であり、問題なく利用可能です。

❸ オームの法則を用いて抵抗値を求めます。オームの法則は「電圧 ＝ 電流 × 抵抗」なので、「抵抗 ＝ 電圧 ÷ 電流」で求められます。つまり「3 ÷ 0.02」を計算し、「150Ω」だと分かります。
しかし、このためだけに150Ωの抵抗を別途用意するのは手間です。そこで、150Ωに近く、E24系列で一般的に販売されている「200Ω」を利用すると良いでしょう。この際、実際流れる電流がどの程度かを確認しておきます。「電流 ＝ 電圧 ÷ 抵抗」で求められるので、「3 ÷ 200」で、「15mA」だと分かります。

●LEDに接続する抵抗値の求め方

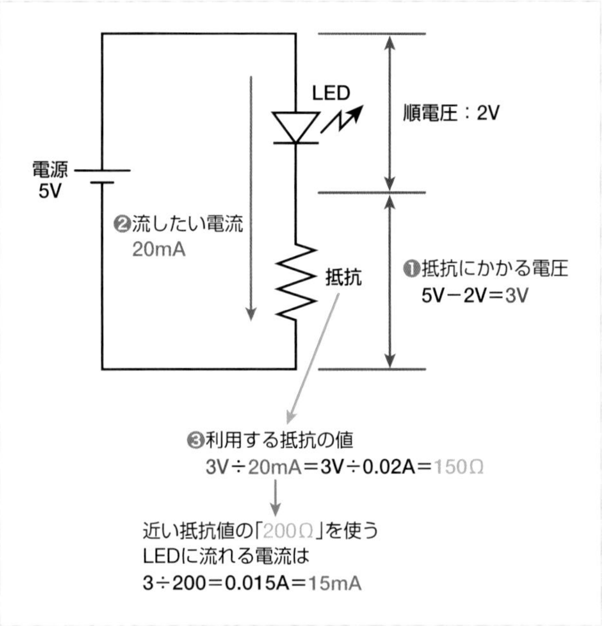

Part 5

Arduinoで電子回路を制御しよう

Part4で電子回路や電気の基本について学びました。ここでは実際に電子回路を制御する方法を解説します。制御するプログラムは、Arduino IDEとScrattino3で作成した方法についてそれぞれ説明します。

Chapter 5-1　LEDを点灯させる
Chapter 5-2　スイッチの状態を読み取る
Chapter 5-3　可変抵抗の変化を読み取る
Chapter 5-4　明るさを検知する
Chapter 5-5　モーターを制御する
Chapter 5-6　サーボモーターを制御する

Chapter 5-1

LEDを点灯させる

電子回路について理解したら、実際にArduinoで電子回路を制御してみましょう。初めにデジタル出力を利用する方法として、デジタル出力でLEDを点灯する方法を説明します。

● デジタル出力でON ／ OFFを制御する

Arduinoのデジタル入出力ソケットではデジタル出力ができます。デジタル出力は、「0」または「1」の2つの状態を切り替えることができる出力です。スイッチのON ／ OFFのような利用方法が可能です。

実際は、出力の電圧を「0V」または「5V」の状態に切り替えています。0Vの状態を「0」「LOW」「OFF」、5Vの状態を「1」「HIGH」「ON」などと表記することがあります。

ここでは、Arduinoからプログラムで**LED**を点灯／消灯してみましょう。

●デジタルは2つの値で表される

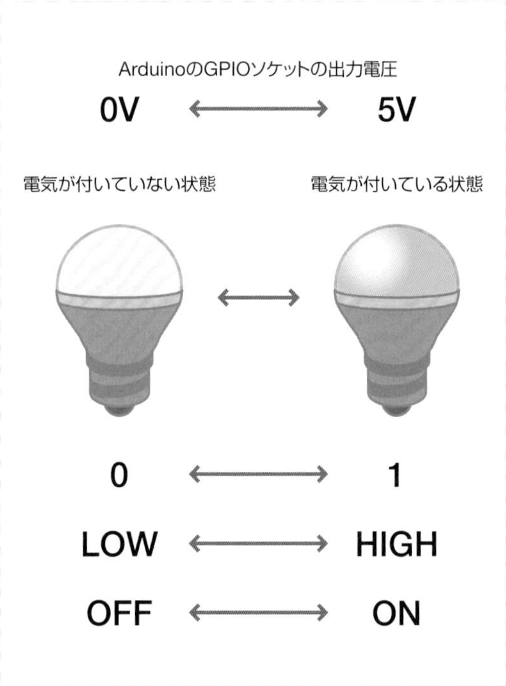

POINT

HIGHの電圧は異なる

Arduinoでは端子の出力としてHIGHであれば5Vが出力されます。しかし、HIGHの状態の電圧はボードや電子回路によってそれぞれ異なります。例えば、+3.3V、+12V、+24Vなど様々です。
しかし、1つのボード内ではHIGHの電圧をそろえる必要があります。例えば、Arduinoに12Vのような5Vより高い電圧をHIGHとして入力してしまうと、12Vから5Vの方向へ過電流が流れ、加熱したりArduino自体が壊れてしまう危険性があるためです。

● 電子回路を作成する

電子回路を作成します。作成に利用する部品は右の通りです。

- LED …… 1個
- ジャンパー線 …… 2本
- 抵抗（200Ω） …… 1個

今回は、次ページの図の通りArduinoのソケットを利用します。デジタル出力は、上部に配置されたソケットのPD0からPD13までの14本のソケットを利用できます。この中の1つのソケットを選んで出力に利用します。今回は「PD10」を利用することにします。他のソケットを利用しても同様に出力できるので、もし他のソケットを使う場合は、ソケットの番号を読み替えて作業してください。今回はPD13の隣にあるGNDソケットを利用しますが、本体下側の電源関連ソケットにあるGNDソケットを利用してもかまいません。

●利用するソケット

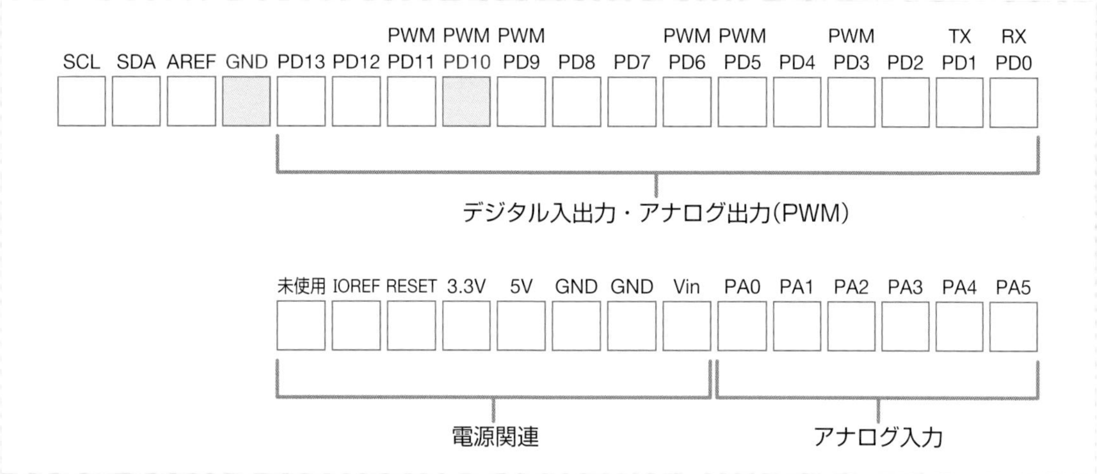

電子回路は右図のように作成します。デジタル出力するPD10ソケットからLEDのアノード（プラス）側（足の長い方）に接続します。LEDのカソード（マイナス）側（足の短い方）には抵抗（200Ω）を接続して電流の量を調節します。最後にGNDソケットに接続すれば回路の完成です。

●LEDを制御する回路図

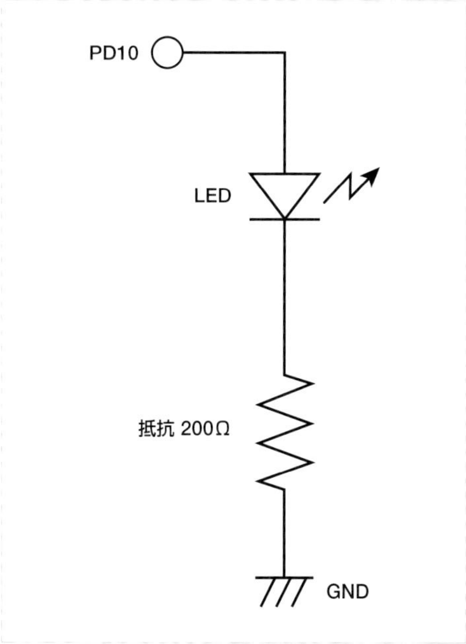

NOTE

LEDに接続する抵抗

LEDに接続する抵抗についてはp.108を参照してください。

ブレッドボード上に、右図のようにLED制御回路を作成します。

●LED制御回路をブレッドボード上に作成

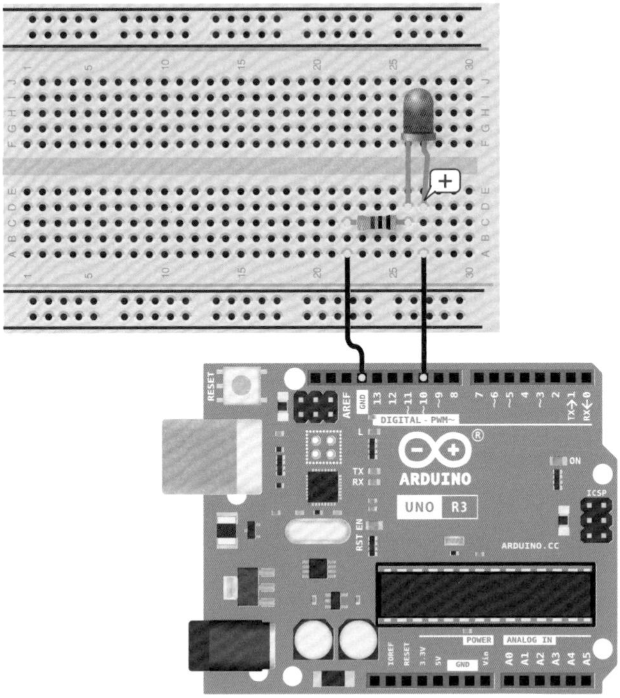

● プログラムでLEDを制御しよう

回路の作成ができたら、Arduino上でプログラミングし、LEDを点灯させてみましょう。**Arduino IDE**と**Scrattino3**での作成方法を紹介します。

Arduino IDEでLEDを制御する

Arduino IDEでLEDを点灯するプログラムを作成します。プログラムは、p.57で説明したArduinoのオンボードLEDの点灯方法と同じ方法で作成します。このプログラムをもとに、オンボードLEDではなく、接続したソケットに出力するよう変更します。

プログラムは次のように作成します。プログラム内で、接続したソケット番号を数字で指定します。しかし、何度もソケット番号を利用する場合、点灯させるLEDが何番のソケットであるかをその都度確認する手間がかかります。さらに、接続したソケットを変更した場合、プログラム内のソケット番号をすべて変更する必要があり、とても面倒です。

このような手間を減らす方法として、ソケット番号をあらかじめ変数に格納しておく方法があります。これにより、プログラム作成時は変数名を指定するだけでよいため、ソケット番号の確認が不要になります。さらに、接続したソケットを変更した場合も、変数の値を変更するだけでよくなります。

①今回のプログラムでは、LEDの接続したソケットPD10の「10」を「LED_SOCKET」変数に格納しておくようにしています。

②setup関数内で、LEDを接続したソケット（PD10）のモードを出力（OUTPUT）に設定します。その際、対象ソケット番号の指定にあらかじめ設定しておいた変数名「LED_SOCKET」を指定します。

③LEDを点灯させるために、「digitalWrite」

●Arduino IDEで作成したLEDを点灯させるプログラム

sotech/5-1/led-on.ino

```
int LED_SOCKET = 10;
                 ①LEDを接続したソケット（PD10）を変数で指定します
void setup() {
    pinMode( LED_SOCKET, OUTPUT );
                                      ②PD10を出力に設定します
}

void loop() {
    digitalWrite( LED_SOCKET, HIGH );
                                     ③PD10をHIGHの状態にします
}
```

関数で5V(HIGH)を出力するように指定します。

作成が完了したら、Arduino IDEの画面左上の✓ボタンをクリックして誤りがないことを確認してから、Arduino IDEの画面左上の→ボタンをクリックしてArduinoに転送します。

転送が完了すると、LEDが点灯します。

●LEDが点灯しました

Arduino IDEでLEDを点滅させる

「digitalWrite」で0V(LOW)に切り替えれば、LEDを消灯できます。このHIGHとLOWを順番に切り替えることでLEDを点滅できます。

①LEDの点滅速度をINTERVAL変数に入れておきます。ミリ秒(1/1000秒)単位で指定するため、1秒としたい場合は「1000」と指定することになります。

②出力をHIGHの状態にしてLEDを点灯します。

③INTERVALで指定した時間待機してLEDを点灯した状態にしておきます。

④出力をLOWの状態にしてLEDを消灯します。

⑤再度、INTERVALで指定した時間待機してLEDを消灯した状態にします。

作成したプログラムをArduinoに転送すれば、LEDの点滅が開始されます。

●LEDを点滅させるプログラム

sotech/5-1/led-blink.ino

```
int LED_SOCKET = 10;
int INTERVAL = 1000;           ①点滅の間隔を1秒にします

void setup() {
    pinMode( LED_SOCKET, OUTPUT );
}

void loop() {
    digitalWrite( LED_SOCKET, HIGH );
                               ②PD10をHIGHの状態にします
    delay(INTERVAL);           ③指定した時間待機します
    digitalWrite( LED_SOCKET, LOW );
                               ④PD10をLOWの状態にします
    delay(INTERVAL);           ⑤指定した時間待機します
}
```

Scrattino3でLEDを点灯する

Scrattino3を使ってLEDを点灯させてみましょう。Arduinoをパソコンに接続してから、Scrattino3を起動します。起動してArduinoを接続したら、右図のようにスクリプトを作成します。

①出力を5Vにするには「Set D □ Output □」ブロックを使います。ブロック内のSet Dの後にあるをクリックすると出力するソケットを選択できます。ScrattinoではPD0からPD13までをデジタル出力として利用可能です。今回はPD10を利用したので「10」を選択しておきます。Outputの後にあるをクリックすると出力を指定できます。ONにする場合は「High」を選択します。

これで、をクリックするとLEDが点灯します。

●Scrattino3でLEDを点灯させるスクリプト

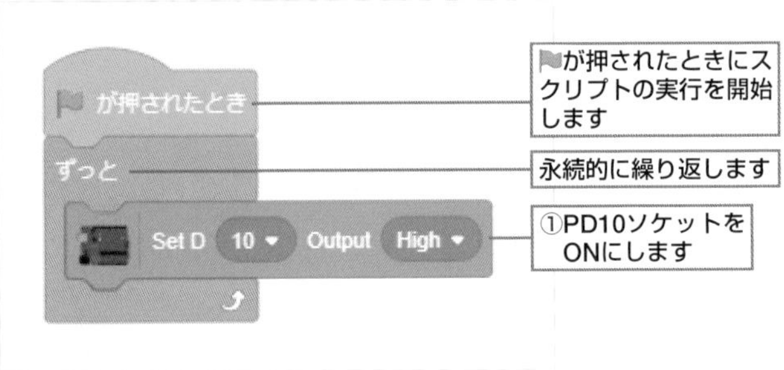
が押されたとき
ずっと
Set D 10 Output High
が押されたときにスクリプトの実行を開始します
永続的に繰り返します
①PD10ソケットをONにします

POINT

ファームウェアの書き込みが必要

ArduinoをScrattino3で制御する場合は、あらかじめScrattino3のファームウェアをArduinoに書き込んでおく必要があります。ファームウェアの書き込み方法についてはp.53を参照してください。

POINT

Scrattino3利用中はパソコンからArduinoを外さない

Scrattino3は常にArduinoとのパソコンの間で通信しています。そのため、スクリプトを実行した後にArduinoをパソコンから外すと、スクリプトが停止します。Scrattino3で電子回路を制御しているときは、パソコンとArduinoの接続を外さないでください。

Scrattino3でLEDを点滅させる

「Set D□ Output □」ブロックでOutputを「High」を指定した場合には5Vを出力するのに対し、「Low」を指定すると0Vを出力します。つまり、LEDを消灯できます。この2つを利用することで、LEDを点滅させることが可能となります。

右のようにスクリプトを作成します。

①③スクリプトでは、ONとOFFを繰り返すように配置します。また、このまま実行してしまうと、短い間隔で点滅されてしまうため、点灯し続けているように見えてしまいます。

②④そこで、それぞれ端子を制御した後に「1秒待つ」ブロックを配置して、1秒間隔で点滅するようにしています。

●ScrattinoでLEDを点滅させるスクリプト

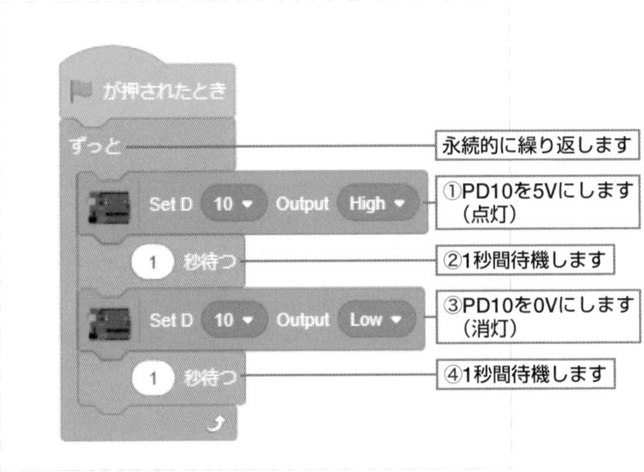
が押されたとき
ずっと
Set D 10 Output High
1 秒待つ
Set D 10 Output Low
1 秒待つ
永続的に繰り返します
①PD10を5Vにします（点灯）
②1秒間待機します
③PD10を0Vにします（消灯）
④1秒間待機します

Chapter 5-2 スイッチの状態を読み取る

LEDを光らせるといったデジタル出力とは反対に、回路の状態を読み取ることも可能です。例えばスイッチの状態をArduinoで読み取り、メッセージを表示するといったことが実現できます。

● デジタル入力を読み取る

Arduinoは、デジタル出力とは反対にデジタル入力にも対応しています。例えば、スイッチの状態を確認し、スイッチがONになったらLEDの点滅を開始させるなどといったことが可能です。

ここでは、電子回路のデジタル信号をArduinoへ入力する方法について解説します。

押しボタンスイッチを読み取る

デジタルを電子回路上で簡単に実現できる部品にスイッチ類があります。スイッチは「ON」または「OFF」の2つの状態を切り替える部品です。スイッチを切り替えることで0V(OFF)、+5V(ON)の2つの状態を実現できれば、Arduinoのデジタル入力として利用できます。

スイッチにはいくつか種類があり、用途によって使い分けます。大きく分類すると、「切り替えてその状態を保持するスイッチ」と、「押している間だけONになり、手を離すとOFFに戻るスイッチ」の2種類があります。

電子部品では、状態を切り替えるスイッチとして「**トグルスイッチ**」「**スライドスイッチ**」「**DIPスイッチ**」「**ロータリースイッチ**」などが利用されています。また、2つの状態を切り替えるスイッチだけでなく、それ以上の状態を切り替えることが可能なスイッチもあります。

●状態を切り替えるスイッチの一例

トグルスイッチ　スライドスイッチ　DIPスイッチ　ロータリースイッチ

回路記号(2端子)　回路記号(3端子)

一方、状態が戻るスイッチとしては「**押しボタンスイッチ（プッシュスイッチ）**」「**タクトスイッチ**」などがあります。

一般的に、押し込む形状のスイッチを「**ボタン**」と呼んでいます。

●状態が戻るスイッチの一例

押しボタンスイッチ
タクトスイッチ
回路記号

この中で、ブレッドボードで利用しやすいスイッチに「**タクトスイッチ**」があります。タクトスイッチは、ブレッドボードの中央の溝の部分に差し込んで利用します。

また、4端子あるうち端子が出ている方を前にして右同士および左同士でつながっており、スイッチとして利用するには右と左の端子を利用します。

●ブレッドボードに直接差し込めるタクトスイッチ

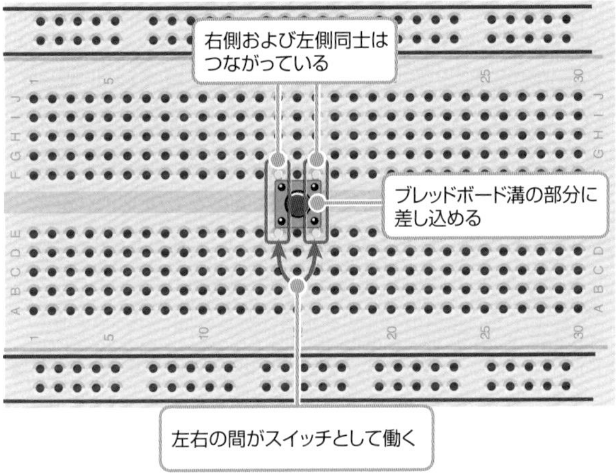
右側および左側同士はつながっている
ブレッドボード溝の部分に差し込める
左右の間がスイッチとして働く

POINT

状態を保持する押しボタンスイッチもある

押しボタンスイッチの形状をしていても、状態を保持する部品も存在します。同様に、トグルスイッチの形状をしていても、手を離すとOFFに戻るスイッチもあります。各種スイッチを購入する場合は、スイッチの動作を確認しましょう。
なお、状態が保持されるスイッチを「**オルタネートスイッチ**」、元に戻るスイッチを「**モーメンタリスイッチ**」と呼びます。

● 電子回路を作成する

初めに電子回路を作成します。作成に利用する部品は次の通りです。

- タクトスイッチ……1個
- 抵抗（1kΩ）……1個
- ジャンパー線……3本

デジタル入力は、出力同様にArduino上部のソケットを利用できます。プログラム上で、利用する端子を出力から入力モードに切り替えることで、端子の電圧を調べてHIGHであるかLOWであるかを読み取れます。

ここでは、PD2ソケットを入力に利用することにします。このほかのデジタル・アナログ入出力端子でも入力ができるので、もし別の端子を利用する場合は、読み替えて作業してください。

●利用するソケット

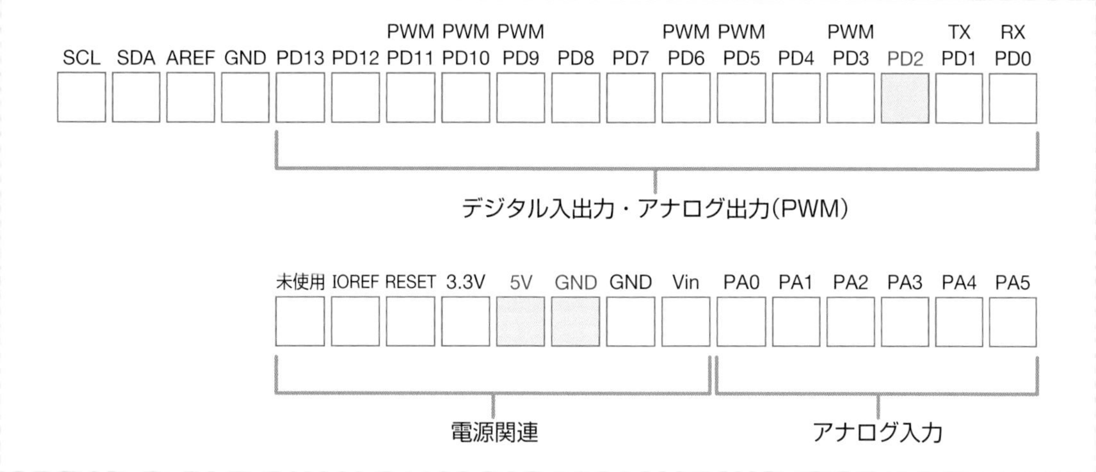

電子回路は右図のように作成します。

PD2ソケットをタクトスイッチの一方に接続し、もう一方を+5Vに接続します。こうすることでスイッチを押すと入力端子が+5V(HIGH)の状態になります。

また、スイッチを押していない場合に0V(LOW)の状態を保てるように**プルダウン**しておきます（プルダウンについてはp.123を参照してください)。

●スイッチで入力を切り替える回路

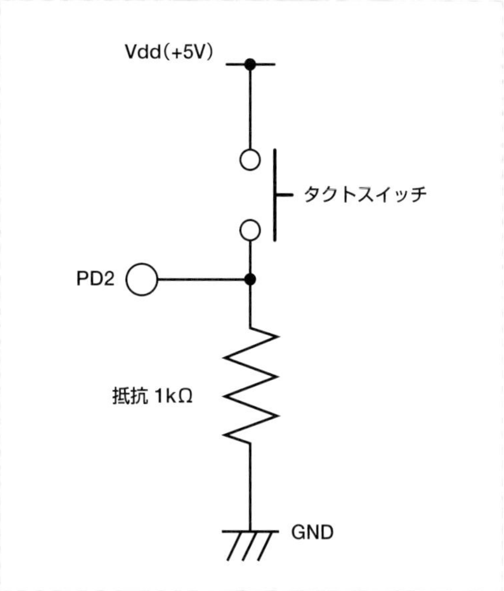

ブレッドボード上に次の図のように回路を作成します。

●スイッチで入力を切り替える回路をブレッドボード上に作成

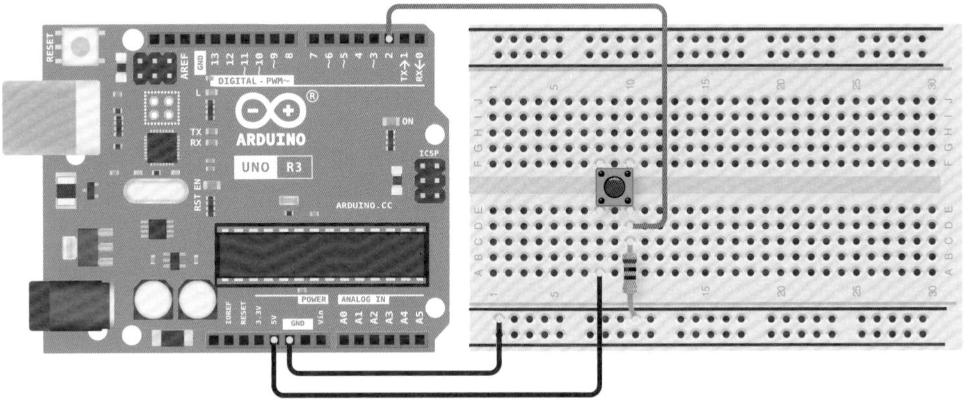

● プログラムで端子から入力する

回路ができあがったらプログラミングして、タクトスイッチの状態を入力してみましょう。Arduino IDEと、Scrattino3の両方での作成方法を紹介します。

Arduino IDEで端子の状態を表示する

デジタル入力の基本的な利用方法として、端子の状態を取得し、状態を表示してみましょう。

右図のようにプログラムを作成します。

①入力を行うソケットを「SWITCH_SOCKET」に格納しておきます。今回はPD2を利用するので「2」を格納します。

②setup()関数内で、pinMode()関数を使ってタクトスイッチを接続したソケット（PD2）のモードを入力（INPUT）に設定します。

③タクトスイッチが押されているかどうかを確認するために、シリアルモニタを利用して状態を表示することにします。そこで、Serial.begin()関数でシリアル接続を初期化しておきます。

●Arduino IDEで作成したタクトスイッチの状態を確認するプログラム

sotech/5-2/switch.ino

```
int SWITCH_SOCKET = 2;        ①タクトスイッチを接続したソケット(PD2)を変数で指定します

void setup() {                ②PD2を入力に設定します
    pinMode( SWITCH_SOCKET, INPUT );

    Serial.begin(9600);       ③シリアル接続の初期設定
}

void loop() {                 ④ボタンの状態を入力し、結果をシリアル出力します
    Serial.println( digitalRead( SWITCH_SOCKET ) );
    delay(1000);              1秒間待機します
}
```

④実際にタクトスイッチの状態を入力するには、digitalRead()関数を利用します。この際、入力するソケットの番号を指定しておきます。また、入力した値はSerial.println()関数でシリアル出力します。

プログラムを作成できたら、Arduinoに転送します。転送したら、Arduino IDEの「ツール」メニューの「シリアルモニタ」を選択して、シリアル出力した内容を表示できるようにします。

入力の状態が表示されます。タクトスイッチが押されていない場合は「0」、押されている場合は「1」と表示されます。

●スケッチのプログラムで入力状態を表示する

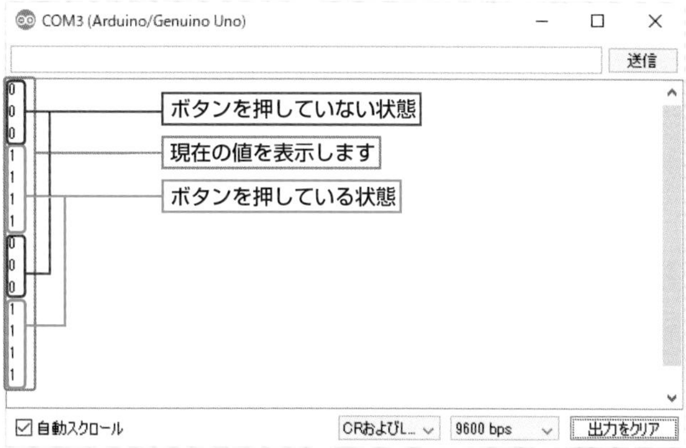

Scrattino3で端子の状態を表示する

Scrattino3の場合は、右図のようにスクリプトを作成します。

①デジタル入力をするには、対象のソケットを入力モードに設定します。「Set D □ Input □」ブロックを配置し、Set Dの後に対象のソケットとなる「2」を指定します。また、Inputの後は「Pull-Down」を指定しておきます。

②「ずっと」ブロックで永続的に繰り返しをします。

③実際にソケットの状態を読み取るには「D □」ブロックを利用します。ブロック内の▼をクリックすることで入力対象のソケットを選択できます。ここではPD2ソケットを対象とするため「2」を選択します。

また、「・・・と言う」ブロック内に「D □」ブロックを配置することで入力の内容を表示できます。

●Scrattino3でデジタル入力の状態を表示する

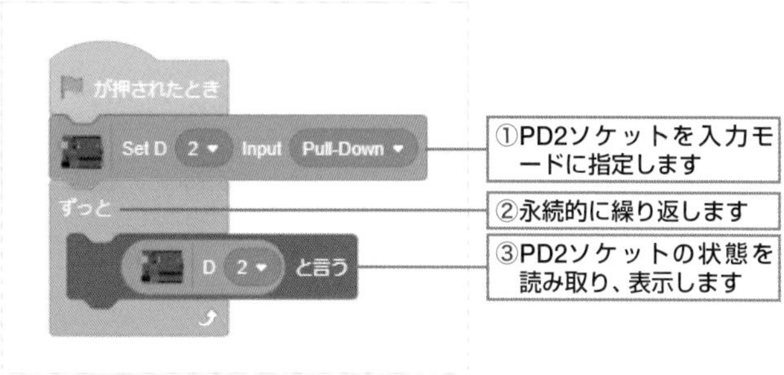

●Scrattino3で実行して入力を表示する

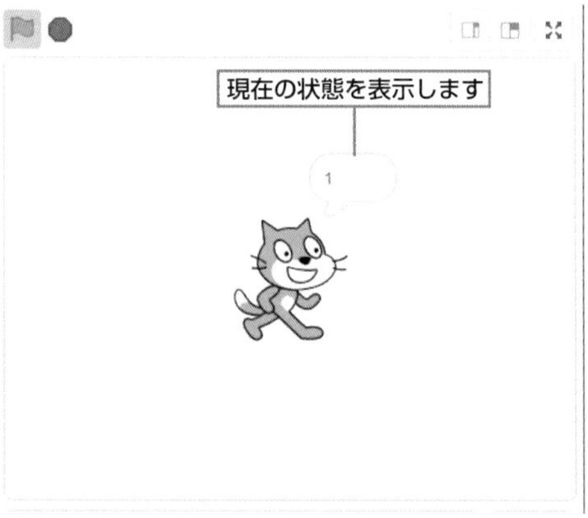

Part 5 Arduinoで電子回路を制御しよう

作成したスクリプトを実行すると、ステージに吹き出しで入力の状態が表示されます。タクトスイッチが押されていない場合は「0」、押されている場合は「1」と表示されます。

NOTE

ファームウェアの書き込みが必要

ArduinoをScrattino3で制御する場合は、あらかじめScrattino3のファームウェアをArduinoに書き込んでおく必要があります。ファームウェアの書き込み方法についてはp.53を参照してください。

NOTE

Scrattino3利用中はパソコンからArduinoを外さない

Scrattino3は常にArduinoとのパソコンの間で通信しています。そのため、スクリプトを実行した後にArduinoをパソコンから外すと、スクリプトが停止します。Scrattino3で電子回路を制御しているときは、パソコンとArduinoの接続を外さないでください。

NOTE

Pull-Downの設定

デジタル入力では入力を安定させるためにプルアップ、プルダウンをします。「Set D □ Input □」のInputの後でプルアップするかを指定できます。しかし、Arduino Unoの場合は「Pull-Down」を指定してもプルダウンは有効になりません。詳しくはp.123を参照してください。

Arduino IDEでボタンを押した回数をカウントする

ボタンを押した回数をカウントするプログラムを作成してみましょう。Arduino IDEで作成する場合は、次のようにプログラムを作成します。

①押した回数を格納しておく変数「count」を0に初期化しておきます。

②digitalRead()関数で読み込んだ状態をif文で確認します。タクトスイッチを押している状態では「1」となるので、「digitalRead(SWITCH_SOCKET) == 1」として入力が1であるかを確認します。

③タクトスイッチが押されている場合は、count変数の値を1増やします。

④現在のタクトスイッチが押された回数をシリアル出力します。

⑤押し続けてカウントが増えないように、「while」でタクトスイッチが押されている間はループし

●スケッチでボタンを押した回数をカウントする

sotech/5-2/sw_count.ino

```
int SWITCH_SOCKET = 2;
int count = 0;             ①タクトスイッチを押した回数を格納しておく変数


void setup() {
    pinMode( SWITCH_SOCKET, INPUT );
    Serial.begin(9600);
}
                           ②タクトスイッチの入力を調べて、
                             ON状態であれば次を実行します
void loop() {
    if ( digitalRead( SWITCH_SOCKET ) == 1 ){
        count = count + 1;             ③変数の値を増やします
        Serial.print( "Count : ");
                                       ④カウントした値を表示します
        Serial.println( count );
        while ( digitalRead ( SWITCH_SOCKET ) == 1 ){
            delay(100);    0.1秒待機します
        }                  ⑤タクトスイッチが離されるまで待機します
    }
}
```

て次の処理を行わないようにします。ループ内では処理を軽くするため、0.1秒間待機するようにしています。

作成できたらプログラムをArduinoに転送します。転送したら、「ツール」メニューの「シリアルモニタ」を選択してシリアル出力した内容を表示できるようにします。

タクトスイッチを押すごとに表示される回数がカウントアップされます。

●スケッチで作成した押した回数を表示する

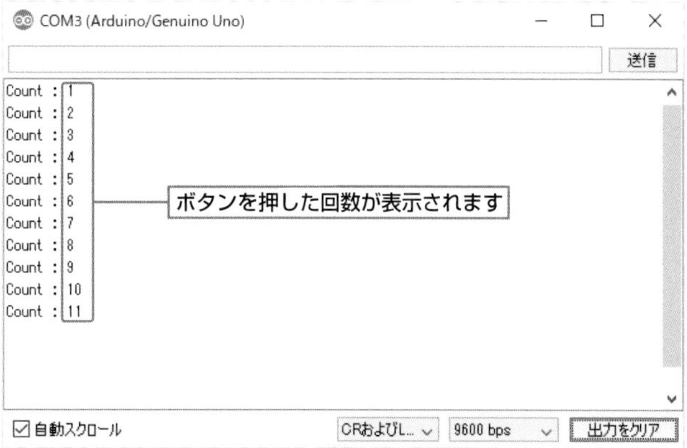

Scrattino3でボタンをカウントする

押した回数を保存しておく変数を「count」として作成しておきます。

①PD2を入力モードに指定します。

②スクリプトを実行したら、作成したcount変数を0にしておきます。

③ボタンが押されたかを判断するために「もし・・・」ブロックを利用して判断します。演算の「□ = □」ブロックを「もし・・・」ブロックの判別式に配置し、一方にソケットの入力、もう一方にON(HIGH)状態の値である「1」を入力します。

④「もし・・・」ブロックの中には「□を1ずつ変える」ブロックでcountを1増やします。

⑤その後に「□と言う」ブロックで現在のcountの値を表示します。

●Scrattino3でタクトスイッチを押した回数をカウントする

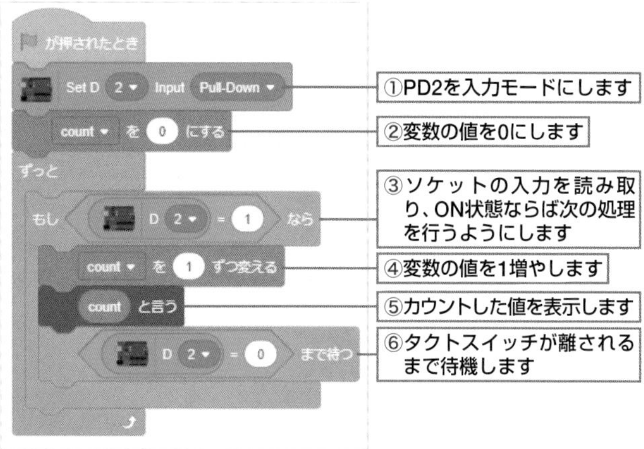

NOTE

変数の作成方法

Scrattino3で変数を作成する方法はp.84を参照してください。

⑥このままでは、ボタンを押しっぱなしにするとカウントが増え続けてしまいます。そこで「・・・まで待つ」ブロックでソケットの入力が「0」(LOW)になるまで待機するようにします。

作成したスクリプトを実行すると、タクトスイッチを押した回数がステージ内に吹き出しで表示されます。

●Scrattino3で実行してボタンを押した回数を数える

NOTE

ファームウェアの書き込みが必要

ArduinoをScrattino3で制御する場合は、あらかじめScrattino3のファームウェアをArduinoに書き込んでおく必要があります。ファームウェアの書き込み方法についてはp.53を参照してください。

NOTE

Scrattino3利用中はパソコンからArduinoを外さない

Scrattino3は常にArduinoとのパソコンの間で通信しています。そのため、スクリプトを実行した後にArduinoをパソコンから外すと、スクリプトが停止します。Scrattino3で電子回路を制御しているときは、パソコンとArduinoの接続を外さないでください。

NOTE

1回の押下で複数回カウントされる場合

ボタンスイッチの特性によって、1回ボタンを押しただけなのに複数カウントされる場合があります。これは、ボタンを押した直後に端子部分がバウンドしてONとOFF状態を繰り返してしまう「**チャタリング**」が原因で起きる現象です。この場合はp.125で解説する方法でチャタリングを防止します。

NOTE

プルアップとプルダウン

スイッチを利用すれば、2つの値を切り替える回路を作れます。しかし、スイッチがOFFの状態だと、出力する端子（Arduinoの入力端子）が開放状態（何も接続されていない）状態となってしまいます。こうなると、周りの雑音を拾い、値が安定しない状態となってしまいます。

●スイッチがOFFの状態では周りの雑音を拾ってしまう

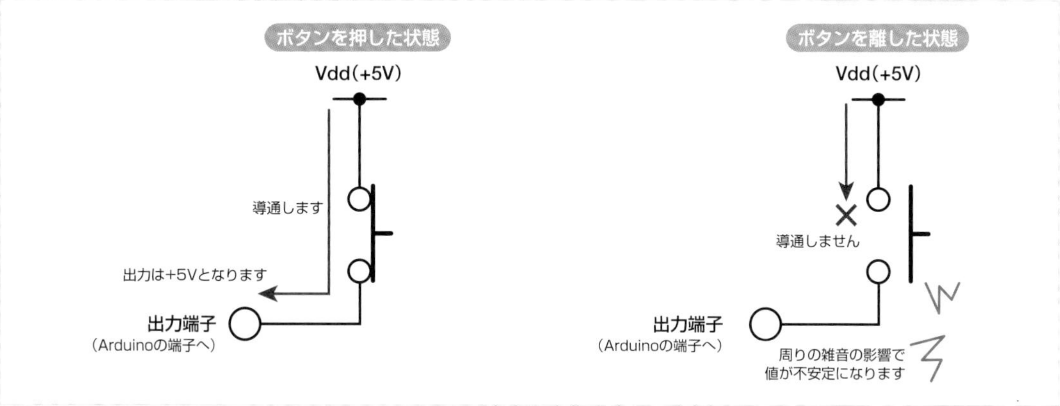

そこで、「**プルアップ**」または「**プルダウン**」と呼ぶ方法を利用して、スイッチがOFFの状態でも値が安定するように回路を工夫します。具体的には、出力端子側に抵抗を入れ、GNDやVddに接続しておく方法です。こうしておくことで、スイッチがOFF状態の場合、出力端子に接続されている抵抗を介して値を安定できます。また、スイッチOFF時に0Vに安定させる方法を「プルダウン」、電圧がかかった状態（Arduinoの場合は+5V）に安定させる方法を「プルアップ」と呼びます。

●プルアップとプルダウンの回路図

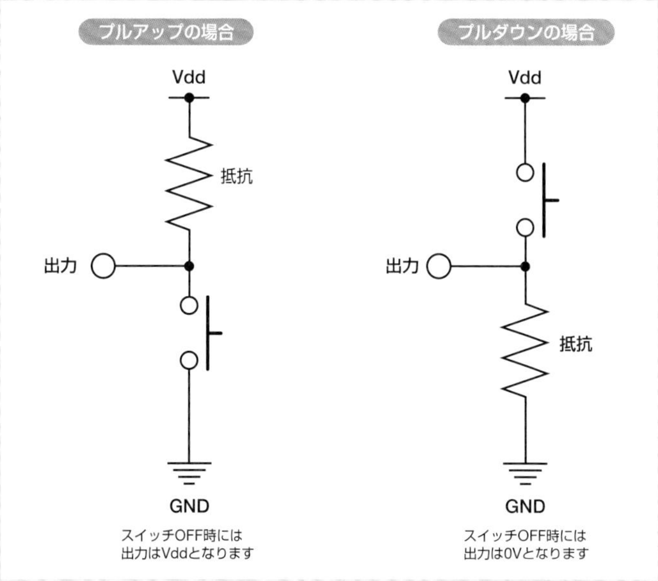

次ページへつづく

プルダウンの場合で動作を説明します。
スイッチがOFFの場合は、出力端子が抵抗を介してGNDに繋がります。この際、抵抗には電流が流れないため抵抗の両端の電圧は0Vとなります。つまり、出力端子とGNDが直結している状態と同じになり、出力は「0V」となります。
スイッチがONになると、Vddと出力端子は直結した状態となり、出力はVddと等しくなります。また、VddとGNDは抵抗を介して接続された状態となるため、電流が流れた状態になります。

●プルダウンの原理

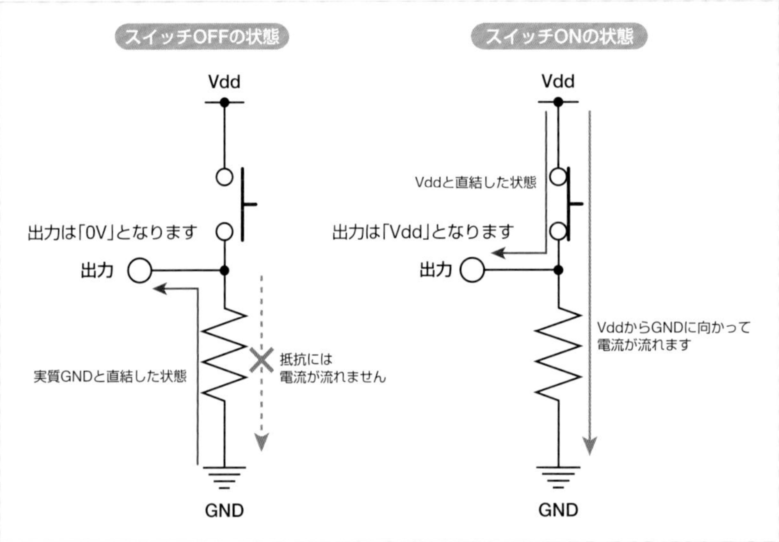

また利用する抵抗は、スイッチがON状態の時に流れる電流を考えて選択するようにします。あまり抵抗を小さくしすぎると大電流が流れ、Arduinoを壊してしまいます。また、逆に抵抗が大きすぎると、出力端子が解放された状態と同じになってしまうので、値が安定しなくなります。
例えば、Vddが5Vで抵抗に1kΩを選択した場合、オームの法則から抵抗に流れる電流が「5mA」だと分かります。Arduinoでは、1kから10kΩ程度の抵抗を利用すると良いでしょう。

NOTE

プルアップ抵抗を省略する

Arduinoのデジタル入出力端子には、プルアップ抵抗が取り付けられており、プログラムからプルアップ抵抗を利用するかを切り替えるようになっています。Arduino内部のプルアップ抵抗を有効にすれば、回路上にプルアップ抵抗を接続する必要がありません。
プルアップ抵抗を有効にするには、「pinMode()」でデジタル入出力端子のモードを切り替える際に「INPUT_PULLUP」と指定します。p.120のプログラム（sw_count.ino）であれば、4行目を次のように変更しておきます。

```
pinMode( SWITCH_SOCKET, INPUT_PULLUP );
```

Scrattino3では、「Set D □ Input □」ブロックでプルアップの設定が可能です。Inputの後の▼をクリックして「Pull-Up」を選択します。
なお、プルダウン抵抗は搭載していないため、プルダウンしたい場合には、別途プルダウン抵抗を回路に組み込む必要があります。Scrattino3では「Pull-Down」を選択できますが、実際にはプルダウン抵抗を搭載していないため、何も接続されていない状態となるので注意が必要です。

●Scrattion3でプルアップを有効に

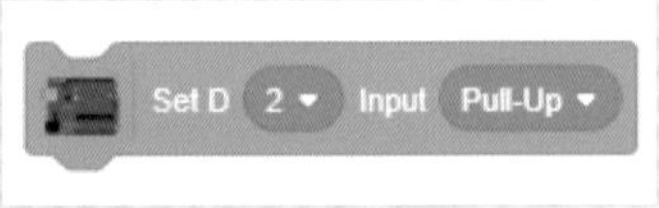

● チャタリングを防ぐ

スイッチは、金属板を使って端子と端子を接続することで導通状態にします。しかし、金属板を端子に付ける際、反動で「付いたり離れたり」の状態をごく短い時間繰り返します。人間には振動している時間が分からないほど短い時間であるため、すぐにON状態になっていると感じますが、電子回路上ではこの振動を感知してしまい、「ONとOFFを繰り返している」と見なしてしまうことがあります。

こうなると、前述のようなボタンを押した回数をカウントする際に数回分増えてしまったり、キーボードのような入力装置では文字が余分に数文字入力されてしまったりします。

このような現象を「**チャタリング**」と呼びます。

●スイッチを切り替えるとチャタリングが発生する

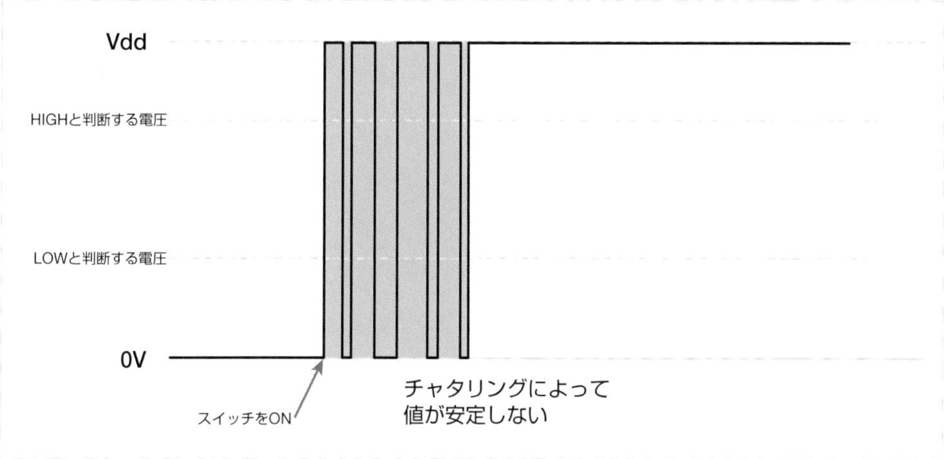

チャタリングを回避するには、プログラムを工夫する方法や、チャタリングを緩和する回路を作成する方法があります。特にプログラムで回避する方法は簡単に施せます。

プログラムでチャタリングを防止する

チャタリングはごく短い時間に発生します。そこで、チャタリングが起こっている間は一時的に待機させ、次の命令を実行しないようにすると、チャタリングを回避できます。具体的には、スイッチが切り替わったのを認識したら、0.1秒程度待機させるようにしてみましょう。

Arduino IDEの場合は右のように「delay()」

●Arduino IDEのプログラム上でチャタリングを回避する

```
 :
if ( digitalRead( SWITCH_SOCKET ) == 1 ){   入力が1に変わったことを認識する
    delay(100);   入力の直後に0.1秒（100ミリ秒）程度待機する
    count = count + 1;   変数の値を増やす
}
  :
```

を挿入して0.1秒待機するようにします。

Scrattino3の場合は、右のように「○秒待つ」ブロックを直後に配置し、0.1秒待つようにします。

●Scrattino3のスクリプト上でチャタリングを回避する

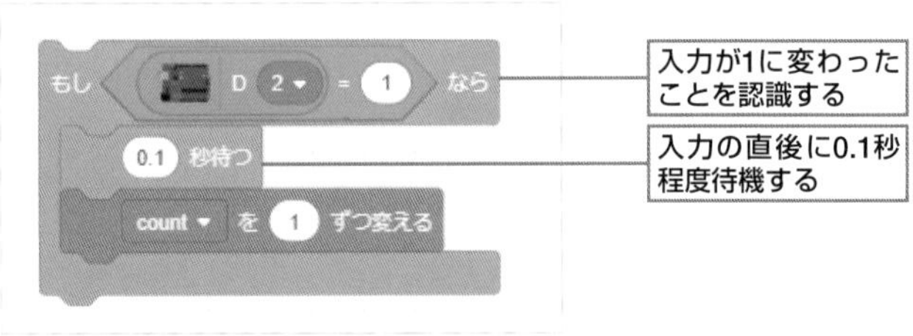

チャタリング防止回路を実装する

プログラムでチャタリングを防止するのは手軽ですが、待機する時間が必要だったり、チャタリングが長く続く場合に待機時間が長くなってしまったりで、ボタン操作の反応が遅くなってしまいます。

このような場合は、チャタリング防止回路をボタンの出力の後に作成しておくことでチャタリングを軽減できます。

チャタリング防止回路は、次の図のように作成します。

●チャタリング防止回路を挿入した回路図

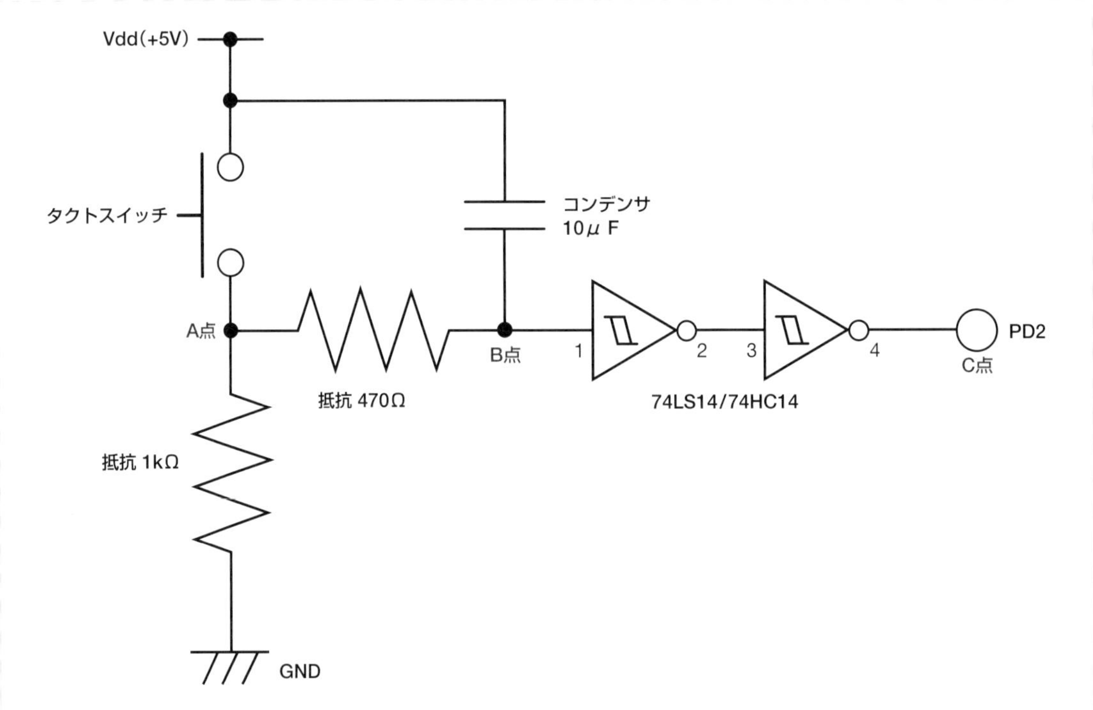

チャタリングが発生した際のA点、B点、C点の電圧変化は、次の図のようになります。

●チャタリング発生時の各点の電圧変化

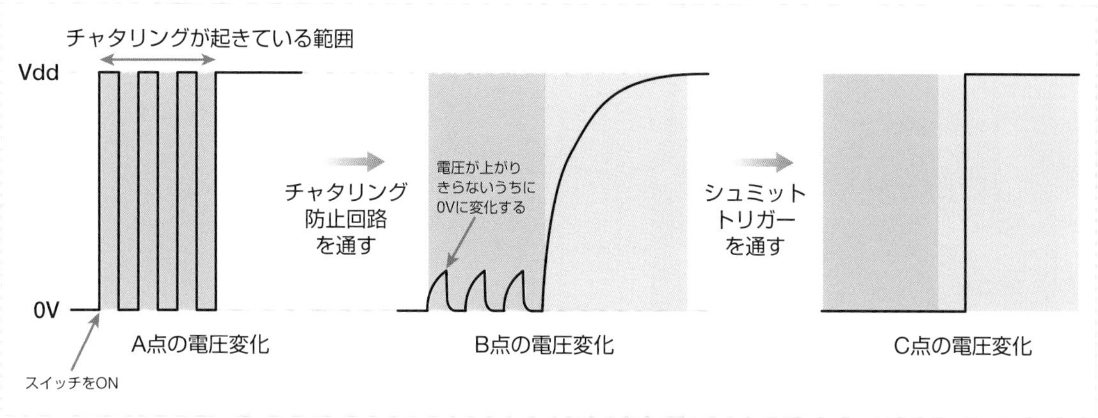

チャタリング防止回路では、ボタンの出力の後に抵抗と**コンデンサー**をつなぎます。抵抗は電流を抑え急激に電荷が流れるのを抑止できます。コンデンサーは両端に電荷を貯めることで電圧の変化を緩やかにする特性があります（コンデンサーについてはp.151を参照）。この効果により、スイッチが導通状態になるとB点では緩やかに電圧上昇が始まり、スイッチが切れた状態になると電圧が下がります。チャタリングはスイッチをON ／ OFFする周期が短いため、電圧が上がり始めてすぐに0Vに電圧が落ち始めます。このようにして、チャタリングが発生している部分を影響がない状態にできます。

シュミットトリガーの実装

チャタリングが終わった後は、抵抗とコンデンサーの影響で電圧が緩やかにVddになります。Arduinoでは、一定の電圧に達した際に入力が切り替わるようになっています。しかし、チャタリング防止回路で変化が穏やかになったことで、状態が不安定になったり、スイッチが反応するまでの時間が遅くなったりすることがあります。

そこで、「**シュミットトリガー**」と呼ぶ機能を搭載したICを利用することで、出力を0VからVddへ急激に切り替えることが可能です。シュミットトリガーは、一定の電圧を超えるとVddや0Vに切り替わる特性があります。つまり、B点の電圧変化のようになだらかに電圧変化する場合でも、シュミットトリガーを通せば特定の電圧までは出力を0Vに保ち、特定の電圧に達したら出力がVddに変化するようになります。

今回利用する「**74LS14**」と「**74HC14**」（以降「74LS14 ／ 74HC14」と表記）というICは「**汎用ロジックIC**」と呼ばれ、デジタル信号を論理的に計算します（詳しくは次ページを参照）。74LS14 ／ 74HC14には「**NOTゲート（インバータ）**」が実装されていて、入力を反転する特性があります。つまり0Vが入力されるとVddを出力し、Vddを入力すると0Vを出力します。このため、1つNOTゲートを通すだけではスイッチが押されている状態は0Vとなり、スイッチが押されていない状態はVddとなってしまいます。そこで、NOTゲートを2つ通すことで、正しい出力に変えられます。

チャタリング防止回路をブレッドボード上に組み込むと、次の図のようになります。74LS14には電源とGNDを接続する必要があります。14番端子に+5V、7番端子にGNDを接続します。

●チャタリング防止回路を搭載した回路をブレッドボードに作成

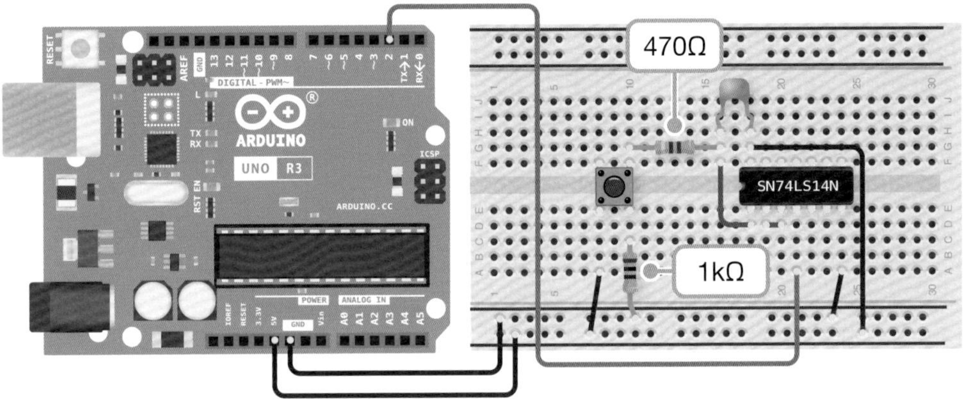

シュミットトリガー機能を搭載するNOTゲート汎用ロジックIC「74LS14」「74HC14」

汎用ロジックICは、デジタル信号を論理演算することのできる**IC**（**集積回路**）です。論理回路には**NOTゲート**、**ANDゲート**、**ORゲート**、**EXORゲート**などが存在し、入力した信号により出力される信号が変化します。

前ページでも説明しましたが、74LS14／74HC14にはNOTゲートが実装されています。NOTゲートは入力した信号を反転する特性を持っています。0Vが入力されるとVddを出力し、Vddが入力されると0Vを出力します。NOTゲートは「**インバータ**」とも呼ばれます。

74LS14／74HC14はシュミットトリガー機能を実装していて、特定の電圧を超えない限り、現在の状態を保持するようになっています。74LS14／74HC14では右図のように、電圧が増えている際に入力が1.6Vを超えると出力を0Vにします。逆に、電圧が減っている際に入力が0.8Vより小さくなると、出力がVddとなります。この、出力を切り替える電圧のことを「**スレッショルド電圧**」と呼びます。

●74LS14／74HC14の入力と出力の関係

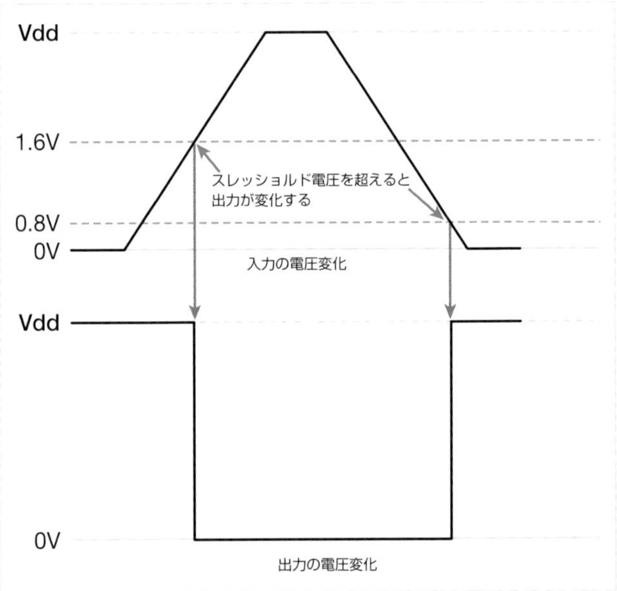

74LS14／74HC14は、14本の端子を備えた細長い形状をしています。ICの一辺に凹みがあり、その下側の端子を1番端子として反時計回りに端子番号が割り振られています。つまり、凹みのある上側の端子が14番になります。

74LS14／74HC14にはNOTゲートが6個搭載されています。隣り合わせの端子が1つのNOTゲートの入力と出力になっています。例えば、1番端子が入力、2番端子が出力です。

74LS14を動作させるには、別途電源の接続が必要です。14番端子にVcc(+5V）を、7番端子にGNDへ接続します。

●シュミットトリガー搭載NOTゲート汎用ロジックIC「74LS14／74HC14」

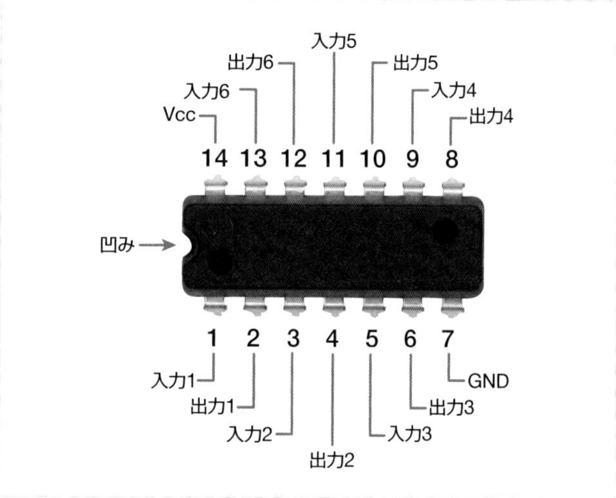

回路図では1つのNOTゲートを右図のように表記します。NOTゲート内に描かれているマークはシュミットトリガー機能を搭載していることを表します。

●シュミットトリガー搭載NOTゲートの回路図

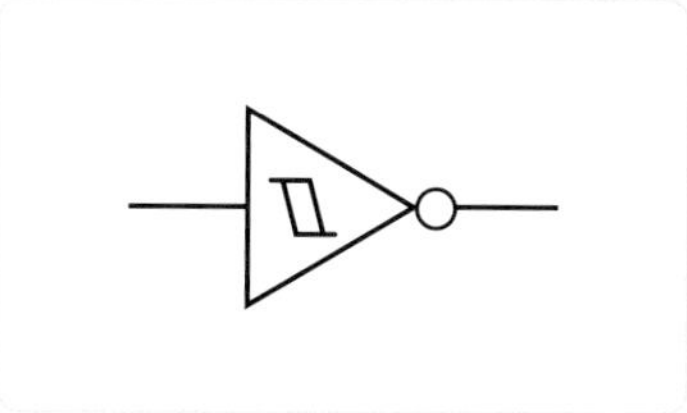

NOTE

「74LS」シリーズと「74HC」シリーズ

論理ICには、いくつかのシリーズが存在し、動作速度や消費電力、動作電圧、サイズなどが異なります。ブレッドボードに直接差し込めるサイズのシリーズとして主に「74LS」シリーズと「74HC」シリーズが販売されています。
74LSシリーズは、トランジスタ（バイポーラトランジスタ）の動作を用いて論理回路が作られています。トランジスタは動作速度が速い利点がありますが、消費電力が74HCシリーズよりも大きくなるのが特徴です。
一方、74HCシリーズはMOSFET（電界効果トランジスタ）と呼ばれる構造を用いて論理回路が作成されています。74LSシリーズよりも低消費電力で動作します。また、旧来はMOSFETはトランジスタに比べて動作が遅い欠点がありましたが、74HCシリーズは74LSシリーズと同等な速度で動作します。
いずれを用いても同様な動作をするため、どちらか購入できるICを使うようにしましょう。

Chapter 5-3 可変抵抗の変化を読み取る

Arduinoでは、アナログ情報の入力にも対応しています。アナログはデジタルと異なり、多段階の状態を読み取ることが可能です。ここでは、可変抵抗を利用してアナログ入力を利用します。

● アナログでの入力

電子回路から入力するには、スイッチなどを切り替えるデジタル情報だけではありません。例えば音量調節のボリュームや、周囲の明るさの取得などといった場合は、アナログ情報を扱う必要があります。

Arduinoには右下にアナログ入力ソケットが6個付いており、ここに接続することでアナログ入力が可能です。

●Arduinoのアナログ入力ソケット

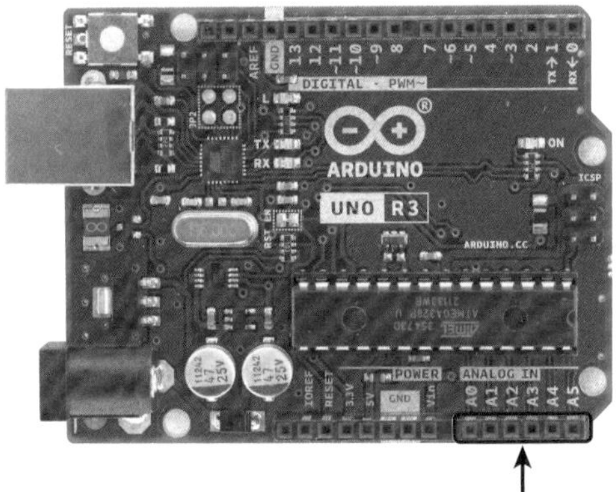

アナログ入力は1023段階

電子回路上のアナログ信号は、電圧が無階調に変化しています。これを数値化すると「3.6753644……V」といった小数点以下が無限に続く無理数となってしまいます。仮に1.5Vと記載されている電池であっても、実際は「1.5367153……V」と正確な「1.5V」ではありません。しかし、コンピュータではこのような無理数は扱えず、必ず小数点以下が有限となる有理数のみ扱えます。そこで、アナログ信号をコンピュータで扱う場合は、特定の小数点以下を切り捨てた値を利用します。

また、コンピュータはデジタルデータを扱っていますが、デジタルデータはp.110で説明したように「1」または「0」の2通りの状態しか表せません。これだけでは一般的な数値は扱えないため、1と0のデータをいくつかまとめて数値で表せるようにしています。一般的には8ビット（0～255）、16ビット（0～65,535）などが利用されます。

Arduinoのアナログ入力では、10ビット（0～1023）のデータに変換するようになっています。つまり、0から5Vの値を1,023階調で表します。例えば0Vであれば「0」、5Vであれば「1023」、2.5Vであれば「512」という値になります。

●アナログは1023段階で表される

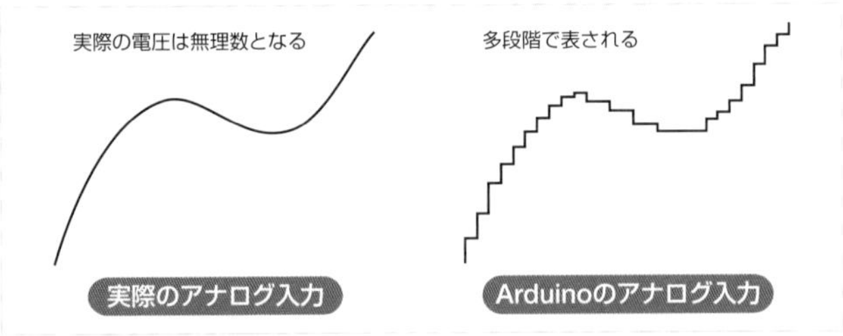

NOTE

より精細なアナログデータを取得したい場合

Arduinoのアナログ入力は1023段階、つまり約4.8mV（0.0048V）毎に1段階変化します。これでは、4.8mV以下の変化は計測できません。もし、さらに細かくアナログ信号を取得したい場合は、10ビットよりも高いA/Dコンバータ（アナログ―デジタル変換器）を利用します。例えば、16ビットのA/Dコンバータを使えば、65,536階調までの入力ができ、1階調あたり約0.076mV（0.000076V）の変化まで認識できるようになります。A/Dコンバータには、テキサスインスツルメンツ社製の12ビットA/Dコンバータ「ADS1015」や同社製16ビットA/Dコンバータ「ADS1115」などがあります。入力した信号をI^2CでArduinoに引き渡すことが可能です（I^2CについてはPart6、p.159を参照）。
これらのA/Dコンバータは5mm各の小さなICチップで、直接ブレッドボードに差し込めません。そこで、Adafruit社ではチップを基板上に配置し、ピン状の端子で接続できる商品を販売しています。日本では、スイッチサイエンスから「ADS1015搭載 12Bit ADC 4CH 可変ゲインアンプ付き」および「ADS1115搭載 16BitADC 4CH 可変ゲインアンプ付き」として販売されています。

● 抵抗値を調節できる可変抵抗

電圧を自由に変化させるためには「**可変抵抗**」が利用できます。可変抵抗にはつまみが付いており、内部の抵抗が変化するようになっています。可変抵抗を使うことで、音量やランプの明るさを調節するなどに利用できます。

また、可変抵抗の変化をA/Dコンバーターで読み取れるようにすることで調節した度合いをArduinoで利用できるようになります。

一般的に可変抵抗には、3つの端子が搭載されています。そのうち2つの端子は抵抗素子の両端に接続されています。つまり、両端の端子間はボリュームの最大抵抗値となります。もう1つの端子（通常は中央に配置された端子）は、抵抗素子上を動かせるようになっています。この端子と抵抗素子の端に接続された1つの端子との間の抵抗は、中央の端子を移動させることで抵抗値が変わります。

可変抵抗には、つまみを付けて自由に変化できる「**ボリューム**」があります。多くの場合は回転させて抵抗値を調節しますが、中には上下に動かして変化させるスライダー形式のボリュームもあります。

また、一度調節したら通常は抵抗値を変えないといった使い方をする場合は、「**半固定抵抗**」を利用します。半固定抵抗は、ドライバーなどで回転させるようになっています。また、部品自体が小さく、直接基板に付けることができます。ブレッドボードに挿しても利用できます。

●抵抗素子上を移動することで抵抗値を変えられる

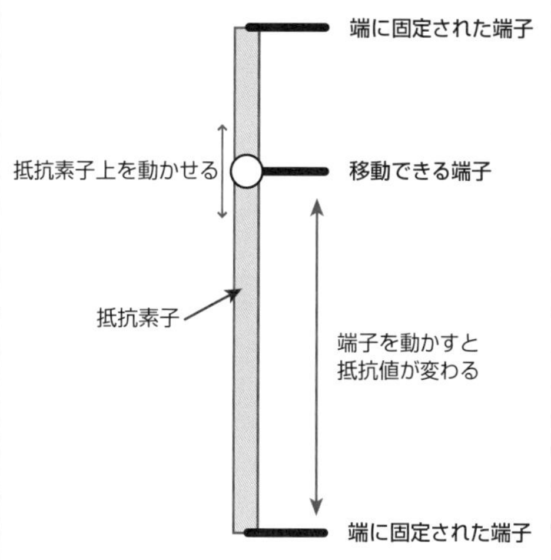

●抵抗値を調節できる可変抵抗

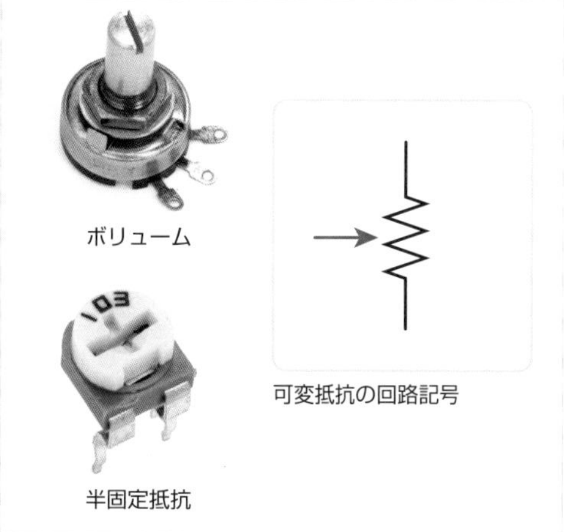

ボリューム

半固定抵抗

可変抵抗の回路記号

可変抵抗は内部の中央の端子の抵抗が変更するだけで、電圧の変化を読み取るA/Dコンバーターに直接接続しても変化を読み取ることはできません。抵抗が変化するような部品を使う場合は、電源に接続することで電圧の変化として出力できます。可変抵抗の場合は左右の端子に電源を接続します。例えば左の端子に5V、右の端子にGNDを接続します。すると中央の端子が可変抵抗のつまみの場所によって電圧として出力されます。例えば、おおよそ6割ほどの場所まで回すと約2Vの電圧が出力されます。

出力する電圧は、左と中央の端子間の抵抗値、右と中央の端子間の抵抗値から求めることができます。

●可変抵抗で出力される電圧を求める計算

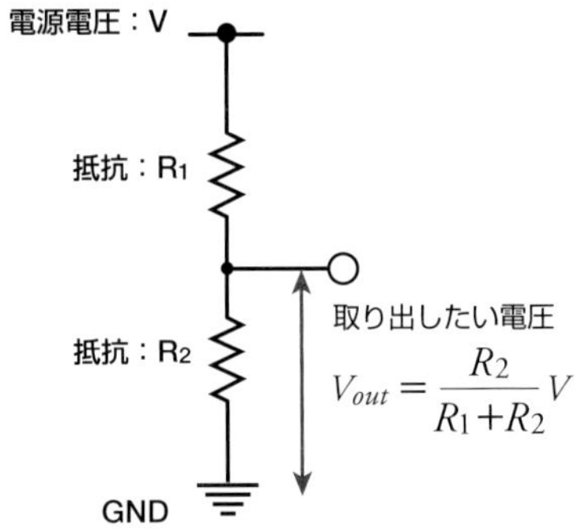

R1を3kΩ、R2を2kΩ、電源電圧を5Vにすると、2Vを取り出せる

$$V_{out} = \frac{2k}{3k+2k} \times 5 = \frac{2}{5} \times 5 = 2$$

● 電子回路を作成する

半固定抵抗を利用して電子回路を作成してみましょう。作成に利用する部品は次の通りです。

- 半固定抵抗（10kΩ）……………………… 1個
- ジャンパー線………………………………… 3本

Arduinoには本体右下のアナログ入力ソケットに接続します。ここではPA0ソケットに接続します。

●利用するArduinoのソケット

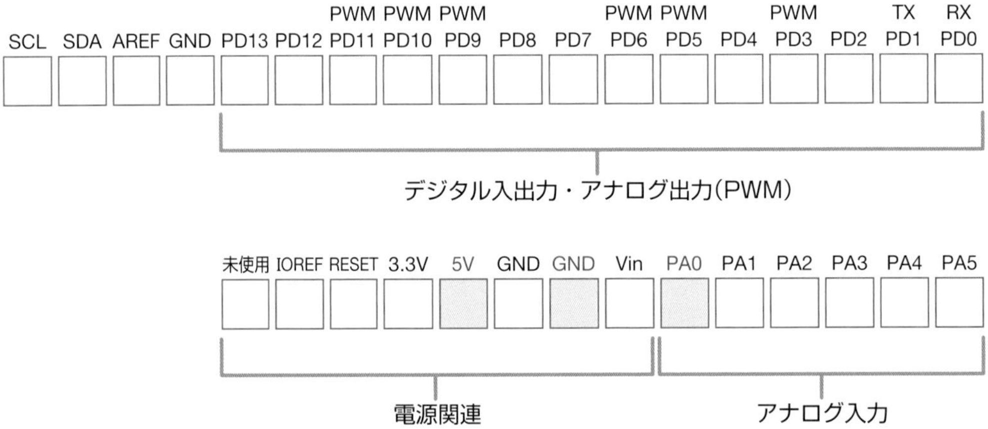

電子回路は右図のように作成します。

半固定抵抗の左右の端子を電源に接続します。半固定抵抗の左右の端子に5VとGNDを接続します。中央の端子をArduinoのアナログ入力端子（PA0）に接続するだけです。

これで回路は完成です。

●半固定抵抗の出力をアナログ入力する回路図

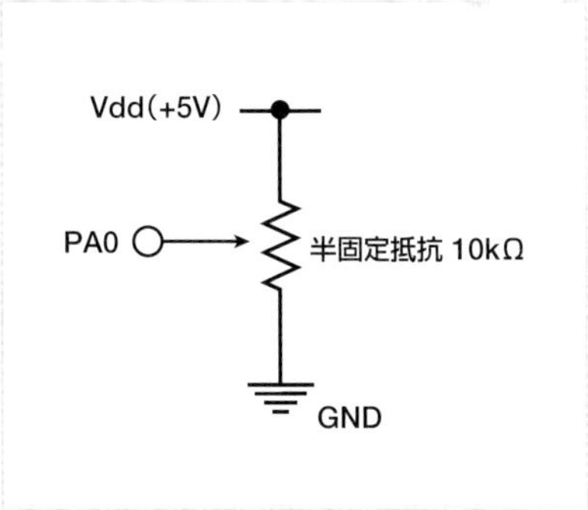

ブレッドボード上に、右の図のようにアナログ入力回路を作成します。

この際、5VとGNDを接続する端子によってツマミの回転によって電圧を上昇させるか下降させるかを決められます。左をGND、右を5Vに接続した場合は右に回転させると電圧が上昇し、逆に接続した場合は右に回転させると電圧が下降します。

●アナログ入力回路をブレッドボード上に作成

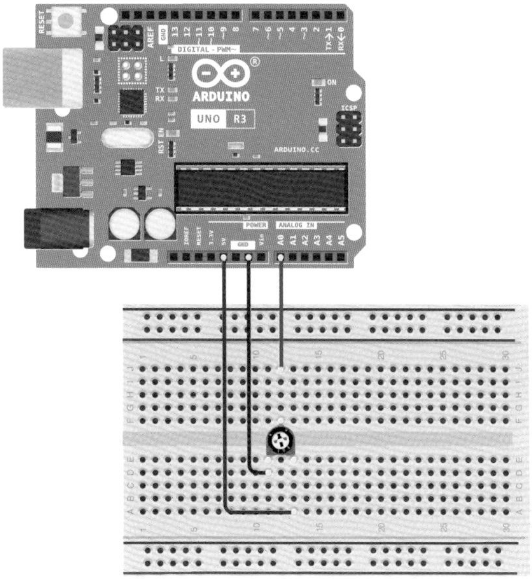

● プログラムで半固定抵抗の状態を取得しよう

回路の作成ができたらプログラムを作成して、半固定抵抗の状態を表示しましょう。ここではArduino IDEとScrattino3でプログラムを作成してみることにします。

Arduino IDEで半固定抵抗の状態を読み取るプログラムを作成

Arduino IDEを使ってプログラムを作成してみましょう。プログラムは次ページのように作成します。

最初に変数を使ってアナログ入力のソケット番号を設定しておきます。

●スケッチで作成した明るさによってメッセージを表示するプログラム

sotech/5-3/volume.ino

```
int VOLUME_SOCKET = 0;

void setup(){
    Serial.begin(9600);
}

void loop(){
    int analog_val;
    float input_volt;

    analog_val = analogRead( VOLUME_SOCKET );

    input_volt = float( analog_val ) * ( 5.0 / 1023.0 );

    Serial.print(analog_val);
    Serial.print(" : ");
    Serial.print(input_volt);
    Serial.println("V");

    delay (500);
}
```

①半固定抵抗の入力を接続したソケット（PA0）を変数で指定します
②シリアル接続の初期設定
③アナログ入力の値を格納する変数
④電圧に変換した値を格納する変数
⑤アナログ入力して変数に格納します
⑥アナログ入力の値を電圧に変換します
⑦アナログ入力した値を表示します
⑧電圧を表示します
⑨電圧の単位を表示して改行します
0.5秒間待機します

①今回はPA0に接続するので「VOLUME_SOCKET」を「0」と指定します。

デジタル入出力では、setup()関数で初期設定として各ソケットのモードを設定しました。しかしアナログ入力ソケットはアナログ入力のみに利用するため、モードの指定が必要ありません。そのため、setup()関数には特に何も記載しなくてかまいません。

②ただし、今回は取得したアナログ入力情報をシリアルモニタに表示するようにするため、シリアル接続の初期設定をしておきます。

loop()関数内で半固定抵抗の入力を取得してメッセージを表示するプログラムを作成します。まず、入力した値を格納しておく変数を作成しておきます。まず各種変数を指定します。

③アナログ入力した値を「analog_val」変数として格納します。アナログ入力は0から1023の整数となるため、「int」型とします。

④電圧の値を「input_volt」変数として格納します。電圧は0から5Vの間の小数となるため、「float」型とします。

⑤アナログ入力します。アナログ入力は「analogRead()」関数を利用します。この関数にアナログ入力するソケット「VOLUME_SOCKET」を指定しておきます。

⑥アナログ入力は0から1023の整数となります。ここから電圧を取得したい場合は、計算をします。0から5Vまでを1024段階に分けるため、取得したアナログ入力に5をかけ、1023で割ることで電圧になります。

最後のメッセージをシリアル出力します。⑦まず、アナログ入力した値を表示します。この際、print()関数を利用することで改行しないようにします。⑧次に電圧を表示します。⑨最後に電圧の単位を表示して改行します。

作成できたらArduinoに転送します。転送したら「ツール」メニューの「シリアルモニタ」を選択しとシリアル出力した内容を表示できるようにします。すると、アナログ入力した値と電圧値が表示されます。半固定抵抗を変化させると表示される値も変化します。

●実行結果

NOTE

シリアル出力する場合はパソコンからArduino を外さない

シリアルで出力する結果を表示する場合は、Arduinoをパソコンに接続した状態にしておきます。外してしまうと、シリアルモニタで結果を表示しません。

Scrattino3で半固定抵抗の状態を検知するスクリプトを作成

Scrattino3でアナログ入力するには、次の図のようにスクリプトを作成します。

最初にアナログ入力した値を格納しておく「volume」と、電圧に変換した値を格納する「volt」変数を作成しておきます。

●Scrattino3で端子のアナログ入力する

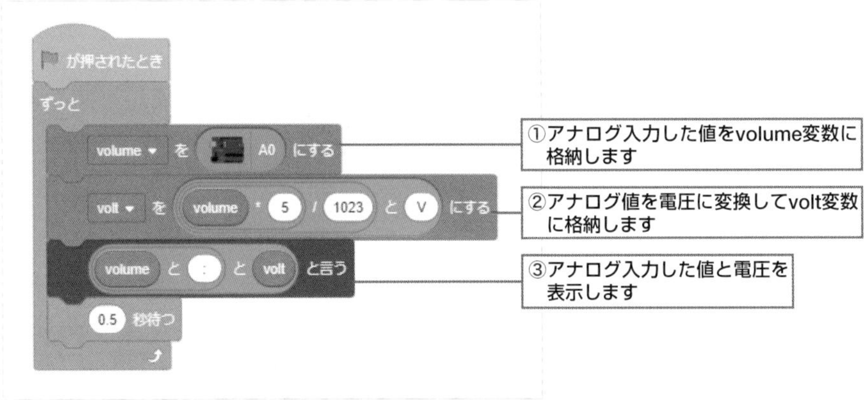

①アナログ入力の結果は「A0」から「A5」ブロックを利用します。PA0ソケットの状態を読み取るには「A0」を使います。これを「volumeを□にする」ブロック内に入れることで、アナログ入力した値がvolume変数に格納されます。

②取得したアナログ値から電圧に変換します。volume変換は、「○*○」ブロックで5をかけ、「○/○」ブロックで1023で割ります。また、「□と□」で求めた値に電圧の単位である「V」を付加しておきます。値はvolt変数に格納するようにします。

③アナログ値と電圧を「○と言う」ブロックで表示します。この際「○と○」ブロックを利用して、区切りとなる「:」とそれぞれの値を繋げます。

●半固定抵抗からの入力が表示された

NOTE

ファームウェアの書き込みが必要

ArduinoをScrattino3で制御する場合は、あらかじめScrattino3のファームウェアをArduinoに書き込んでおく必要があります。ファームウェアの書き込み方法についてはp.53を参照してください。

NOTE

Scrattino3 利用中はパソコンから Arduino を外さない

Scrattino3は常にArduinoとのパソコンの間で通信しています。そのため、スクリプトを実行した後にArduinoをパソコンから外すと、スクリプトが停止します。Scrattino3で電子回路を制御しているときは、パソコンとArduinoの接続を外さないでください。

Chapter 5-4

明るさを検知する

可変抵抗以外にもセンサーなど抵抗が変化する電子部品があります。可変抵抗同様に抵抗の変化をArduinoで読み取ることで様々な状態を知ることができます。ここでは、明るさを検知するセンサーのCdSを利用して周囲の明るさを調べてみます。

● 抵抗値が変化する電子部品

可変抵抗のようなツマミを調節することで抵抗値が変化する電子部品以外にも、抵抗値が変わる部品があります。例えば、明るさや温度などといった周囲の状況を知ることができる「**センサー**」の一部では、内部の抵抗値を変化させて計測値を表すことがあります。このような電子部品では、可変抵抗の場合同様に電圧に変換してからA/Dコンバーターで読み取ることで、センサーの計測値をArduinoで扱えるようになります。

ここでは、明るさを検知できる「**CdSセル**」を例に抵抗値の変化するセンサーの値を読み取ってみましょう。

● 明るさで抵抗値が変わる「CdSセル」

CdSセルは、材料に硫化カドミウム（CdS）を利用した素子で、光が当たると内部の抵抗が小さくなる特性を持っています。この抵抗値を読み取れば、どの程度の明るさであるかが分かります。

販売されているCdSセルには、暗い状態と明るい状態の抵抗値が記載されています。例えば、1MΩのCdSセルでは暗い状態で500kΩ、明るい状態（10ルクス）で10～20kΩの抵抗になるようになっています。また、100ルクス程度の明るさならば2～3kΩになります。

今回は、1MΩのCdSセル「**GL5528**」を使用します。素子に極性はありませんので、どちらの方向に接続しても問題ありません。

●明るさによって内部抵抗が変わる「CdSセル」

CdS

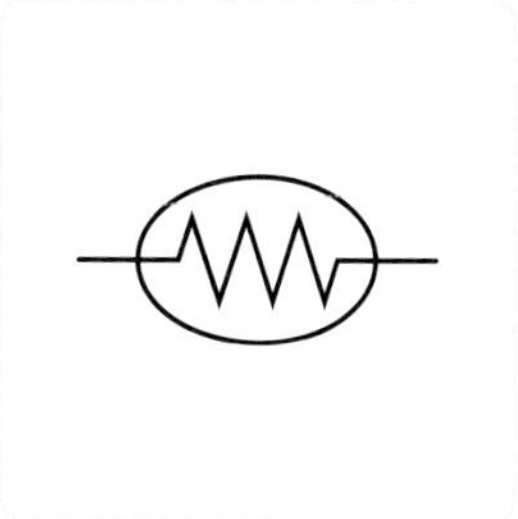

CdSの回路記号

KEYWORD

明るさを表す単位「ルクス」

明るさを表すのに利用する単位が「ルクス」（lx）です。1平方メートルあたりに当たる光の量を表します。晴天時の昼の明るさが約100,000lx、雲天時の昼の明るさが約30,000lx、デパート店内の明るさが約500lx、ろうそくの明かりが約15lx、月明かりが約1lx程度です。

● 分圧回路でCdSの抵抗を電圧として出力する

Arduinoのアナログ入力は、電圧の変化を入力して利用します。しかし、電気を発生しないCdSのような素子をそのままArduinoのソケットに接続しても、電圧が変化しません。この場合は、CdSに電流を流すことで内部抵抗の変化を電圧として取り出せます。

しかし、そのままCdSを電源に接続するだけでは入力としては使えません。CdSの一方の端子に電源を接続しても、電流が流れないため、周囲の明るさを問わず、もう一方の端子も電源と同じ電圧になります。この端子を入力しても、電源の電圧が得られるだけです。

●CdSセルの内部抵抗を電圧で出力する回路

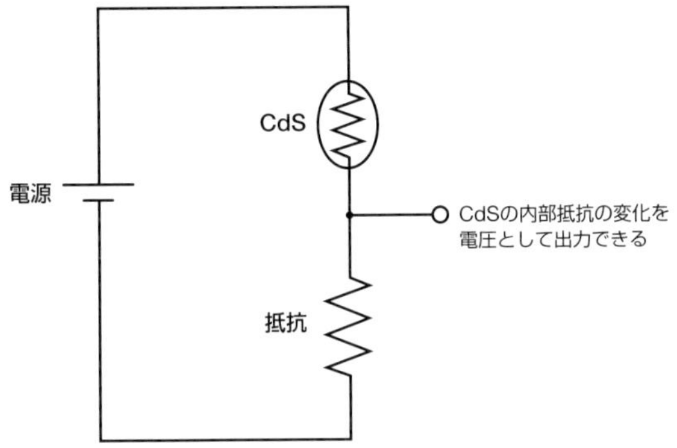

この場合、分圧回路を利用することで、CdSの状態を電圧に変換できます。分圧回路とは、右図のようにCdSと抵抗を直列に接続した回路のことです。このCdSと抵抗の接続している部分を入力として利用します。

もし、CdSの内部抵抗が小さい（明るい）場合は、入力する部分は電源電圧（5V）に近づいた電圧になります。逆に内部抵抗が大きい（暗い）場合には、入力する部分はGND(0V)に近づいた電圧になります。

どの程度の電圧を出力するかは、右図のような計算式で求めることができます。この際、CdSの抵抗をRx[kΩ]としておきます。

●出力電圧の計算

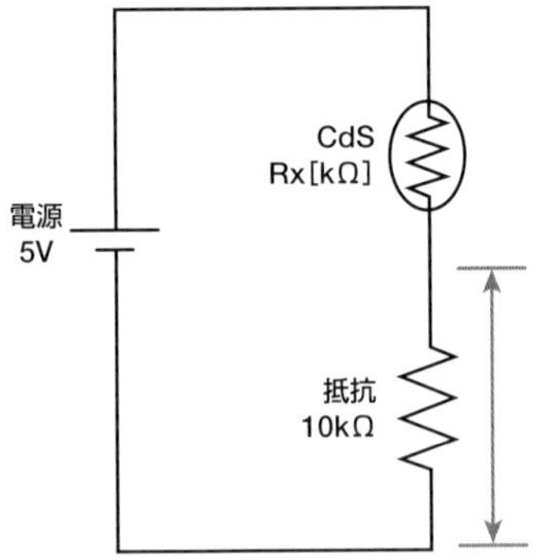

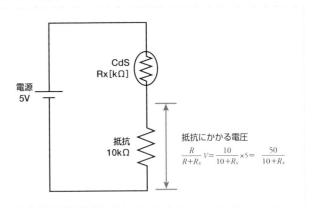

$$\frac{R}{R+R_x}V=\frac{10}{10+R_x}\times5=\frac{50}{10+R_x}$$

アナログ出力される電圧はGNDとCdSと抵抗を接続した両端の電圧になります。ここの電圧は、オームの法則や電圧、電流の法則を利用して「50/(10+Rx)」と求められます。このRxにCdSの内部抵抗値を代入することで電圧を求められます。

完全に暗い状態の場合、CdSの抵抗値は500kΩになります。前述した式に抵抗値を入れると、「約0.1V」の出力となります。つまり、真っ暗な状態では電圧がほぼ0Vとなります。

10lxの明るさである場合、CdSの抵抗値は10k～20kΩになります。これを計算式に入れると、出力電圧は「約1.6～2.5V」になります。つまり、室内程度の明るさならば電源の半分程度の電圧になります。

100lxの明るさである場合、CdSの抵抗値は2k～3kΩになります。同様に計算すると「約3.8～4.2V」になります。つまり昼間の明るさの状態では、電源に近い電圧が取れるということになります。

● 電子回路を作成する

CdSセルを利用して電子回路を作成してみましょう。作成に利用する部品は次の通りです。

- CdSセル（GL5528）………1個
- 抵抗（10kΩ）………1個
- ジャンパー線………3本

Arduinoには、本体右下のアナログ入力ソケットに接続します。ここではPA0ソケットに接続することにします。

●利用するArduinoのソケット

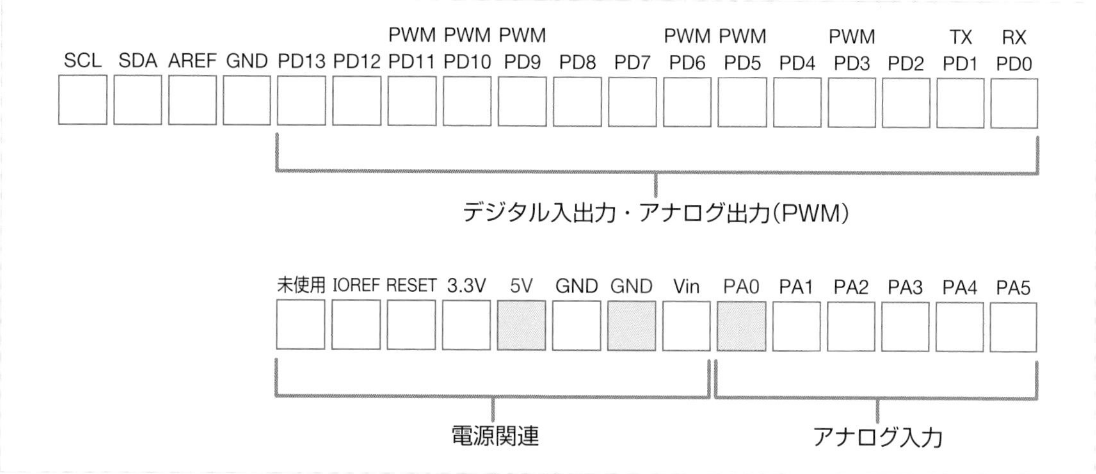

電子回路は右図のように作成します。

CdSは内部抵抗が変化します。しかし、Arduinoで抵抗値を直接測ることはできません。そこで、分圧回路を利用してCdSに電流を流すことで出力を電圧に変換できます（分圧回路については前ページを参照）。

分圧回路は、CdSと抵抗を直列に接続してその両端を電源に接続します。電源はArduinoの5VとGNDに接続するようにします。CdSと抵抗を接続している部分が出力となります。ここをPA0ソケットに接続します。

これで回路は完成です。

●CdSセルの出力をアナログ入力する回路図

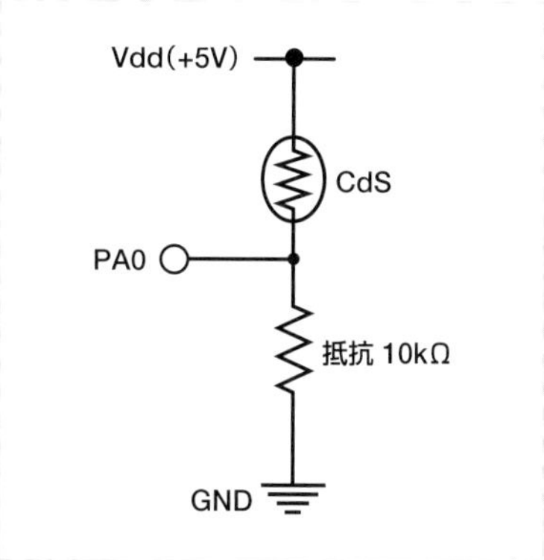

ブレッドボード上に、右の図のようにアナログ入力回路を作成します。

●アナログ入力回路をブレッドボード上に作成

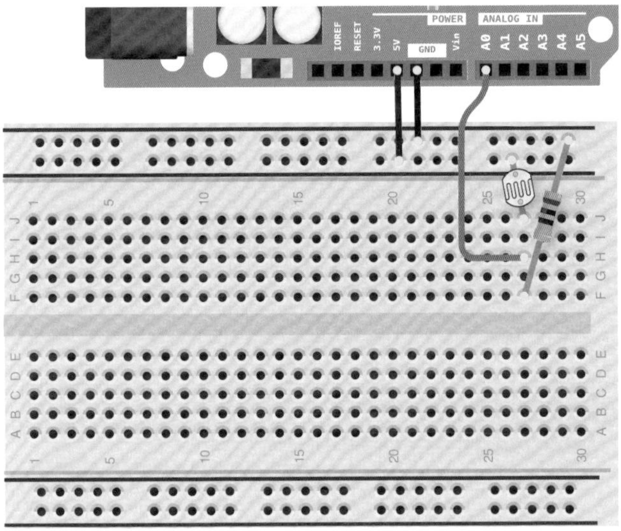

● プログラムで明るさを取得しよう

回路の作成ができたらプログラミングを作成して、明るさによってメッセージを表示しましょう。ここではArduino IDEとScrattino3でプログラムを作成してみることにします。

Arduino IDEで明るさ検知プログラムを作成

Arduino IDEを使ってプログラムを作成してみましょう。プログラムは次のように作成します。

最初に変数を使ってアナログ入力のソケット番号を設定しておきます。

①今回はPA0に接続するので、「CDS_SOCKET」を「0」と指定します。

デジタル入出力では、setup()関数で初期設定として各ソケットのモードを設定しました。しかしアナログ入力ソケットはアナログ入力のみに利用するため、モードの指定が必要ありません。そのため、setup()関数には特に何

●スケッチで作成した明るさによってメッセージを表示するプログラム

sotech/5-4/cds.ino

```
int CDS_SOCKET = 0;                  ①CdSの入力を接続したソケット(PA0)を変数で指定します

void setup(){
    Serial.begin(9600);              ②シリアル接続の初期設定
}

void loop(){
    int analog_val;                  ③アナログ入力の値を格納する変数
    float input_volt;                ④電圧に変換した値を格納する変数
    String message = "";             ⑤表示するメッセージを格納する変数

                                     ⑥アナログ入力を行い変数に格納します
    analog_val = analogRead(CDS_SOCKET);
                                     ⑦アナログ入力の値を電圧に変換します
    input_volt = float(analog_val) * ( 5.0 / 1023.0 );
```

次ページへつづく

も記載しません。

②ただし、今回は取得したアナログ入力情報をシリアルモニタに表示するようにするため、シリアル接続の初期設定をしておきます。

loop()関数内でCdSの入力を取得してメッセージを表示するプログラムを作成します。まず、入力した値を格納しておく変数を作成しておきます。まず各種変数を指定します。③アナログ入力した値を「analog_val」変数として格納します。アナログ入力は0から1023の整数となるため、「int」型とします。④電圧の値を「input_volt」変数として格納します。電圧は0から5Vの間の小数となるため、「float」型とします。⑤さらに表示するメッセージを「message」変数として格納します。メッセージは「String」型とします。

```
if (input_volt > 1.0 ){
    message = "Lighted : ";
} else {
    message = "Dark : ";
}
Serial.print(message);
Serial.print(input_volt);
Serial.println("V");


delay (500);
}
```

⑧入力が1Vより大きい場合は表示するメッセージを「Lighted」とします

⑨入力が1V以下の場合は表示するメッセージを「Dark」とします

⑩メッセージを表示します

⑪電圧を表示します

⑫電圧の単位を表示して改行します

0.5秒間待機します

⑥アナログ入力します。アナログ入力は「analogRead()」関数を利用します。この関数にアナログ入力するソケット「CDS_SOCKET」を指定しておきます。

⑦アナログ入力は0から1023の整数となります。ここから電圧を取得したい場合は、計算をします。0から5Vまでを1024段階に分けるため、取得したアナログ入力に5をかけ、1023で割ることで電圧になります。

取得した電圧をif文で条件分岐し、表示するメッセージを決めます。⑧今回は1V超の時は「Lighted」(明るい)と表示し、⑨1V以下の場合は「Dark」(暗い)と表示するようにします。

最後のメッセージをシリアル出力します。⑩まず明るいか暗いかを表示します。この際、print()関数を利用することで改行しないようにします。⑪次に電圧を表示します。⑫最後に電圧の単位を表示して改行します。

作成できたらArduinoに転送します。転送したら「ツール」メニューの「シリアルモニタ」を選択してシリアル出力した内容を表示できるようにします。すると、明るさを表すメッセージと入力した電圧が表示されます。

●実行結果

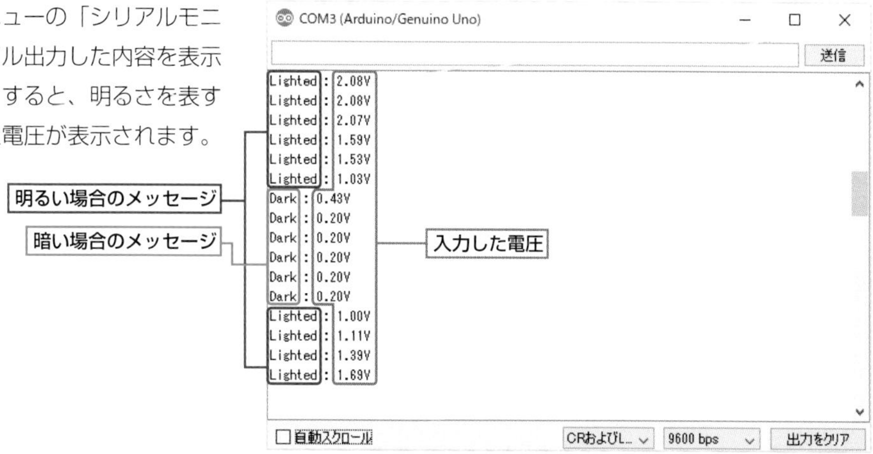

NOTE

シリアル出力する場合はパソコンから Arduino を外さない

シリアルで出力する結果を表示する場合は、Arduinoをパソコンに接続した状態にしておきます。外してしまうと、シリアルモニタで結果が表示されません。

Scrattino3で明るさ検知スクリプトを作成

Scrattino3でアナログ入力するには、次の図のようにスクリプトを作成します。

最初に入力した電圧を格納する「cdsvolt」と表示するメッセージを格納する「message」変数を作成しておきます。

●Scrattino3で明るさを判断する

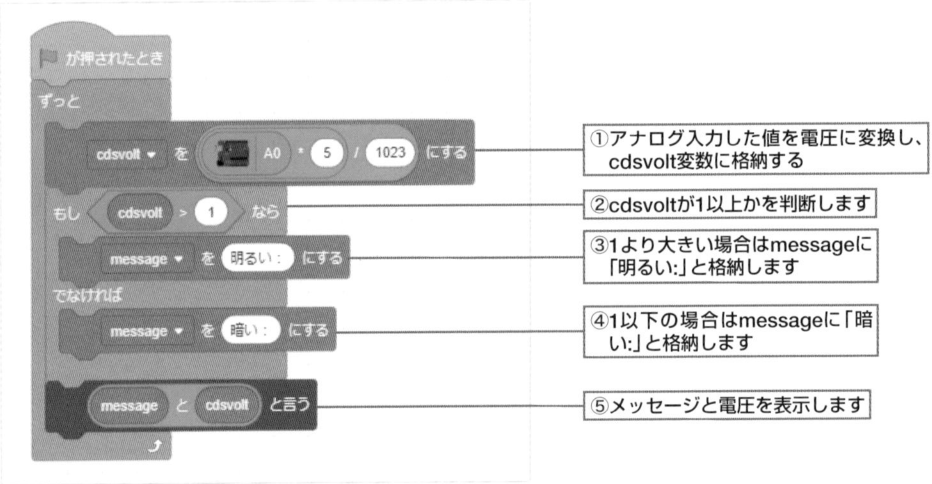
が押されたとき
ずっと
cdsvolt を A0 * 5 / 1023 にする
もし cdsvolt > 1 なら
message を 明るい： にする
でなければ
message を 暗い： にする
message と cdsvolt と言う
①アナログ入力した値を電圧に変換し、cdsvolt変数に格納する
②cdsvoltが1以上かを判断します
③1より大きい場合はmessageに「明るい:」と格納します
④1以下の場合はmessageに「暗い:」と格納します
⑤メッセージと電圧を表示します

①「A0」ブロックを配置してPA0ソケットからアナログ入力します。また、入力した値に「○*○」ブロックで5をかけ、「○/○」ブロックで1023で割るようにして電圧に変換しておきます。電圧に変換した値を「□を○にする」ブロックでcdsvolt変数に格納するようにします。

②入力した電圧が1より大きいかを「もし○なら・・・でなければ・・・」ブロックで条件分岐します。

③電圧が1Vより大きい場合は、表示メッセージを「明るい：」とします。

④また1V以下の場合は「暗い：」とします。

⑤メッセージと電圧を「○と言う」ブロックで表示します。この際、messageとcdsvolt変数の2つの値を同時に表示します。このような場合は「○と○」ブロックを利用することで2つの値を1つにつなげられます。

スクリプトを実行するとステージに「明るい」か「暗い」かというメッセージと電圧が表示されます。

●CdSの入力から明るさを判断できた

NOTE

ファームウェアの書き込みが必要

ArduinoをScrattino3で制御する場合は、あらかじめScrattino3のファームウェアをArduinoに書き込んでおく必要があります。ファームウェアの書き込み方法についてはp.53を参照してください。

NOTE

Scrattino3 利用中はパソコンから Arduino を外さない

Scrattino3は常にArduinoとのパソコンの間で通信しています。そのため、スクリプトを実行した後にArduinoをパソコンから外すと、スクリプトが停止します。Scrattino3で電子回路を制御しているときは、パソコンとArduinoの接続を外さないでください。

Chapter
5-5

モーターを制御する

Arduinoでは、デジタルだけでなく擬似的なアナログとして利用できる「PWM」での出力が可能です。PWMを使ってモーターの回転速度をArduinoで制御できるようにしましょう。

● アナログでの出力

Chapter 5-1のLEDの点灯の際に説明したように、Arduinoではデジタル出力できます。しかし、デジタルでは「点灯」か「消灯」の2通りしか表せません。

これに対し「**アナログ出力**」ができれば、無段階で電圧を変化させられます。つまり、アナログ出力を利用すればLEDの明るさを自由に調節できるようになります。

Arduinoはデジタル出力にのみ対応しており、電圧を自由に変化できるアナログ出力はできません。しかし「**パルス変調**」(**PWM**：Pulse Width Modulation)という出力方式を利用することで、擬似的にアナログ出力が可能です。PWMは、0Vと5Vを高速で切り替えながら、擬似的に0Vと5V間の電圧を作り出す方式です。電圧は0Vを出力している時間と5Vを出力している時間の割合で決まります。例えば、3Vの電圧を得たい場合、5Vの時間を3、0Vの時間を2の割合で出力するようにします。

ここでは、モーターの回転速度を、PWM出力を使ってArduinoで調節できるようにしてみます。

●パルス変調での疑似アナログ出力

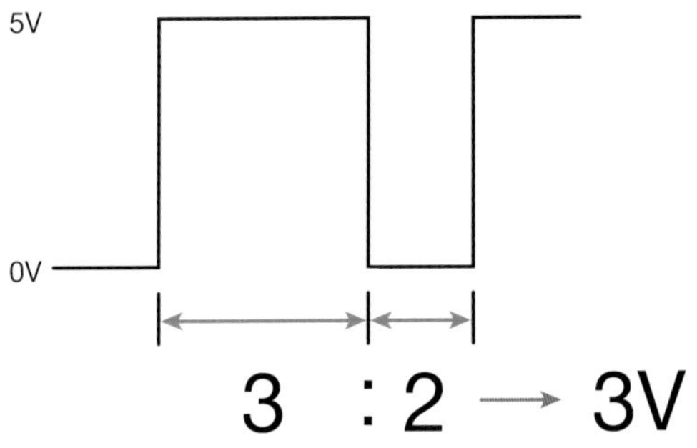

5Vと0Vの時間の割合で擬似的なアナログ出力ができる

回転動作をする「DCモーター」

モーターは電源につなぐと、軸が回転する部品です。中にコイルと磁石が入っており、電気を流して電磁石となった軸が周りに配置した磁石と寄せ合ったり反発したりしながら回転します。

モーターにはいくつかの種類があり、回転させるための電圧のかけ方などが異なります。「**DCモーター**」は、直流電圧をかけるだけで回転します。手軽に動かせるため、模型など様々な用途で用いられています。

DCモーターには2つの端子が搭載されています。2つの端子の一方に電源の＋側、もう一方に－側を接続すると回転します。＋－を逆に接続すると、回転も逆転します。かける電圧によって回転する速度が変化します。

電圧が低いと回転が遅く、電圧が高いと回転が速くなります。ただし、モーターにはかけられる電圧の範囲が決まっています。例えば、FA-130RAは、1.5から3Vの範囲が動作を推奨する電圧です。

●内部の磁石で軸を回転させるモーター

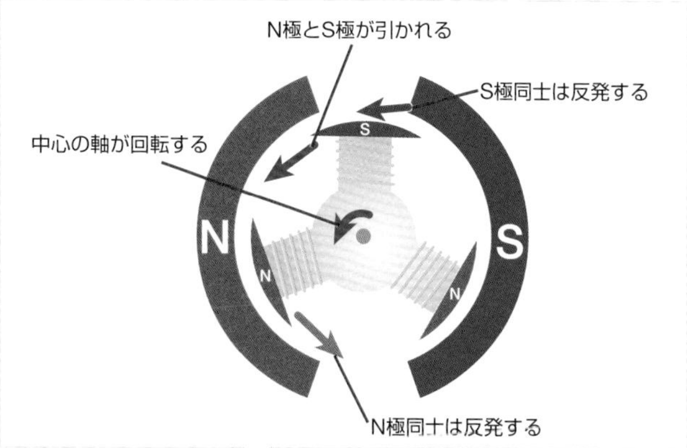

●DCモーター「FA-130RA」

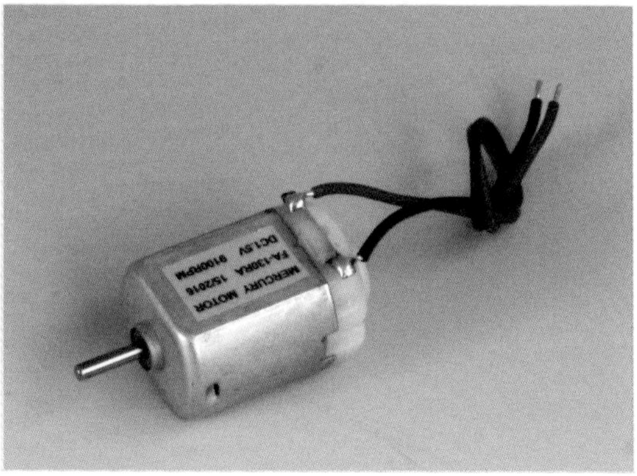

モーターを動作させる「モーター制御用IC」

LEDの点灯では、Arduinoのデジタル出力に直接接続しました。しかし、モーターを制御する場合は、Arduinoのデジタル出力のソケットに直接つないではいけません。モーターを駆動させるには、比較的大きな電流を流す必要があります。そのため、直接デジタル出力に接続すると、大電流が流れることによりArduinoが故障する恐れがあります。さらに、モーターの回転軸を手で回すと発電します。手でモーターを回して電流が発生すると、Arduinoに流れ込んでやはり故障させてしまう危険性があります。他にも、モーターによる雑音で他のセンサーなどに悪影響を及ぼす恐れもあります。

そのためモーターを利用する場合は、「**モーター制御用IC**」を使用します。モーター制御用ICを用いれば、電気の逆流の防止や、雑音の軽減が可能です。

モーターは電力を多く消費します。Arduinoからの電源でモーターを制御しようと試みた際、場合によっては

Arduinoや電子回路上にある部品に供給する電力が不足して停止してしまう恐れがあります。そこで、モーター制御用ICでは、別途モーター制御用に用意した電源から電気を供給します。

今回使用する「DRV8835」についても、上記の特徴を備えています。ここでは秋月電子通商がDRV8835のチップを基板上に取り付け、ブレッドボードでも利用できるようにした「DRV8835使用ステッピング&DCモータドライバモジュール」を使います。

●モーター制御用ICモジュール
「DRV8835使用ステッピング&DCモータドライバモジュール」

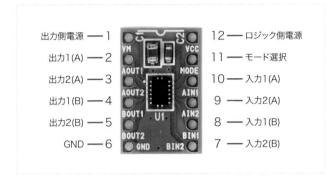

10番（AIN1）と9番端子（AIN2）に制御用の信号を入力すると、それに従って2番（AOUT1）と3番端子（AOUT2）に接続したモーターを動かすことが可能です。また、1番端子（VM）にはモーターを動作させるための電源を接続します。この回路では、扇風機を駆動させる電源を別途乾電池から取得するようにしています。

DRV8835は2つの入力端子を備えています。これは、モーターの回転数を制御するだけでなく、モーターを逆回転させるなどの制御もできるようにするためです。しかし、今回は扇風機を回すだけなので、回転方向の制御は必要ありません。

ここでは、モーターを正転方向に回転させ、回転数のみ制御することにします。正転させる場合は、入力端子1（10番端子）にArduinoからの制御用の電圧をかけ、入力端子2（9番端子）は0V(GND）としておきます。

DRV8835には複数の端子が搭載されています。半円の白い印刷が上になるように配置した際、左上から1番端子で、反時計回りに2番、3番と続き、左下が6番、右下から上へ7番、8番と続き、右上が12番です。

> **NOTE**
> **DRV8835は2系統利用できる**
> DRV8835には、2系統搭載しており、2つのDCモーターを同時に制御できます。

電子回路を作成する

電子回路を作成します。作成に利用する部品は次の通りです。

- DCモーター「FA-130RA」……1個
- モーター制御用ICモジュール
「DRV8835使用ステッピング&DCモータドライバモジュール」……1個
- コンデンサー（1μF）……1個
- 単3×2電池ボックス……1個
- 単3電池……2個
- ジャンパー線（オス―オス）……8本

回路の作成

Arduinoの接続ソケットは次の図の通りです。PWM出力は、PD3、PD5、PD6、PD9、PD10、PD11のいずれかのソケットが使えます。PWD対応のソケットには基板に「~」マークが記載されています。ここでは、PD5を利用することにします。

●利用するArduinoのソケット

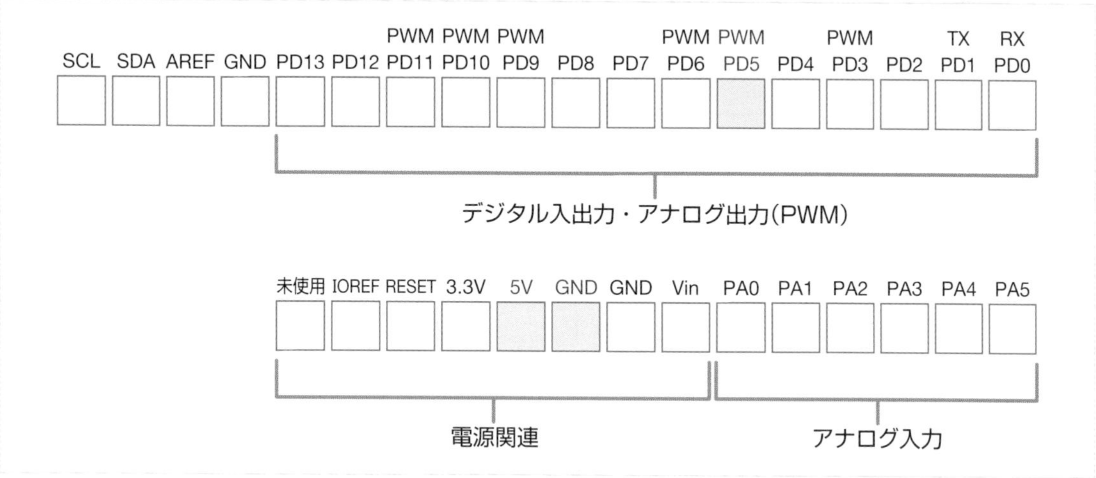

電子回路は右図のように作成します。

ArduinoからPWMを出力するにはPD5を利用します。PD5のソケットからDRV8835の入力1（端子番号：10番）に接続します。また、入力2はGNDに接続して常に正転するようにします。出力1、2（端子番号：2、3番）はDCモーターに接続します。

続けて、5Vの電源はDRV8835のロジック側電源（端子番号：12）に接続します。また、モーターを駆動するのに使用する電池は、＋側をDRV8835の出力側電源（端子番号：1）に接続します。－側はブレッドボードのGNDに接続しておきます。

●モーターを制御する回路図

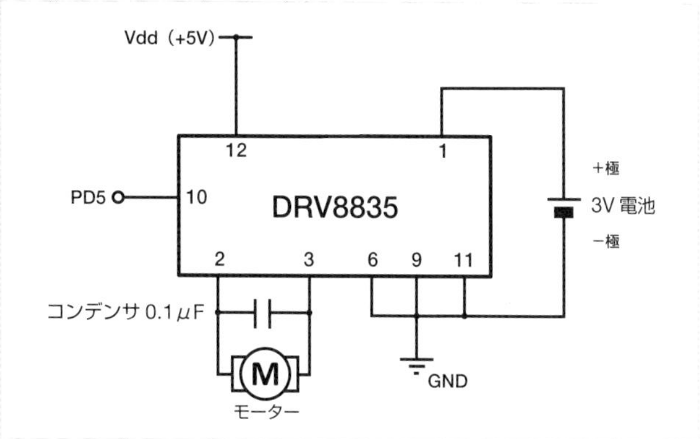

ブレッドボード上に、下図のようにモーターの制御回路を作成します。DRV8835の向きに注意してください。

●モーターの制御回路をブレッドボード上に作成

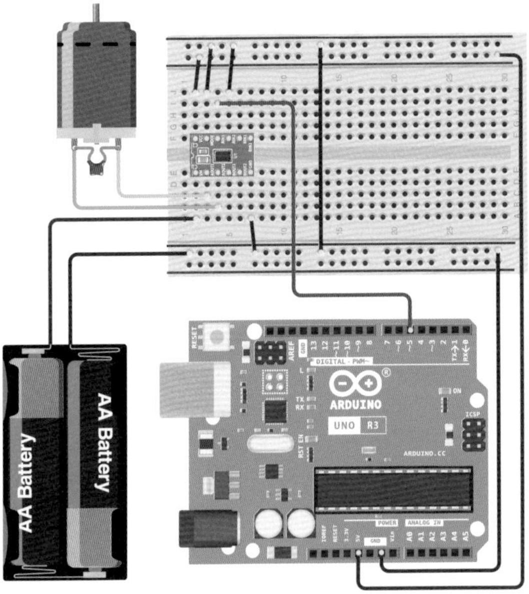

NOTE

雑音を軽減できるコンデンサー

モーターの雑音の軽減に利用したコンデンサーについては、p.151を参照してください。

● プログラムで端子から入力する

回路ができたらArduino上でプログラミングをし、モーターを制御してみましょう。

ここでは、モーターの回転速度を徐々に速くしてみます。Arduino IDEとScrattino3での作成方法を紹介します。

Arduino IDEでモーター制御プログラムを作成する

Arduino IDEを使ってプログラムを作成してみましょう。プログラムは次のように作成します。

●徐々にモーターの回転速度を速くする

sotech/5-5/motor.ino

```
int M_SOCKET = 5;                              ①モーター制御用のソケット番号を指定します
int m_speed = 0;                               ②PWMの出力を格納する変数

void setup() {
    pinMode(FAN_SOCKET, OUTPUT);               ③モーター御用ソケットを出力に設定します
}

void loop() {
    analogWrite( M_SOCKET, m_speed );          ④モーター制御用ソケットにPWMで
    delay ( 2000 );                              m_speedの値を出力します

    m_speed = m_speed + 15;                    ⑤m_speedの値を15増やし、次の出力時
    if ( m_speed > 255 ){                        にモーターを速く回転させせます
        m_speed = 0;                           ⑥m_speedの値が255を越えた場合
    }                                            は、0にします
}
```

①M_SOCKETにモーターを接続したソケットの番号を指定します。ここではソケットPD5に接続したため、M_SOCKETは「5」としています。

②PWMで出力する値を格納しておく変数として「m_speed」を用意しておきます。初めは0としておきます。

③モーターの制御に利用するPD5は出力をするため「OUTPUT」にします。

④出力には「analogWrite()」関数を利用します。この中に対象となるソケットの番号、出力の値の順にカンマで区切って指定します。今回は、出力するソケットが「M_SOCKET」、出力する値が「m_speed」となります。PWMでの出力は0から255までの256段階で出力します。これは0Vの場合が「0」、5Vの場合が「255」となり、その間を256段階に分けています。m_speedの値が「135」となっている場合は、出力は約2.6Vとなります。

⑤次回のanalogWriteでモーターの回転速度を上げるためm_speedの値を15増やしておきます。

⑥m_speedの値が255を越えてしまった場合は、m_speedを0に戻し、モーターを停止させます。

作成が完了したらArduinoにプログラムを転送しましょう。すると、モーターの回転速度が徐々に上がり、最大電圧に達した後、モーターが停止します。これを何度も繰り返すようになっています。

Scrattino3でモーター制御スクリプトを作成

Scrattino3で制御するには、次の図のようにスクリプトを作成します。

●Scrattino3で端子の状態を表示する

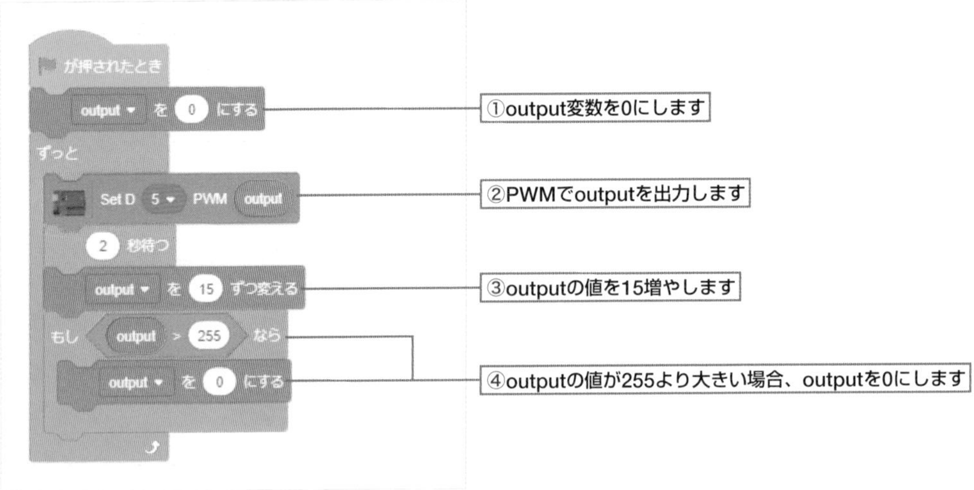

①出力を格納しておく変数「output」を作成しておき、実行した直後に「0」に設定しておきます。

②現在のoutputの値をPWMでPD5ソケットに出力します。この場合には、「Set D □ PWM ○」ブロックを利用します。Set Dの後の▼をクリックして接続し、「5」を選択します。また、PWMの後には「output」変数を配置します。PWMでの出力は0から255までの256段階で出力します。これは0Vの場合が「0」、5Vの場合が「255」となり、その間を256段階に分けています。m_speedの値が「135」となっている場合は、出力は約2.6Vとなります。

③outputの値を15増やして、次回のPWM出力の際モーターをより速く回転させます。

④outputの値が255を超えている場合は、outputを0にしてモーターを停止させます。

実行すると、モーターの回転が徐々に速くなり、最大まで達すると停止します。その後、再度モーターの速度が徐々に速くなります。

NOTE

ファームウェアの書き込みが必要

ArduinoをScrattino3で制御する場合は、あらかじめScrattino3のファームウェアをArduinoに書き込んでおく必要があります。ファームウェアの書き込み方法についてはp.53を参照してください。

NOTE

Scrattino3 利用中はパソコンから Arduino を外さない

Scrattino3は常にArduinoとのパソコンの間で通信しています。そのため、スクリプトを実行した後にArduinoをパソコンから外すと、スクリプトが停止します。Scrattino3で電子回路を制御しているときは、パソコンとArduinoの接続を外さないでください。

NOTE

電気を一時的に貯める「コンデンサー」

モーターでは回転すると電気的な雑音が発生します。この雑音は、センサーなどといった機器に影響を及ぼし、正しい値が計測できなくなる恐れがあります。そこで、モーターの雑音を軽減するために「**コンデンサー**」を使います。
コンデンサーとは、2つの金属（電極）が絶縁体を挟んでいる素子です。両端に電圧をかけると金属に電気が貯まる仕組みになっています。いわば少量の電気を貯められる蓄電池のような特性があります。
コンデンサーを電源に接続した直後は電流が流れ、コンデンサーへ充電されます。充電が進むにつれて流れる電流が少なくなり、コンデンサーの電圧が電源と同じ電圧になると電流が流れなくなります。
この状態で電源を外すと、電気が貯まった状態を保ちます。また、コンデンサーの両方の端子を直結すると放電が始まります。この際、逆方向に電流が流れ、放電が完了するまで電流が流れ続けます。

●コンデンサーは電気を充電・放電する

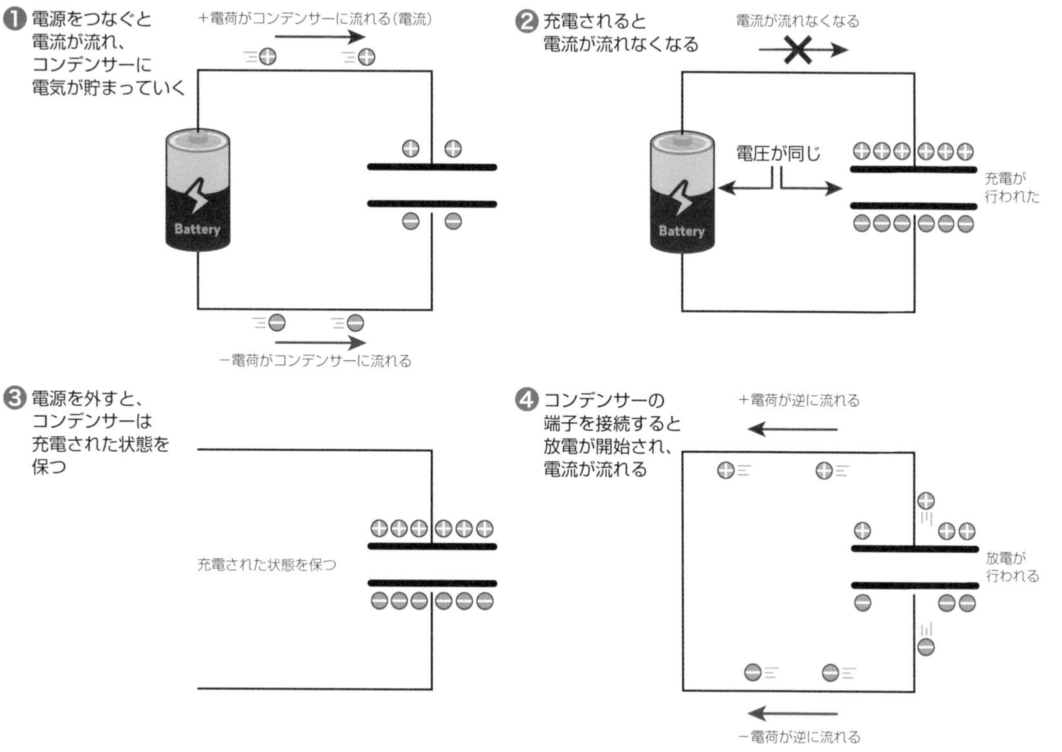
❶ 電源をつなぐと電流が流れ、コンデンサーに電気が貯まっていく
＋電荷がコンデンサーに流れる(電流)
Battery
－電荷がコンデンサーに流れる
❷ 充電されると電流が流れなくなる
電流が流れなくなる
電圧が同じ
充電が行われた
Battery
❸ 電源を外すと、コンデンサーは充電された状態を保つ
充電された状態を保つ
❹ コンデンサーの端子を接続すると放電が開始され、電流が流れる
＋電荷が逆に流れる
放電が行われる
－電荷が逆に流れる

このように、コンデンサーはつながれた電源よりも電圧が低い場合は充電がされ、電圧が高い場合は放電して、電圧が同じになるよう作用します。
このため、急な電圧の変化があった場合には、コンデンサーへの充電や放電をすることで電圧の変化がなめらかになります。この特性から雑音などを軽減できます。

次ページへつづく

●コンデンサーで雑音を軽減できる

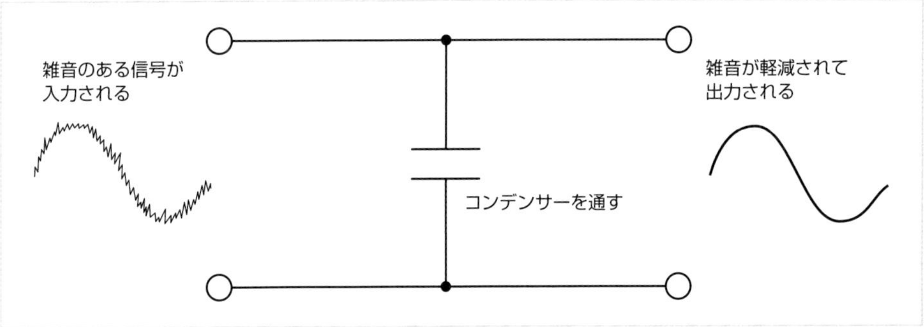
雑音のある信号が
入力される
コンデンサーを通す
雑音が軽減されて
出力される

コンデンサーには、充電できる容量が数値で表記されています。単位は「**ファラド（F）**」が使用されています。
コンデンサーは材料によっていくつかの種類があります。その中でも「**セラミックコンデンサー**」と「**電解コンデンサー**」がよく使用されています。
セラミックコンデンサーは、絶縁体にセラミックを利用したコンデンサーです。充電できる容量が1pF～0.1μF程度と比較的低容量です。そこで、複数の層状にして、5μF程度と通常のセラミックコンデンサーよりも容量が大きい「**積層セラミックコンデンサー**」も販売されています。どちらのセラミックコンデンサーにも端子の極性がありません。
電解コンデンサーは、電極に化学処理がされており、小サイズながら比較的大きな容量を充電できるようにしています。大きいものでは10000μFを超える容量の電解コンデンサーも存在します。極性が存在し、端子の長い方を＋側に接続します。素子の側面にマイナスを表すマークが記載されています。

●積層セラミックコンデンサー（左）と電解コンデンサー（右）

積層セラミックコンデンサー

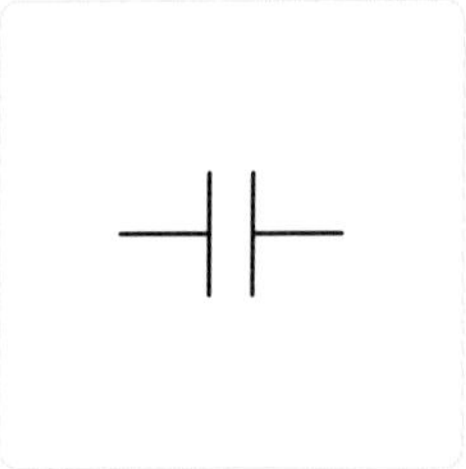

コンデンサーの回路記号

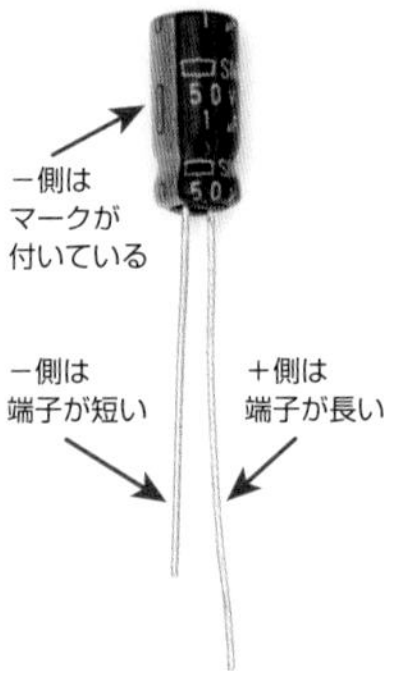
－側は
マークが
付いている
－側は
端子が短い
＋側は
端子が長い

電解コンデンサー

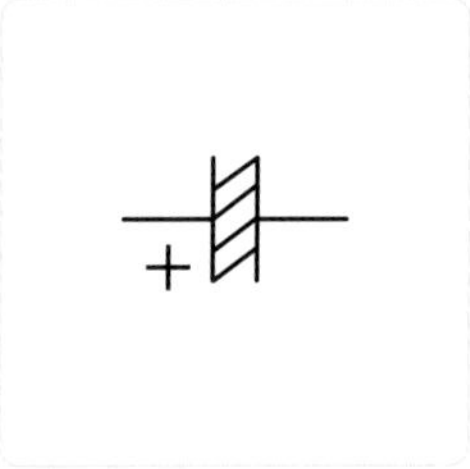
＋

電解コンデンサーの回路記号

Chapter 5-6

サーボモーターを制御する

サーボモーターを使うと、特定の角度まで回転する動作が可能となります。ArduinoからPWMで出力することでサーボモーターを制御できます。

● 特定の角度まで回転できる「サーボモーター」

動かす電子部品として回転動作をするモーターが代表的です。Chapter 5-5で利用したDCモーターの他に「**サーボモーター**」があります。サーボモーターは、特定の角度まで回転しその状態を保持する動作をします。ロボットの手や足を動かす動作や、模型の車のステアリングを制御するなどの用途で使われています。

サーボモーターは、高精度で動作するものや、動作する力が強いもの、広範囲に回転するもの、安価で購入可能なものなど様々な種類が販売されています。用途に応じて利用するサーボモーターを選択します。

今回は、秋月電子通商で販売されている「**SG-90**」を使用します。1つ450円程度で購入可能です。

SG-90は、180度の角度の範囲を動作することができます。しかし、動かすことができる力を表すトルクが小さいため、重いものを動かすのには力不足です。重いものを動かしたい場合は、トルクが大きなサーボモーターを選択するようにしましょう。

●特定の角度まで動かす「サーボモーター」

● サーボモーターの動作

サーボモーターはPWMで信号を送り込むことで、目的の角度まで制御できます。目的の角度はPWMのHIGHになっている時間「**パルス幅**」で決まります。

SG-90の場合は、パルス幅を0.5m秒間にすると0度、2.4m秒間にすると180度の位置まで移動します。動作範囲の中心となる90度まで移動するには、1.45m秒のパルス幅のPWMを送り込めば良いことがわかります。

サーボモーターを制御するパルス幅は、どのメーカーでも似た決まりとなっています。多くの場合は、動作の中心が1.5m秒、1度動かすことに0.01m秒パルスを増減します。180度の動作するサーボモーターであれば、0度が0.5m秒、180度は2.5m秒となります。ただし、メーカーによって多少の違いがあるため、各メーカーのWebサイトなどを確認して、動作条件について確認しておきましょう。

また、個々のサーボモーターには動作の誤差があります。そのため、180度まで動かすパルス幅のPWMを送っても、実際は170度までしか動かないこともあります。

●パルス幅によって目的の角度まで動かす

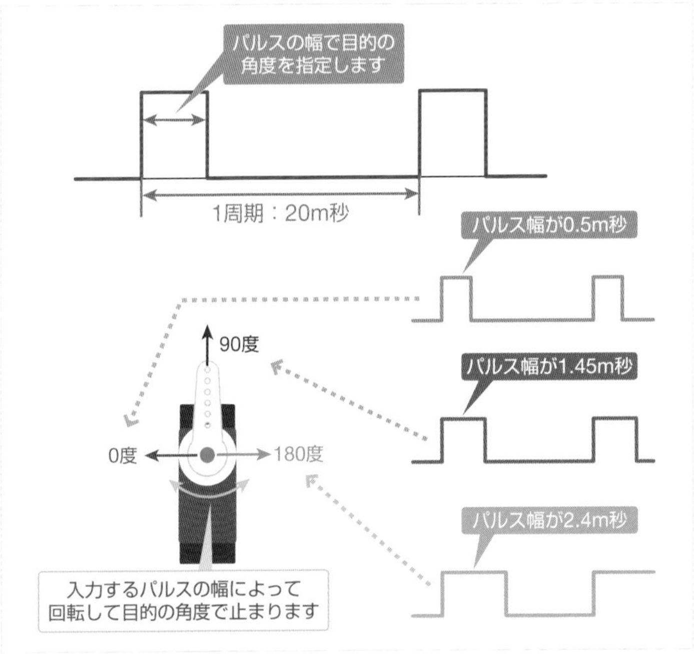

● 電子回路を作成する

サーボモーターをArduinoに接続します。作成に利用する部品は次の通りです。

- サーボモーター「SG-90」……1個
- ジャンパー線（オス―オス）……3本

サーボモーターの接続端子

サーボモーターには3本の導線がついています。多くの場合は赤、茶、オレンジの3色のケーブルになっています。赤には5V電源、茶にはGND、オレンジにはPWM信号を入力します。

また、サーボモーターによってはケーブルの色が異なることがあります。接続する前にはサーボモーターの仕様書などを確認しておきます。

●サーボモーターの接続端子

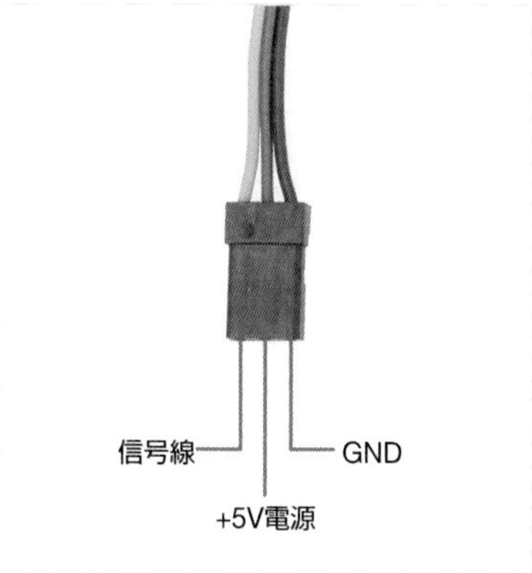

回路の作成

Arduinoの接続ソケットは次の図の通りです。PWM出力は、PD3、PD5、PD6、PD9、PD10、PD11のいずれかのソケットが使えます。ここでは、PD9を使うことにします。

●利用するArduinoのソケット

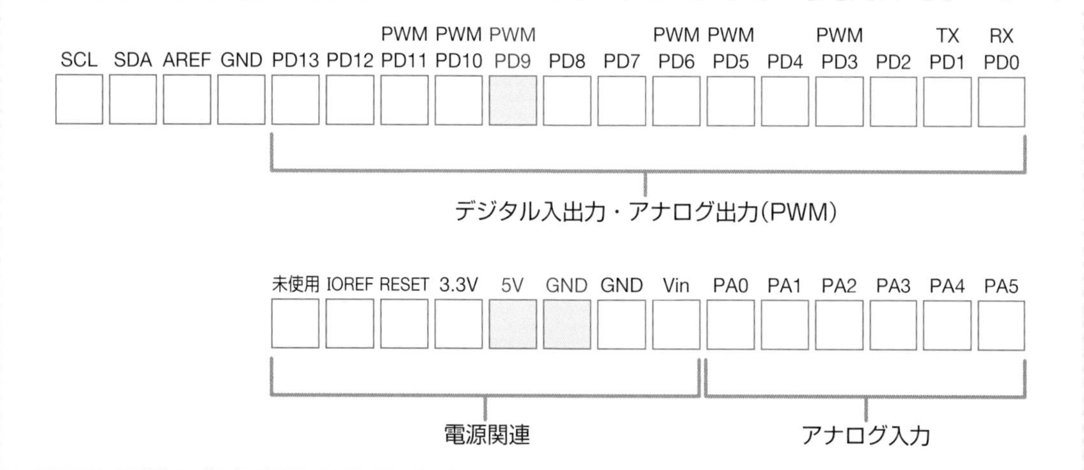

サーボモーターに接続するには、オス-オス型のジャンパー線を使います。サーボモーターの赤色の端子を5V電源、茶色の端子をGNDに接続します。オレンジの端子はPWM出力できるPD9に差し込みます。

なお、次の図では分かりやすくするために、茶色の線（GND）を黒、オレンジの線（信号線）は黄色としています。

これで回路の作成は完了です。

●サーボモーターをArduinoへ接続する

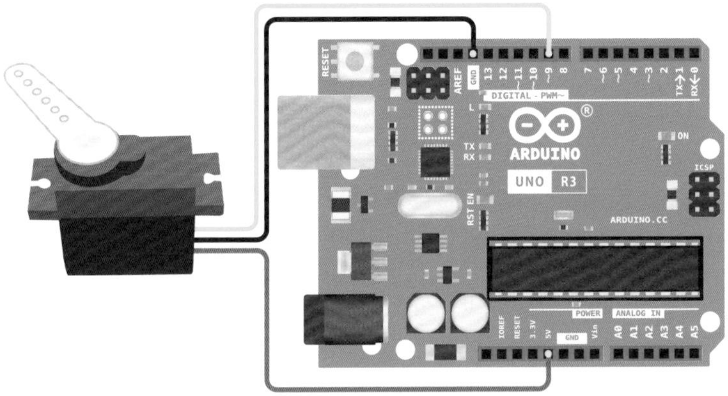

プログラムでサーボモーターを動かす

サーボモーターを接続したら、プログラムを作成してサーボモーターを動かしてみましょう。ここでは、0度、90度、180度、90度、0度と1秒間隔で順にサーボモーターを制御してみます。

Arduino IDEでは、標準でサーボモーターを制御するライブラリ「**Servo**」が用意されています。ライブラリを読み込んで、設定を施し、所定の角度を指定するだけでサーボモーターを目的の角度まで動作可能です。

プログラムは次ページのように作成します。

①#includeでサーボモーター制御用ライブラリ「Servo」を読み込みます。

②サーボモーターを接続したソケット番号を指定します。今回はサーボモーターのオレンジの線をPD9に接続したため、「9」と指定します。

③サーボモーター制御用のクラスを使うため、インスタンスを作成します。設定やサーボモーターの制御などをする際は、ここで作成したインスタンス名を関数や変数の前に指定します。

④サーボモーターの初期化をします。この際、サーボモーターのオレンジの線を接続したソケット番号を指定します。

⑤servo.write()関数で、指定した角度までサーボモーターを動かします。角度は度数単位で指定します。例えば、「90」と指定すれば、90度の位置にサーボモーターが動きます。

⑥サーボモーターを動かした後に1秒間待機します。

●スケッチでサーボモーターを制御する

sotech/5-6/servo.ino

```
#include <Servo.h>

int SERVO_SOCKET = 9;

Servo servo;

void setup() {
    servo.attach( SERVO_SOCKET );
}

void loop() {
    servo.write( 0 );

    delay( 1000 );
    servo.write( 90 );
    delay( 1000 );
    servo.write( 180 );
    delay( 1000 );
    servo.write( 90 );
    delay( 1000 );
}
```

①サーボモーター制御用ライブラリを読み込みます
②サーボモーターを接続したソケット番号を指定します
③サーボモーター制御用のインスタンスを作成します
④サーボモーターを初期化します。サーボモーターを接続しているソケット番号を指定します
⑤指定した角度までサーボモーターを動かします
⑥1秒間待機します

作成が完了したら、Arduinoへプログラムを転送します。すると、サーボモーターが90度ずつ回転します。

Scrattino3でサーボモーターを制御する

Scrattino3には、サーボモーターを制御するブロックが用意されています。このブロックを使うことで指定した角度まで簡単にサーボモーターを動かせます。Scrattinoのサーボモーター用のブロックは、PD2からPD13のいずれかに接続したサーボモーターを動作可能です。

右図のようにサーボモーター動作用のスクリプトを作成します。

●Scrattino3でサーボモーターを制御する

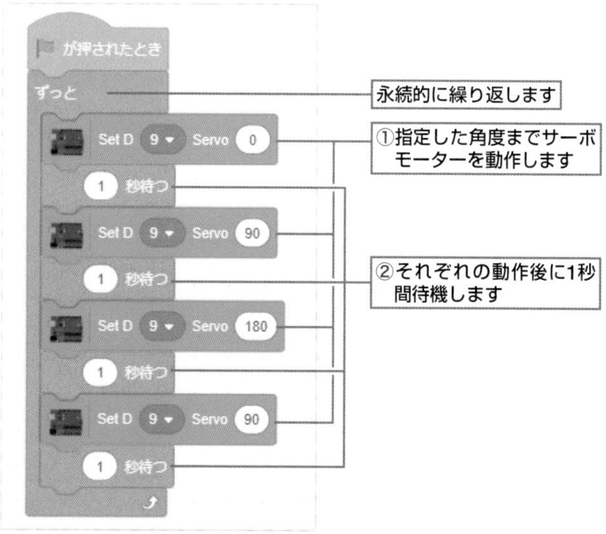

Part 5
Arduinoで電子回路を制御しよう

①サーボモーターの制御には、「Set D □ Servo □」ブロックを利用します。Dの後の▼をクリックしてサーボモーターを接続したソケット「9」を指定します。Servoの後に▼をクリックして目的の角度を入力します。角度は0から180の範囲で指定します。

②サーボモーターが動作した後に1秒間待機するようにします。

スクリプトを実行すると、サーボモーターが動き始めます。また、Scrattinoで出力する信号は安定しないことがあるため、指定した角度によってはサーボモーターが小さく震えることがあります。

NOTE

ファームウェアの書き込みが必要

ArduinoをScrattino3で制御する場合はあらかじめScrattino3のファームウェアをArduinoに書き込んでおく必要があります。ファームウェアの書き込み方法はp.53を参照してください。

NOTE

Scrattino3利用中はパソコンからArduinoを外さない

Scrattino3は常にArduinoとのパソコンの間で通信しています。そのため、スクリプトを実行した後にArduinoをパソコンから外すと、スクリプトが停止します。Scrattino3で電子回路を制御しているときは、パソコンとArduinoの接続を外さないでください。

Part 6

I^2Cデバイスを動作させる

I^2Cデバイスは、2本の信号線でデータのやりとりを行える規格です。I^2Cに対応したデバイスをArduinoに接続すれば、比較的簡単にデバイスを制御できます。例えば、液晶デバイスに表示したり、モーターを駆動したり、温度や湿度などの各種センサーから測定情報を受け取ったりできます。
ここでは「温度センサー」「液晶デバイス」をArduinoからI^2Cで制御する方法を紹介します。

Chapter 6-1　I^2Cで手軽にデバイス制御
Chapter 6-2　気温と湿度を取得する
Chapter 6-3　有機ELキャラクタデバイスに表示する

Chapter 6-1

I^2Cで手軽にデバイス制御

I^2Cを利用すると、4本の線を接続するだけでセンサーや表示デバイスを手軽に利用できます。Arduino用のI^2Cデバイス制御のライブラリも提供されており、比較的簡単にそれぞれのデバイスを動作できます。

● 2本の信号線で通信する「I^2C」

センサーなどのデバイスを利用するには、それぞれの素子を駆動するための回路を作成し、データをコンピュータ（Arduino）などに送ったり、逆に命令を与えるような回路を作成したりする必要があります。また、作成した回路によってそれに合ったプログラミングをする必要もあります。デバイスが複数あれば、それぞれのデバイスに対してこれらの作業が必要です。

このような手間のかかる処理を簡略化する方法として「**I^2C**（Inter Integrated Circuit）」（アイ・スクエア・シー、アイ・ツー・シー）を利用する方法があります。I^2Cとは、IC間で通信することを目的に、フィリップス社が開発したシリアル通信方式です。

I^2Cの大きな特徴は、データをやりとりする「**SDA**（シリアルデータ）」と、IC間でタイミングを合わせるのに利用する「**SCL**（シリアルクロック）」の2本の線を繋げるだけで、お互いにデータをやりとりできるようになっていることです。実際には、デバイスを動作させるための電源とGNDを接続する必要があるため、それぞれのデバイスに4本の線を接続することになります。

表示デバイスや温度、湿度、気圧、加速度、光などといった各種センサー、モーター駆動デバイスなど、豊富なI^2Cデバイスが販売されており、電子回路を作成する上で非常に役立ちます。

また、I^2Cには様々なプログラム言語用のライブラリや操作用のプログラムが用意されているのも特徴です。Arduinoでも利用する言語に合ったライブラリを使うことで、I^2Cデバイスを比較的簡単に操作できるようになります。

I^2Cは、各種デバイスを制御するマスター（**I^2Cマスター**）と、マスターからの命令によって制御されるスレーブ（**I^2Cスレーブ**）に分かれます。マスターはArduinoにあたり、それ以外のI^2Cデバイスがスレーブにあたります。

●2本の信号線で動作するI^2Cデバイス

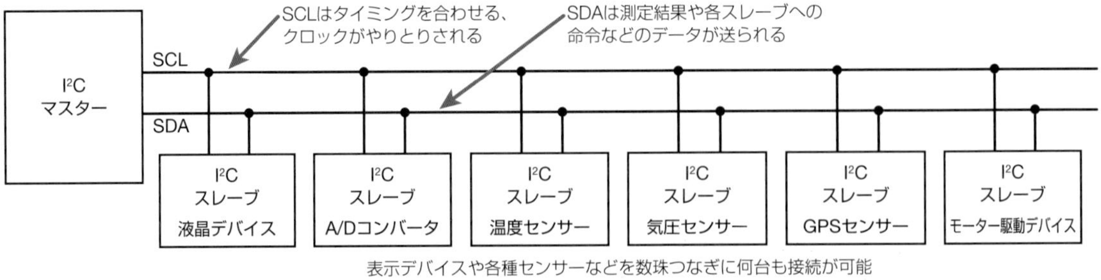

ArduinoのI²C端子

I²CデバイスをArduinoに接続するには、Arduinoに搭載されたソケットを利用します。データの送受信をする「**SDA**」とクロックの「**SCL**」はArduinoの左上にソケットが用意されています。I²Cデバイスの電源とGNDを接続するのを忘れないようにします。

複数のI²Cデバイスを接続する場合は、それぞれの端子を枝分かれさせて接続する必要があります。しかし、Arduinoにはそれぞれのソケットが1つしかありません。そこで、まずArduinoからブレッドボードに接続し、その後それぞれのI²Cデバイスに分けて接続します。また、空いている電源用ブレッドボードを利用すると、多くのI²Cデバイスを接続する際に、配線が整理されて分かりやすくなります。

●I²Cデバイスへの配線

ブレッドボードで線を分ける

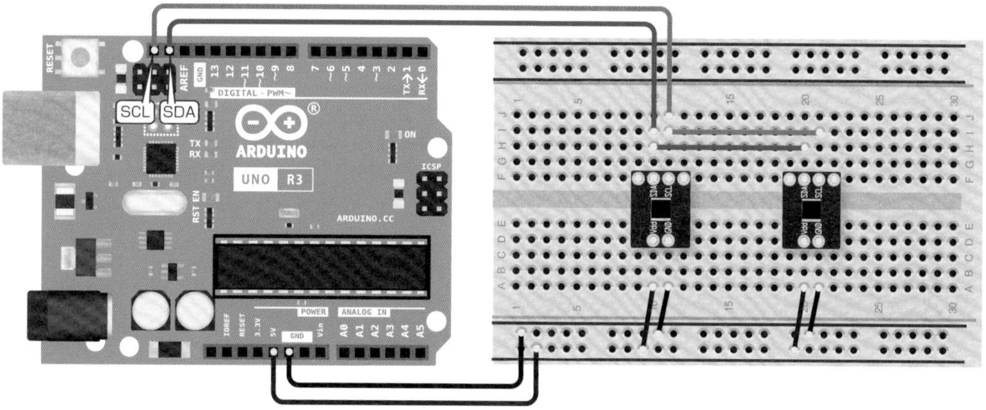

電源用ブレッドボードを利用した例

電源用ブレッドボードの
それぞれにSCL、SDAを差せば、
それぞれのI²Cデバイスに配線しやすい

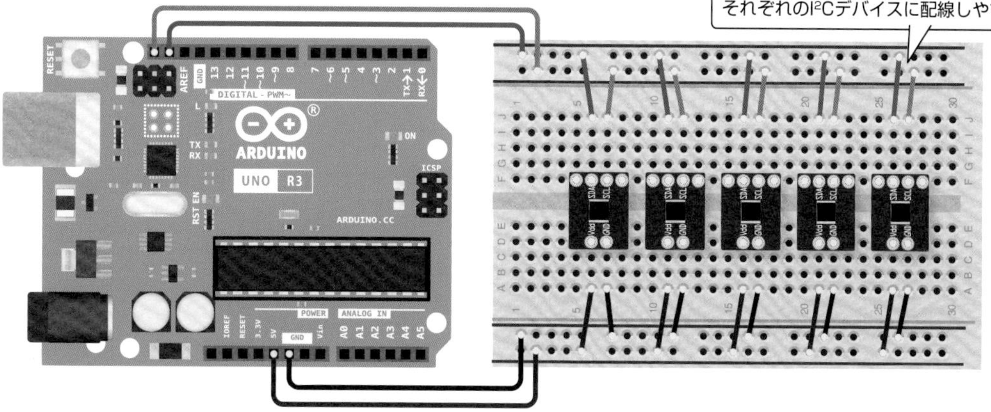

NOTE

PA4とPA5をI²Cのソケットとして利用可能

Arduino Unoなど最近のArduinoにはSDAおよびSCL用のソケットが用意されています。しかし、前世代のArduinoである「Arduino Duemilanove」にはSDA、SCLソケットが用意されていません。Arduino Duemilanoveでは、アナログ入力をするPA4をSDAとして、PA5をSCLとして利用可能です。
Arduino UnoのSDAとSCL端子は、それぞれPA4とPA5と直結しています。このため、PA4、PA5をI²C通信に利用することも可能です。なお、いずれの端子を利用した場合もPA4、PA5をアナログ入力して利用することはできません。

● ArduinoでI²Cデバイスを使う

Arduinoには、スケッチでプログラムを作成する際に、I²Cデバイスを簡単に利用できるライブラリ「**Wire**」が用意されています。ライブラリを読み込むよう設定することで、I²C制御用の各関数が使えるようになります。

Wireライブラリを利用するには、右のようにプログラムの先頭にWireのヘッダを読み込むよう指定します。

●Wireライブラリのヘッダを読み込む

```
#include <Wire.h>
```

またsetup()関数では、I²Cの初期処理をするように、右のように「Wire.begin()」関数を記述しておきます。

●Wireライブラリの初期処理

```
void setup()
{
    Wire.begin();
}
```

これで、プログラム内でI²C制御用のライブラリが使えるようになりました。

Wireライブラリでは次の表のような関数を使えます（I²Cの各関数の詳細についてはp.248を参照）。

●Wireライブラリで利用できる関数

関数名	用途
begin()	Wireライブラリの初期処理します
requestFrom()	通信対象となるI²Cデバイスのアドレスおよびデータ量を指定します
beginTransmission()	指定したI²Cデバイスとの送信を開始します
endTransmission()	I²Cデバイスとの送信を終了します
write()	I²Cデバイスにデータを書き込みます
available()	読み込み可能なデータ量を取得します
read()	I²Cデバイスからデータを読み込みます
onReceive()	マスターからデータが送られてきたときに呼び出す関数を指定します
onRequest()	マスターから割り込みした際に呼び出す関数を指定します

● I^{2}Cデバイスのアドレス

前述したように、I^{2}Cは複数のデバイスを接続することが可能です。そのため、デバイスを制御する場合、対象デバイスを指定する必要があります。各I^{2}Cデバイスにはアドレスが割り当てられており、I^{2}Cマスターから対象となるデバイスのアドレスを指定することで制御できます。アドレスは、16進数表記で0x03から0x77までの117個のアドレスが利用できます。

各デバイスは、特定のアドレスがあらかじめ割り当てられていることがほとんどです。アドレスはデバイスのデータシートなどに記載されています。I^{2}Cデバイスによっては、VddやGNDなどに接続したり、ジャンパーピンを導通させることで、アドレスを選択できるものもあります。

もし、I^{2}Cデバイスのアドレスが分からない場合は、アドレス取得プログラムをArduinoに書き込むことで調べられます。

I^{2}Cデバイスのアドレスを調べる

I^{2}Cデバイスのアドレスを調べるには、「**i2c_scanner**」プログラムを取得して、Arduinoに書き込みます。

i2c_scannserは、i2c_scannerのWebページで入手できます。Webブラウザを起動して「https://github.com/asukiaaa/I2CScanner」にアクセスします。右上にある「Clone or download」をクリックして「Download ZIP」をクリックするとファイルをダウンロードできます。

●i2c_scannerのプログラム取得
（https://github.com/asukiaaa/I^{2}CScanner）

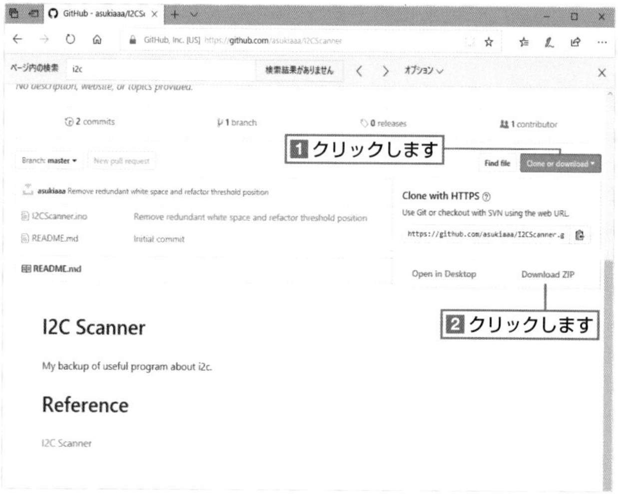

ダウンロードしたファイルはZIP形式で書庫化されています。ファイル上で右クリックして「すべて展開」を選択して展開します。展開したフォルダー内にある「I2CScanner.ino」をArduino IDEで開き、Arduinoへ転送します。

転送が完了したら、「ツール」メニューの「シリアルモニタ」を選択してシリアルモニタを表示します。すると、I^{2}Cデバイスから取得したアドレスが表示されます。

●接続されたI^{2}Cデバイスのアドレスが表示される

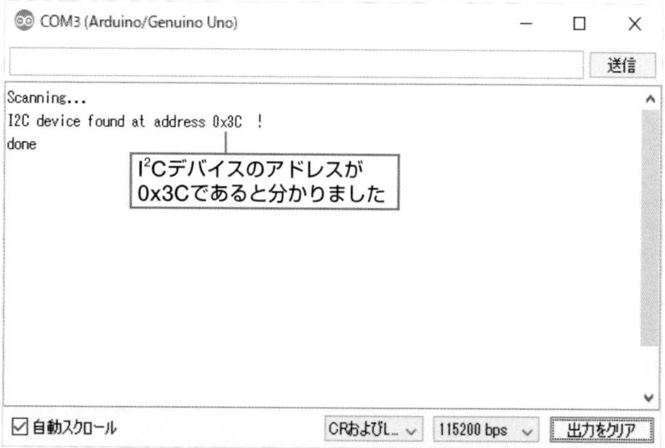

NOTE

アドレスが表示されないデバイスもある

I²Cデバイスによっては、i2c_scannerでアドレスを取得できないこともあります。

NOTE

10進数、16進数、2進数

日常生活では、0～9の10個の数字を利用して数を表しています。この表記方法を「**10進数**」といいます。しかし、コンピュータでは10進数での数字表記だと扱いが面倒になる場合があります。
コンピュータではデジタル信号を利用しているため、0か1の2つの状態しかありません。これ以上の数字を表す場合、10進数同様に桁を上げて表記します。つまり1の次は桁が上がり、10となります。この0と1のみで数を表記する方法を「**2進数**」といいます。
しかし、2進数は0と1しか無いため桁が多くなればなるほど、どの程度の値かが分かりづらくなります。例えば、「10111001」と表記してもすぐに値がどの程度なのかが分かりません。
そこで、2進数の4桁をまとめて1桁で表記する「**16進数**」をコンピュータではよく利用します。2進数を4桁で表すと、右表のように16の数字が必要となります。しかし、数字は0～9の10文字しか無いため、残り6個をa～fまでのアルファベットを使って表記します。つまり、先述した「10111001」は、16進数で表すと「b9」と表記できます。また、アルファベットに大文字を利用して表記する場合もあります。

●10進数、16進数、2進数の表記

10進数	16進数	2進数
0	0	0
1	1	1
2	2	10
3	3	11
4	4	100
5	5	101
6	6	110
7	7	111
8	8	1000
9	9	1001
10	a	1010
11	b	1011
12	c	1100
13	d	1101
14	e	1110
15	f	1111

NOTE

Arduinoでの16進数、2進数の表記方法

「a4」のように、アルファベットが数字表記に入っていれば16進数だと一目瞭然です。しかし、「36」と表記した場合、10進数であるか16進数であるか分かりません。そこで、Arduinoのプログラム上で16進数を表記する際には、数字の前に「0x」を記載します。つまり、「0x36」と記載されていれば16進数だと分かります。
同様に2進数で表記する場合は「0b」を付けます。一般的に10進数の場合は何も付けず、そのまま数値を表記します。

Chapter 6-2

気温と湿度を取得する

温度や湿度など気象情報を取得するセンサーも販売されています。I²Cに対応したデバイスを利用して、Arduinoで気象情報を取得してみましょう。

● 気象情報を取得できるデバイス

電子パーツの中には、温度や湿度、気圧などの気象データを取得できる製品もあります。これらの製品を利用すれば、室温データを取得してユーザーに知らせるといったことができます。また、室温によって自動的に空調機に電源を入れるなどの応用も考えられます。

温度や湿度を取得できる製品に、Sensirion社の「**SHT31-DIS**」があります。湿度を測定し、数値化したデータをI²Cを介してArduinoで読み取れます。また、温度も同時に測定できます。

SHT31-DISは小さな部品で、そのままではブレッドボード上では扱えません。そこで、秋月電子通商が販売している基板化された商品を利用します。同店で950円程度で販売しています。この製品はピンヘッダがはんだ付けされていないので、同梱しているピンヘッダをはんだ付けをする必要があります。

●I²C対応の温湿度センサー「SHT31-DIS」を搭載したボード

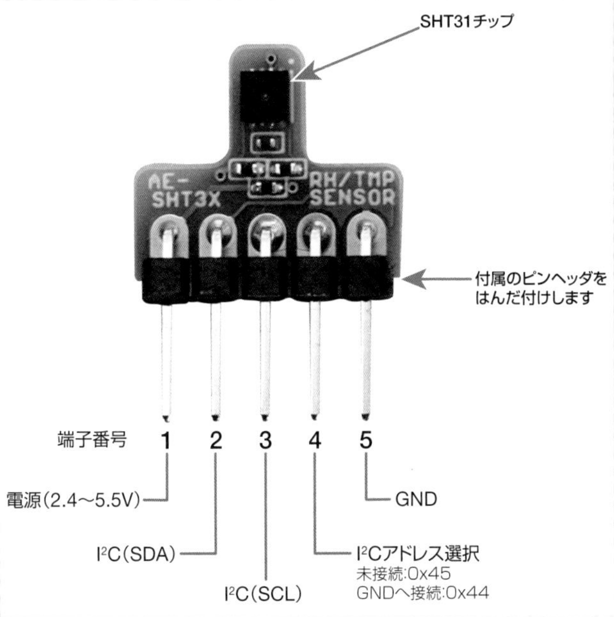

● 電子回路を作成する

気温と湿度を取得する電子回路を作成してみましょう。作成に利用する部品は次の通りです。

- 温湿度センサー「SHT31-DIS」……1個
- ジャンパー線……4本

Arduinoに接続するソケットは、SCL、SDA、+5V、GNDを利用します。

●利用するArduinoのソケット

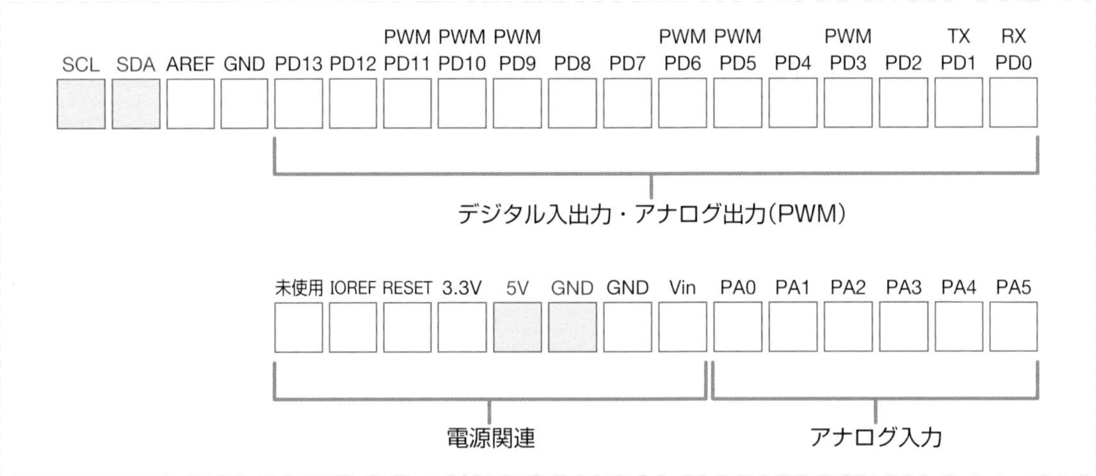

電子回路は次の図のように作成します。

SHT31-DISの電源とGND、I²CのSDAとSCL端子をArduinoの各ソケットに接続するだけで計測ができるようになります。

●I²C対応の温湿度センサー「SHT31-DIS」を搭載したボード

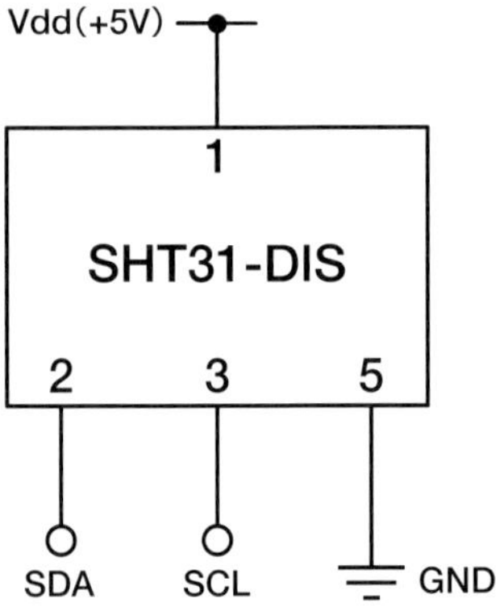

ブレッドボード上に右の図のように回路を作成します。

●回路をブレッドボード上に作成

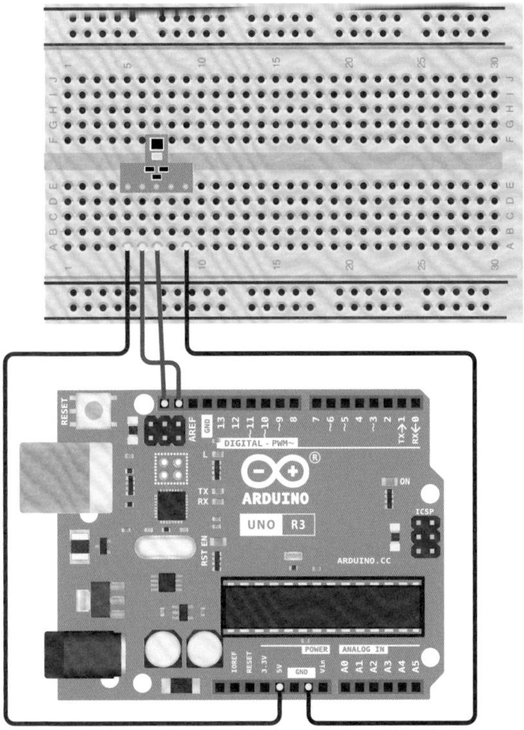

NOTE

SHT31-DIS の I²C アドレス

SHT31-DISのI²Cアドレスは「0x45」となっています。また、アドレス選択端子（4番端子）にGNDを接続すると、I²Cアドレスを「0x44」に変更することが可能です。

● プログラムで気温と湿度を取得しよう

回路が作成できたらプログラムを作成してみましょう。ここでは、SHT31-DISから気温と湿度を取得し、それぞれの値をシリアル出力してみます。

次のようにプログラムを作成します。

①#defineでI²Cデバイスのアドレスを指定しておきます。SHT31-DISではI²Cアドレスとして「0x45」が割り当てられています。

②setup()関数で各種初期化します。シリアル接続をする「Serial.begin()」、I²Cでの通信をする「Wire.begin()」を実行しておきます。

③SHT31-DISについて初期化をしておきます。初期化は「0x30」「0xa2」を送り0.5秒待機してから「0x30」「0x41」を順に送り

●温度、湿度を取得するスケッチ

sotech/6-2/weather.ino

```
#include <Wire.h>

#define SHT31_ADDR 0x45

void setup()
{
    Serial.begin(9600);
    Wire.begin();

    Wire.beginTransmission( SHT31_ADDR );
    Wire.write( 0x30 );
```

①I²Cデバイスのアドレスを指定します
②シリアル通信の初期化をします
③SHT31-DISをリセットします

次ページへつづく

ます。データをI²Cで送信する場合は、「Wire.beginTransmission()」関数でSHT31-DISとI²C通信を一度確立しておきます。次に「Wire.write()」を使って送信するデータを順に指定します。最後に「Wire.end Transmission()」関数で通信を終了しておきます。

④loop()関数の始めに、利用する各変数を指定しておきます。I²Cデバイスから取得した情報を一時的に保存しておく変数として配列変数を利用することにします。ここでは配列名をdac[]とし、6つの領域を確保しておくことにします。また、I²Cデバイスから取得した温度、湿度の情報はそれぞれ「temp」「humi」に格納するようにします。

⑤SHT31-DISから温度と湿度を取得する際には、あらかじめ計測するコマンドを送信しておきます。送るコマンドは「0x24」「0x00」とします。③の初期化と同じ手順でデータを送信します。

⑥SHT31-DISからデータを取得します。Wire.requestFrom()関数で呼び出すアドレスと、データのバイト数を指定します。送信されるデータは6バイトとなっているため、「6」と指定します。読み込みにはWire.read()関数を利用します。また、forで読み取りを6回繰り返して6バイト分読み取ります。

⑦読み込んだデータは、1バイト目は「dac[0]」、2バイト目は「dac[1]」・・・6バイト目は「dac[5]」と指定することで内容を取り出せます。温度のデータは1バイト目と2バイト目に、湿度のデータは4バイト目と5バイト目のそれぞれ2つのデータに分かれて送られてきます。このデータをつなぎ合わせて1つのデータ（温度はt、湿度はh）にします。この値をメーカーが提供するデータシートに書かれた計算式に当てはめると温度と湿度が求まります。

⑧最後に取得した値をシリアル出力して、シリアルモニタで閲覧できるようにします。

```
    Wire.write( 0xa2 );
    Wire.endTransmission();
    delay( 500 );

    Wire.beginTransmission( SHT31_ADDR );
    Wire.write( 0x30 );
    Wire.write( 0x41 );
    Wire.endTransmission();
    delay( 500 );
}

void loop() {
    unsigned int dac[6];
    unsigned int i, t ,h;
    float temp, humi;

    Wire.beginTransmission( SHT31_ADDR );
    Wire.write( 0x24 );
    Wire.write( 0x00 );
    Wire.endTransmission();
    delay( 300 );

    Wire.requestFrom( SHT31_ADDR, 6 );
    for ( i = 0 ; i < 6 ; i++ ){
        dac[i] = Wire.read();
    }
    Wire.endTransmission();

    t = ( dac[0] << 8 ) | dac[1];
    temp = (float)(t) * 175 / 65535.0 - 45.0;
    h = ( dac[3] << 8 ) | dac[4];
    humi = (float)(h) / 65535.0 * 100.0;

    Serial.print("Temperature : ");
    Serial.print( temp );
    Serial.println(" C");
    Serial.print("Humidity    : ");
    Serial.print( humi );
    Serial.println(" %");

    delay (1000);
}
```

④SHT31-DISから取得したデータを格納しておく配列や各種変数を作成しておきます

⑤SHT31-DISから計測データを読み取るコマンドを送ります

⑥データを6回読み取り、それぞれをdac配列に格納します

⑦dac配列に格納したデータを加工し、計算して湿度と温度を取得します

⑧結果をシリアル出力します

NOTE

温度、湿度の測定データの取得

測定した2バイトのデータを1つの値にまとめる方法は次ページで説明します。

作成できたらArduinoに転送します。転送したら「ツール」メニューの「シリアルモニタ」を選択してシリアル出力した内容を表示できるようにします。

センサーから各種情報を取得して計算し、気温、湿度、気圧が表示されます。息をかけたり、部屋を暖めたりすると、表示される値が変化します。

●計測の結果

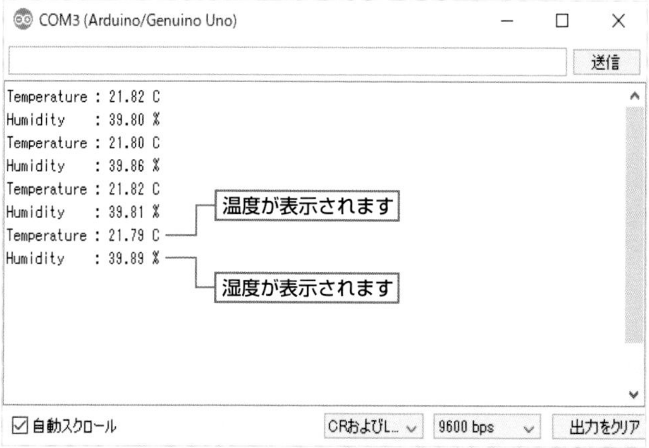

NOTE

取得した値には誤差がある

取得した気温、湿度は実際の値と多少誤差があります。例えば、SHT31-DISで取得した気温は±0.2℃、湿度は±2%の誤差が生じる可能性があります。

NOTE

温度と湿度の計測データを1つにまとめる方法

SHT31-DISでは、計測するデータは16ビットの値となっています。しかし、I^{2}Cでは8ビットごとに送るため、16ビットの値は2つの8ビットの値として分けて送られてきます。測定データは1、2バイト目に温度、4、5バイト目に湿度となっています。なお、3バイト目と4バイト目はデータが破損していないかを確認するためのチェック用のデータとなっています（ここでは利用しません）。
このため、2つに分かれたデータはつないで1つにまとめるようにする必要があります。

●測定データに不要なビットが存在する

SHT31-DISでは、1バイト目が値の上位、2バイト目が値の下位になっています。つまり、1バイト目の値を左側に8ピット分動かして2バイト目とつなぎ合わせれば1つの値に変換できることとなります。
上位の値を左に8つ動かすために利用するのが「シフト演算」です。スケッチでは「<< 移動数」のように記載します。温度の場合はdac[0]が上位の値となるため以下のようにスケッチで記載します。

```
dac[0] << 8
```

また動かして空いた部分には「0」が入った状態となります。

●上位の値を左に8ビット動かす

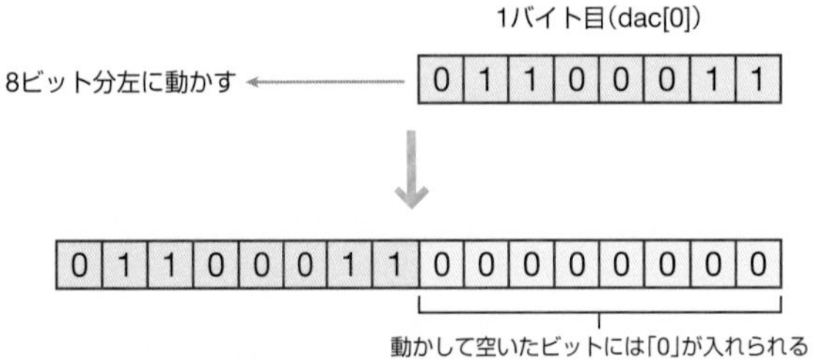

次に動かした上位の値と下位の値をつなぎ合わせます。つなぎ合わせるには「OR演算子」を使います。2バイト目にあたる桁の1バイト目のデータはシフトによってすべて0になっているため、OR演算することで2バイト目のデータがそのまま当てはまります。また、OR演算は「|」と記載します。
よって、スケッチでの計算式は次のようになります。

```
( dac[0] << 8 ) | dac[1]
```

次ページへつづく

●上位の値を左に8ビット動かす

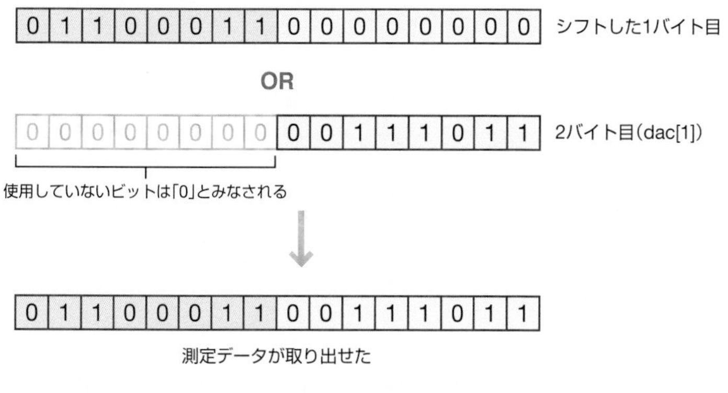

これで温度の値が取り出せました。同様に4バイト目（dac[3]）と5バイト目（dac[4]）を変換することで湿度の値が取り出せます。

NOTE

OR 論理演算

ORの論理演算は、2つの値を比べ、どちらかの値が「1」であれば「1」となります。その他の場合はどちらも「0」の場合のみ「0」になります。まとめると、下表のような計算結果となります。

入力1	入力2	出力
0	0	0
0	1	1
1	0	1
1	1	1

Chapter
6-3

有機ELキャラクタデバイスに表示する

有機ELキャラクタデバイスを利用すると、画面上に文字を表示できます。このデバイスを利用すれば、電圧や温度、IPアドレスなどといったArduinoで処理した情報を表示できます。ここでは、有機ELキャラクタデバイスを利用して、メッセージを表示してみましょう。

● 文字を出力できる有機ELキャラクタデバイス

I^2Cは各種センサーなどからの情報をArduinoで取得するだけでなく、Arduinoから情報をI^2Cデバイスに送って、様々に動作させることができます。その中で「**有機ELキャラクタデバイス**」は、画面上に文字を表示できるデバイスです。表示させたい文字情報を送れば、簡単に各種情報を画面上に表示可能です。

有機ELキャラクタデバイスにはいくつかの商品があります。本書では、Sunlike Display Tech社製の「**SO1602AW**」を利用して解説します。「SO1602AW」は表示する文字色が異なる製品が売られており、秋月電子通商では白文字の「SO1602AWWB」、緑文字の「SO1602AWGB」、黄文字の「SO1602AWYB」が販売されています。いずれも1,580円（税込）で購入できます。

SO1602AWは、16桁2行、計32文字を画面上に、数字やアルファベット、記号、カタカナを表示できます。さらに16文字までユーザー独自の文字の登録が可能となっています。

●I^2C対応の有機ELキャラクタデバイス「SO1602AWWB」

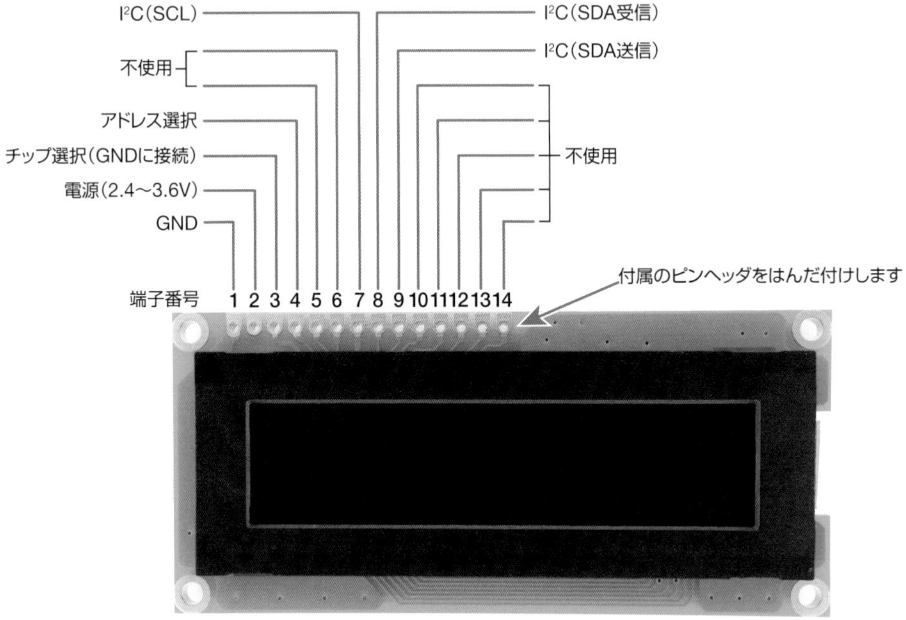

有機ELは、文字自体が発光するため、暗い場所でも文字を読めます。また、コマンドを送ることで文字の点灯する明るさの調節も可能です。

ブレッドボードを使う場合は、あらかじめ端子に付属されているピンヘッダをはんだ付けしておきましょう。

ここでは、Arduinoから送った文字を表示させてみましょう。

POINT

I²Cのアドレスは「0x3c」または「0x3d」

SO1602AWのI²Cアドレスはアドレス選択端子（4番端子）の状態によって変更できます。GNDに接続した場合は「0x3c」、電源に接続した場合は「0x3d」となります。

● I²Cの信号電圧を変換するレベルコンバータ

Arduino UNOは5Vの電源で動作しています。このため、I²Cの通信信号も5Vを出力するようになっています。同じ5Vの信号でやりとりできるI²Cデバイスは問題なく利用できますが、今回利用するSO1602AWは、3.3Vの信号を扱うようになっています。このため、直接Arduinoと接続して通信するには向きません。電圧が異なるデバイス間で直接通信すると、電圧が足りなくて信号が正しく認識できないなど、動作に影響をおよぼすことがあります。

そこで、電圧が異なるデバイス間をつなぐ場合は、「**レベルコンバータ**」を介して接続します。レベルコンバータでは、3.3Vと5Vのような異なる信号の電圧を変換して通信を正しくできるようにするモジュールです。例えば秋月電子通商では、I²Cの通信信号の電圧を変換できる「**I²Cバス用双方向電圧レベル変換モジュール**」が販売されています。150円で購入することができます。

I²Cバス用双方向電圧レベル変換モジュールは、「VREF1」「SDA1」「SCL1」端子にArduinoからの電源とI²C関連の端子を接続し、「VREF2」「SDA2」「SCL2」端子に有機ELキャラクタデバイスの電源とI²C関連の端子を接続することで変換されるようになります。

●I²Cの信号電圧を変換する「I²Cバス用双方向電圧レベル変換モジュール」

NOTE

直接接続しても動作する

SO1602AWは、実際は直接Arduinoに接続しても動作します。しかし、推奨されている電圧範囲ではないため、直接接続することはおすすめしません。

● 電子回路を作成する

有機ELキャラクタデバイスに表示する電子回路を作成しましょう。作成に使用する部品は次の通りです。

- 有機ELキャラクタデバイス「SO1602AWWB-FLW-FBW」……1個
- I^2Cバス用双方向電圧レベル変換モジュール……1個
- ジャンパー線……15本

Arduinoに接続するソケットは、I^2Cを利用するのでSDAとSCLソケットを利用します。

●利用するArduinoのソケット

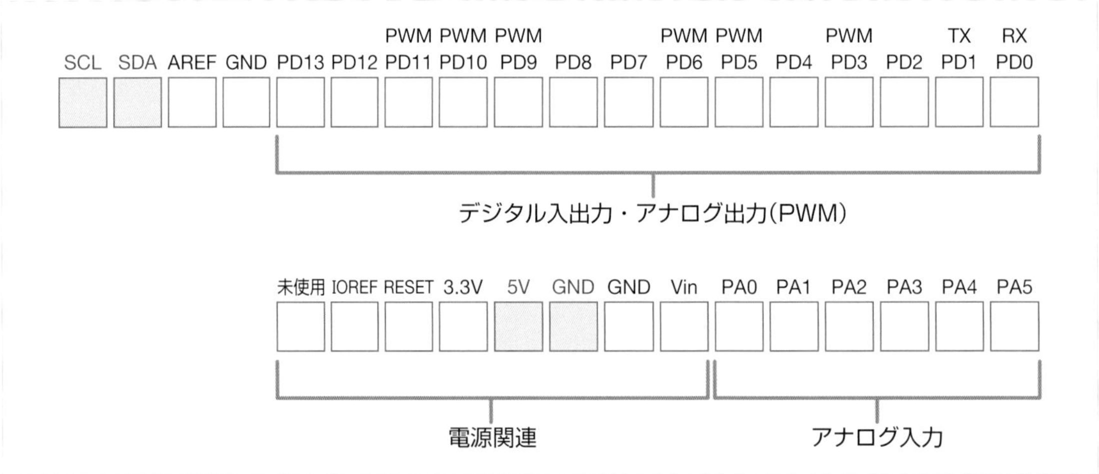

電子回路は右図のように作成します。

ArduinoからI^2CレベルコンバータのVREF1側に接続します。VREF1端子には5Vの電源を接続します。VREF2側はSO1602AWに接続します。VREF2端子にはSO1602AWの動作電圧となる3.3V電源に接続します。

SO1602AWは、1番端子をGND、2番端子を3.3V電源に接続します。また、I^2Cアドレスを選択する4番端子はGNDに接続しておきます。7番端子にSCL、8番と9番端子をSDAに接続します。SDAは送信と受信に分かれているため枝分かれさせることで送受信が1本の線でできるようになります。

●有機ELキャラクタデバイスを制御する回路図

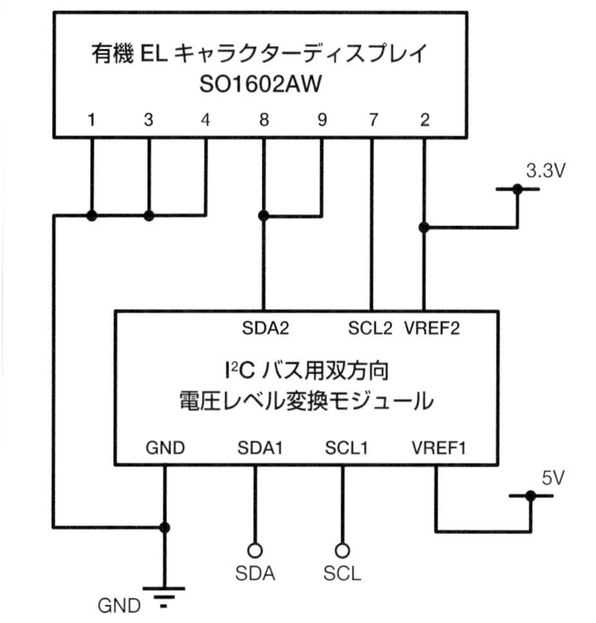

ブレッドボード上に、右の図のように電子回路を作成します。

●回路をブレッドボード上に作成

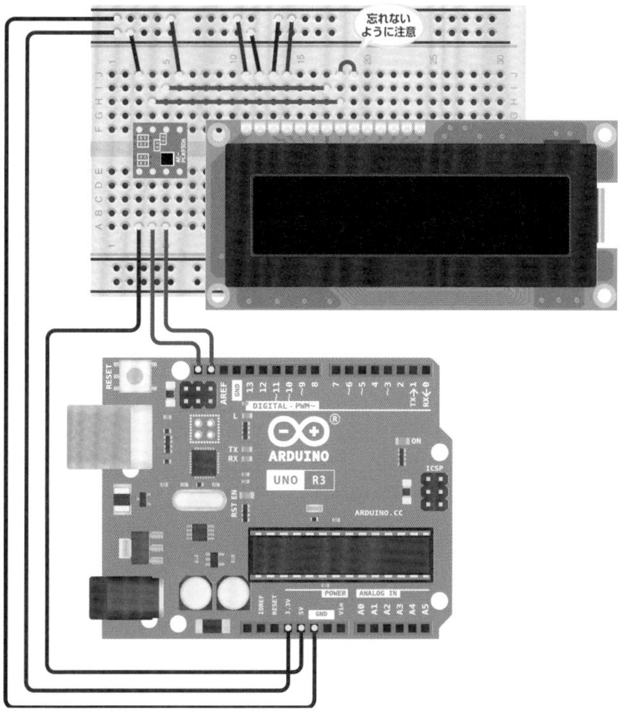

● プログラムで有機ELキャラクタデバイスに文字を表示する

回路の作成ができたらプログラミングをし、有機ELキャラクタデバイスに文字を表示してみましょう。ここでは1行目に「Arduino」、2行目にカウントアップした数字を表示させてみます。

プログラムはArduino IDEで作成します。有機ELキャラクタデバイスに文字を表示するには、初期化や画面の消去、カーソル位置の設定、文字の配置など、目的の動作に応じた情報を送る必要があります。それらすべての機能を一からプログラムするのは手間です。そこで、本書ではSO1602AWを制御するライブラリを用意しました。本書のサポートページからダウンロードしてファイルを展開します。sotech/6-3/SO1602.zipファイルがライブラリです。

> **NOTE**
>
> **SO1602AW制御プログラムの入手方法**
>
> SO1602AWの制御プログラムは、本書サポートページからダウンロードできます。サポートページとサンプルプログラムのダウンロードについてはp.271を参照してください。

> **NOTE**
>
> **ライブラリの追加方法**
>
> ライブラリを追加するには、Arduino IDEの「スケッチ」メニューから「ライブラリをインクルード」➡「.ZIP形式のライブラリをインストール」を選択して、ダウンロードしたライブラリファイルを選択します。

プログラムは右のように作成します。

①includeでI^{2}Cを動作させるライブラリ「Wire」と本書で提供しているSO1602AWを動作させるライブラリ「SO1602」を読み込みます。

②SO1602AWのI^{2}Cアドレスを「SO1602_ADDR」として指定しておきます。SO1602AWはI^{2}Cアドレス選択端子をGNDに接続すると「0x3c」となります。

③SO1602ライブラリのクラスを利用するために、インスタンスを作成しておきます。作成には「SO1602」を利用します。また、作成時にSO1602AWのI^{2}Cアドレスを指定しておきます。

④Arduinoのloop()関数はその中の処理を繰り返し実行されてしまいます。そこで、1度しか処理しないように、判断用の変数「runflag」を作成しておきます。1度実行したらこ

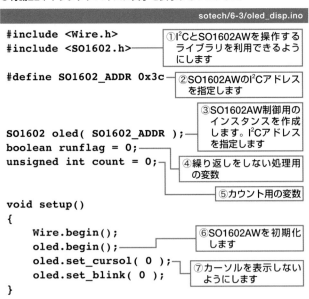

●有機ELキャラクタデバイスに文字を表示するプログラム

sotech/6-3/oled_disp.ino

```
#include <Wire.h>
#include <SO1602.h>

#define SO1602_ADDR 0x3c


SO1602 oled( SO1602_ADDR );
boolean runflag = 0;
unsigned int count = 0;


void setup()
{
    Wire.begin();
    oled.begin();
    oled.set_cursol( 0 );
    oled.set_blink( 0 );
}
```

①I^{2}CとSO1602AWを操作するライブラリを利用できるようにします

②SO1602AWのI^{2}Cアドレスを指定します

③SO1602AW制御用のインスタンスを作成します。I^{2}Cアドレスを指定します

④繰り返しをしない処理用の変数

⑤カウント用の変数

⑥SO1602AWを初期化します

⑦カーソルを表示しないようにします

次ページへつづく

の変数を1に変更し、次から実行しないようにします。

⑤カウントを数えるための変数「count」を作成し、初期値として「0」を代入しておきます。

⑥setup()関数では、各種初期化します。I^2Cでの通信をする「Wire.begin()」に加え、SO1602AWを初期化する「oled.begin()」を実行しておきます。

⑦カーソルのある位置には、カーソル場所を表すカーソル記号が表示されます。カーソル記号はアンダーバー（_）で表示されるカーソルと、四角が点滅する点滅カーソルがあります。初期状態ではどちらも表示されるようになっています。今回はカーソル記号を画面から消すことにします。set_cursol() 関数でカーソル記号、set_blink()で点滅カーソルの表示を切り替えられます。表示を消す場合は「0」、表示する場合は「1」を指定します。

```
void loop()
{
    char count_str[8];
    if ( runflag == 0 ){
        runflag = 1;
        oled.charwrite("Arduino");
        oled.move( 0x00, 0x01 );
        oled.charwrite("Count:");
    }

    count++;
    sprintf(count_str,"%d",count);

    oled.move( 0x06, 0x01 );
    oled.charwrite( count_str );
    delay(1000);
}
```

- char count_str[8]; — カウントの文字列データを保存する配列
- if (runflag == 0){ — ⑧runflagが0の場合のみ以下を実行します
- oled.charwrite("Arduino"); — ⑨1行目にArduinoと表示します
- oled.move(0x00, 0x01); / oled.charwrite("Count:"); — ⑩2行目の行頭にカーソルを移動して「Count:」と表示します
- count++; — ⑪カウントを1増やします
- sprintf(count_str,"%d",count); — ⑫カウントの数値を文字列に変換します
- oled.move(0x06, 0x01); — カウントを表示する位置にカーソルを移動します
- oled.charwrite(count_str); — ⑬カウントを表示します
- delay(1000); — 1秒間待機します

⑧1行目の「Arduino」と2行目の「Count:」は1回表示すればその後は再度表示する必要はありません。そこで、表示を1回のみにします。runflag変数が「0」の場合は、以下の処理を行うようにします。また、実行時にrunflag変数を「1」に変えることで次から実行しないようにできます。

⑨有機ELキャラクタデバイスの1行目に「Arduino」と表示します。表示にはcharwrite()関数に表示したい文字列を指定します。

⑩move()関数でカーソルを移動します。移動したい桁、行を順に指定します。この際、左上が「0x00桁、0x00行」、右下が「0x0f桁、0x01行」となります。例えば、2行目の行頭であれば、「move(0x00,0x01)」と指定します。また、2行目の行頭に「Count:」と表示しておきます。

⑪カウントの処理をします。まず、「count++」と実行してカウントを1増やしておきます。

⑫Arduinoの言語では、データの型が決まっています。この型が合わないとエラーが発生して処理ができません。今回のカウントに利用するcount変数は整数の「int型」となっています。しかし、文字列を有機ELキャラクタデバイスに表示するには、char型でなければなりません。そこで、int型からchar型に変換し、有機ELキャラクタデバイスに表示できるようにします。変換にはsprintf()関数を利用します。この中に変換した値を入れておくcount_str変数とフォーマット、変換対象のcount変数の順にしています。フォーマットは「%d」とすることで10進数表記となります。

⑬変換したカウントを有機ELキャラクタデバイスに表示します。

完成したらArduinoにプログラムを転送します。すると、画面上に「Arduino」という文字と、カウントアップされた数値が表示されます。

●有機ELキャラクタデバイスに文字が表示できた

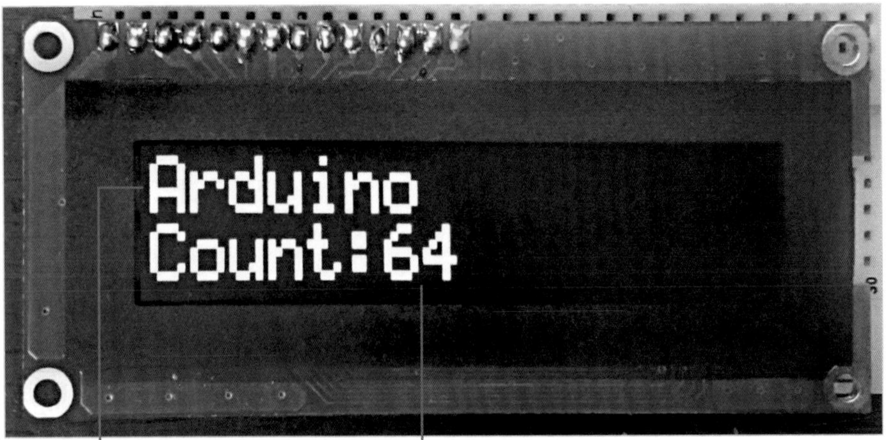

文字列が表示されました　数値がカウントアップされていきます

NOTE

表示可能な文字

実際に表示可能な文字については、付属するデータシートを参照してください。また、「円」などの半角で表せない文字列については、16進数で指定することで表示可能です。例えば、「円」であれば、「0xfc」を指定することで表示できます。

Part 7

電子パーツを組み合わせる

ここまで、Arduinoで電子パーツ単体を動かす方法を解説してきました。ここでは、電子パーツを組み合わせて、オリジナルの作品を作る方法・考え方について解説します。自分だけの作品作りに挑戦してみましょう。

Chapter 7-1　電子部品を組み合わせて作品を作る
Chapter 7-2　暗くなったら点灯するライトを作る
Chapter 7-3　風量を調節できる扇風機を作る

Chapter 7-1

電子部品を組み合わせて作品を作る

電子部品を組み合わせれば、自由な作品が作れます。必要な電子部品を選択し、それぞれをArduinoに接続して制御することで作品を実現できます。ここでは、作品を作る手順の例を紹介します。

複数の電子部品を組み合わせる

Part 5～6ではLEDを点灯させたり、スイッチの状態を確認したり、モーターを回転させたりと、電子部品単体での動作・制御方法について解説しました。自分が思い描いた作品を制作するには、作品に必要な電子部品を用意して、組み合わせてプログラムを作成することで実現できます。

例えばドローンを作りたいとします。ドローンを作るためには、プロペラを回転させる「モーター」、ドローンの姿勢を調べる「加速度・ジャイロセンサー」、現在位置を取得する「GNSS（衛星測位システム）モジュール」などを組み合わせる必要があります。これらの電子部品を、マイコンに接続してプログラムで制御しています。

●ドローンで使われている主な電子部品

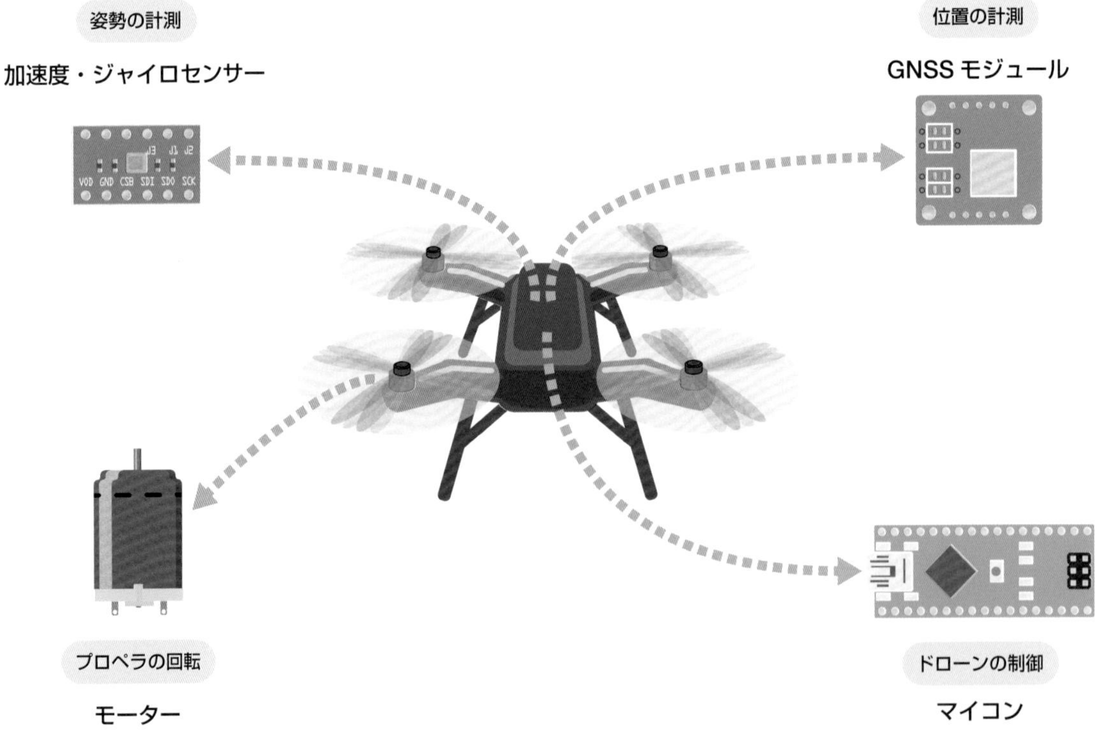

個人で作品を作る場合も同じです。作品を動作させるために必要な電子部品を選択し、Arduinoなどのマイコンに接続し、プログラムを作成することで実現できます。本書ではLED、スイッチ、モーター、温度センサー、キャラクターディスプレイなど8種類の電子部品をそれぞれ動作させる方法について説明しました。この8種類の電子部品だけでも、組み合わせれば、たくさんの種類の作品を作ることが可能です。

ただし、電子部品を複数用意しても、すぐに組み合わせて制御することは困難です。ここでは、作品を制作する手順や注意点について紹介します。本書では右図のような手順で作成する方法について説明します。

●本書で作品を実現する手順

1. 作品をイメージする
2. 動作を分類する
3. 動作手順を考える
4. 分類した動作を実現できる電子部品を選ぶ
5. 電子部品を単体でテストする
6. 複数の電子パーツを組み合わせる
7. プログラムを作成する

また次節以降では、Part5～6で扱った電子部品を使って、実際に2種類の作品を作成する方法を紹介します。

NOTE

制作の手順は様々

本書で説明する制作手順以外にも、様々な制作手順があります。どの手順が正しいかということではありません。まずは本書で説明する手順で作成を試してみて、自分の制作手順を確立してみてください。

1 作品をイメージする

まず、どのような作品を作りたいかをイメージしてみましょう。イメージする際に「どの電子部品を使うか」「プログラムをどのように作成するか」などといった細かいことを考える必要はありません。例えば、「朝になったらカーテンを自動的に開きたい」「夜、玄関前に人が来たら自動的に照明を点灯したい」「雨が降ってきたら洗濯を自動的に取り込みたい」「暑くなったら自動的に扇風機を動作させて涼みたい」「ポストに郵便物が届いたら通知したい」などです。次ページの図のように紙に描きながら考えると良いでしょう。

たとえ実現が難しそうな作品であっても、手順を進めることで、実現できそうか難しそうかが明確に分かるので、ここでは自由に発想することが重要です。

●作品を図に書きながらイメージする

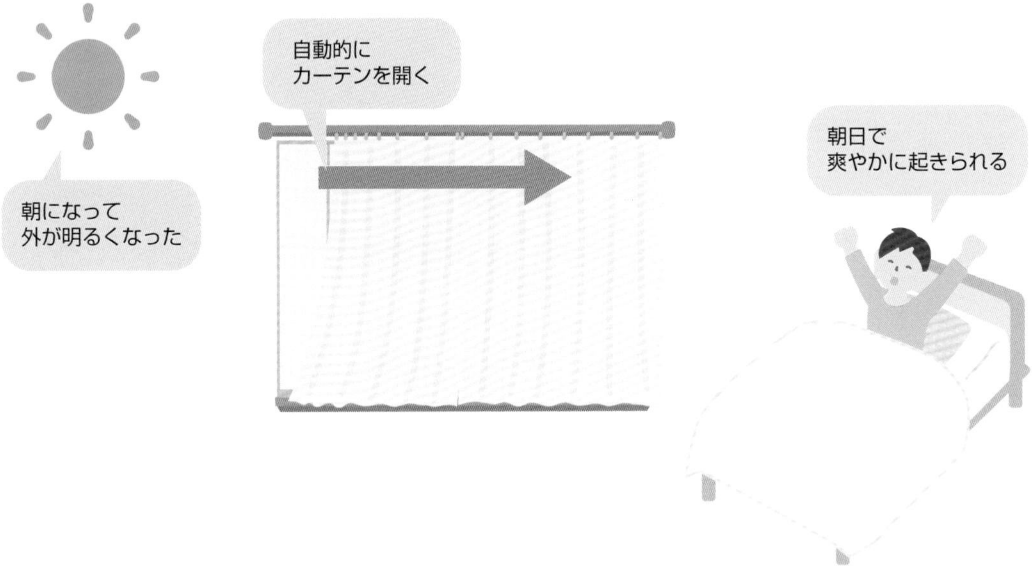

2 動作を分類する

次に、イメージした作品をどのように動作させるかを明確にします。アイデアを機能ごとに分解・分類し、それぞれの機能がどのような動作をするかを考えます。例えば「カーテンを開ける」という動作は「カーテンを引っ張る」ことで実現できます。引っ張る動作は、カーテンの端に紐を付けて紐をモーターで巻き取れば可能です。

また、各機能をArduinoでどのように制御するかについても考えます。カーテンの開閉の例であれば「モーターを動かす」「停止する」の2通りの動作ができればよいので、デジタル出力で制御できます。

カーテンが開ききった際にモーターを停止する必要があります。所定の時間だけモーターを動かす方法や、カーテンの端にスイッチを付けて押されたら停止する、などといった方法が考えられます。前者の場合はモーターだけで実現できますが、後者の場合はスイッチを準備する必要があります。スイッチを使う場合には、デジタル入力でスイッチの状態を読み取ることが可能です。

センサーも同じように考えます。朝、自動的にカーテンを開く機能を実装する場合、カーテンが開くタイミングは朝日が昇った時点です。所定の明るさ以上になったら朝であると見なして、カーテンを開けます。明るさを調べるには光センサーを利用します。光センサーの種類によって、Arduinoでの制御方法は異なります。Chapter 5-4で紹介したCdSであればアナログ入力を利用しますが、I^2Cで通信する光センサーもあります。アイデアを検討する時点ではいずれの光センサーも候補に入れておき、後にどちらを利用するかを判断します。

●作品のイメージを機能に分類する

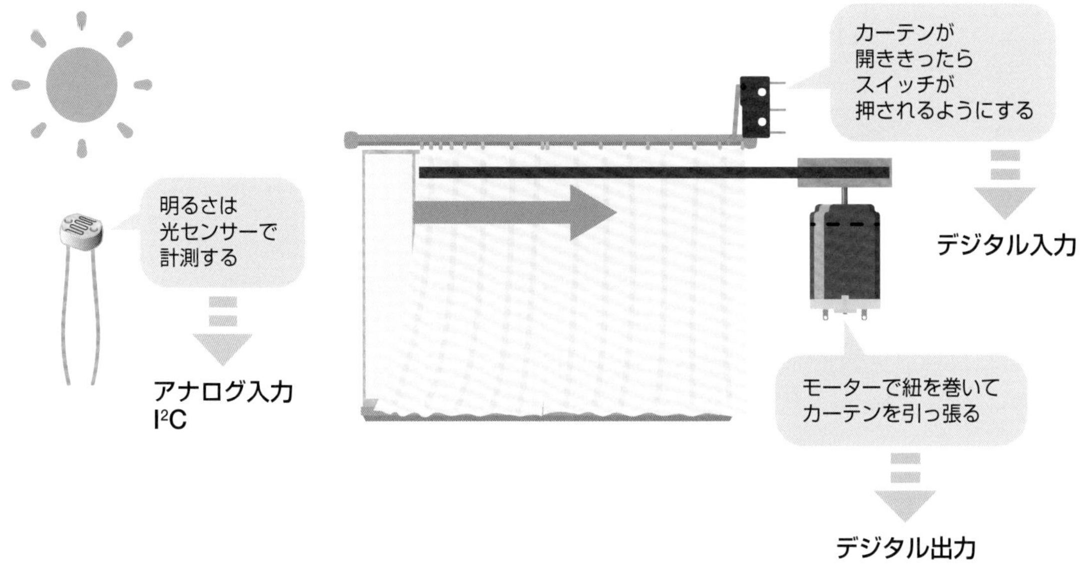
カーテンが
開ききったら
スイッチが
押されるようにする
デジタル入力
明るさは
光センサーで
計測する
アナログ入力
I2C
モーターで紐を巻いて
カーテンを引っ張る
デジタル出力

3 動作手順を考える

機能を分類したら、どのような手順で動作させるかを考えます。手順は右のようなフロー図で描いておくと、プログラムを作成する場合に役立ちます。

カーテンの例であれば、まず一定の間隔で光センサーの状態を確認します。光センサーが検知した光量が所定の値よりも暗かったらそのままの状態にします。所定の値よりも明るくなったら、モーターを動かしてカーテンを開けます。モーターの停止用にスイッチを配置した場合は、スイッチが押されるまでモーターを回転し続けます。

●フロー図で動作の手順を書き出しておく

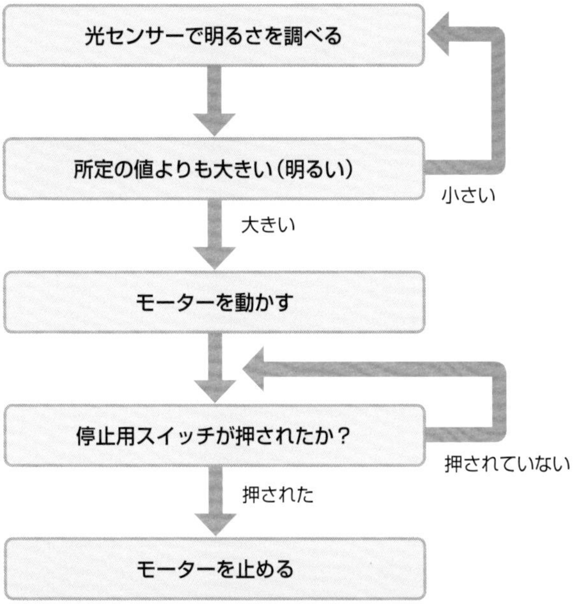
光センサーで明るさを調べる
所定の値よりも大きい（明るい）
小さい
大きい
モーターを動かす
停止用スイッチが押されたか？
押されていない
押された
モーターを止める

4 分類した動作を実現できる電子部品を選ぶ

手順③まででアイデアをある程度具体化できたら、実際に電子部品やArduinoなどを用意し、製作を開始します。

ここで、利用する電子部品を選定します。手順②「動作を分類する」で分類した機能として利用できる電子部品を探し出します。本書や電子工作を扱った雑誌、Webサイト、電子パーツショップなどを参考に探すと良いでしょう。

カーテンの例であればDCモーター、光センサー、スイッチを用意します。モーターにはホビー用の安価な商品もありますが、カーテンを動かすにはパワーのあるモーターを選択する必要があります。光センサーはCdSやフォトトランジスタなど複数の種類がありますが、まずは自分が利用したことのある光センサー使ってみると良いでしょう。スイッチはカーテンが開ききったときに必ず押される構造である必要があります。タクトスイッチでは確実ではないため、マイクロスイッチのような押しやすいスイッチを選択します。

電子部品の選択の際に重要なのは「情報が多い」ことです。特にArduinoで動作させたサンプル（実績）がある電子部品であれば安心です。安価であるからと動作実績のない電子部品を選ぶと、実際に試したときに制御できないということになりかねません。

●分類した機能に合った電子部品を選択する

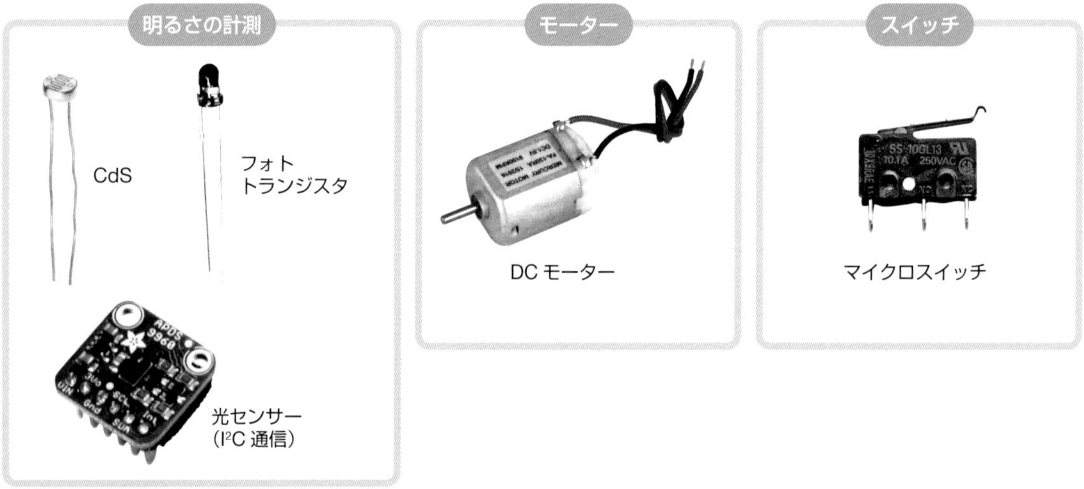

NOTE

電子部品の制御方法を紹介した書籍

拙著「電子部品ごとの制御を学べる！ Arduino 電子工作 実践講座 改訂第3版」（ソーテック社）では、LEDやスイッチ、モーター、表記機器、センサーなど多数の電子部品をArduinoで動作させる方法を紹介しています。提供しているサンプルプログラムを使えば、簡単に電子部品を動かせます。

5 電子部品を単体でテストする

電子部品が準備できたら、まずそれぞれを単体で動作させてみましょう。電子部品をArduinoに接続し、プログラムを作って動くことを確認しておきます。モーターであれば、デジタル出力をHIGHにすると回転し、LOWにすると停止することを確認します。また、カーテンを動かすことを目的にしているのであれば、実際にカーテンにつないでモーターで開閉できることを確認しておきます。パワー不足で開閉ができなければ、他のモーターにしたり、ギアを入れるなど引っ張る機構に工夫を施す必要があります。

センサーを利用する場合は、目的の計測値が得られることを確認しておきます。例えば、温度センサーであれば温度をArduinoで取得できることを確認します。この際、実際の温度とどの程度ズレがあるかを確認しておきましょう。ズレが大きく目的の作品で使えない場合は、別の高精度の温度センサーに変更するなどの対処が必要です。

電子部品を単体でテストする際は、できる限りシンプルな構成とプログラムで実施することが大切です。複数の電子部品と組み合わせたり、プログラムを複雑化してしまうと、正常に動かなかった場合、電子部品が正しく動作できていないのか、別の電子部品が悪影響しているかが分からなくなるためです。

●1つ1つ電子部品の動作チェックをする

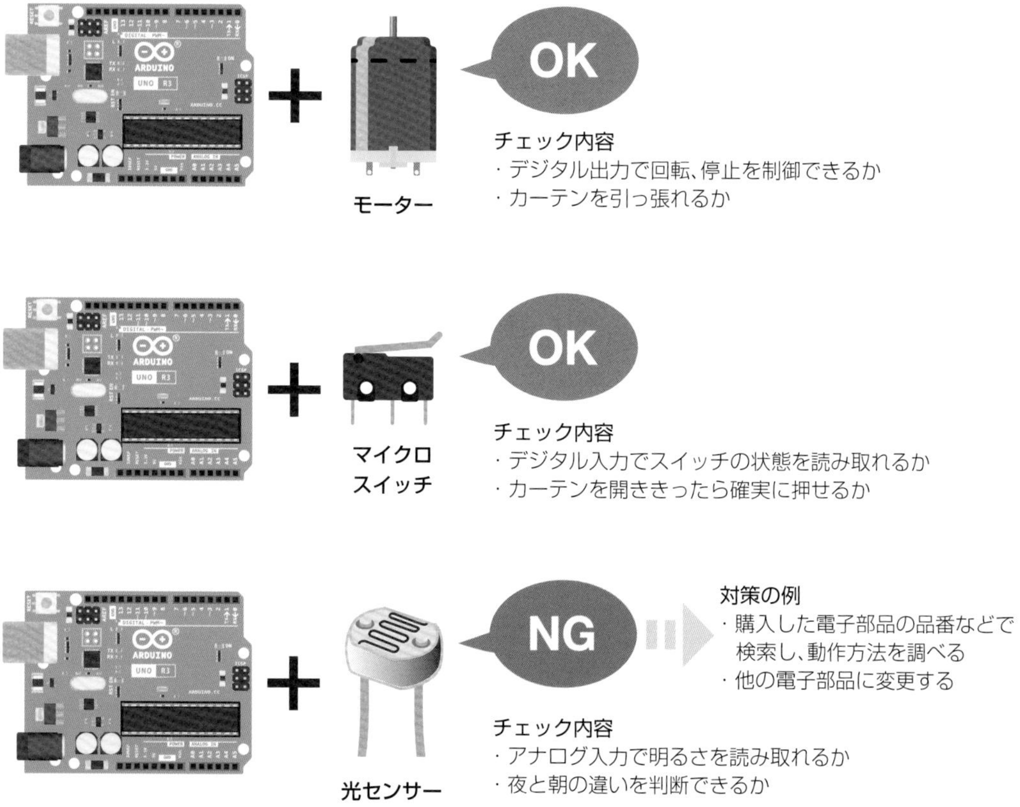
OK
チェック内容
・デジタル出力で回転、停止を制御できるか
・カーテンを引っ張れるか
モーター
OK
チェック内容
・デジタル入力でスイッチの状態を読み取れるか
・カーテンを開ききったら確実に押せるか
マイクロ
スイッチ
NG
対策の例
・購入した電子部品の品番などで
検索し、動作方法を調べる
・他の電子部品に変更する
チェック内容
・アナログ入力で明るさを読み取れるか
・夜と朝の違いを判断できるか
光センサー

6 複数の電子パーツを組み合わせる

各電子部品の動作が確認できたら、使用する電子部品をすべてArduinoに接続してみます。この際、すべてを一度に接続するのではなく、1つずつ増やしていくように接続します。1つ増やすごとに手順5の確認で利用したプログラムで動作を確認します。

次に、接続した電子部品を同時に動かしてみましょう。単体では動作したのに、複数の電子部品を接続すると、動作しなくなることがあります。動作しない原因の1つとして、電子部品に供給する電源が十分でないことがあります。特にモーターのように大きな電流が流れる電子部品を複数接続して動作しない場合は、ADアダプターなどの電源から直接電子部品に電気を供給することで、動作するようになることがあります。

原因追求方法の1つに「テスター」を使う方法があります。例えば、デジタル出力でLEDを制御する場合は、LEDのアノードの電圧をテスターで調べてみます。LEDが正しく点灯しない場合、テスターで電圧を計測すると十分な電圧がかかっていないことがあります。この場合は、電子回路に誤りがないかを確認してみましょう。

もし、原因が分からなかった場合は、他の電子部品に変更してみるのも1つの手です。

7 プログラムを作成する

最後に手順3で書いたフロー図を参考にプログラムを作成します。プログラム作成のポイントは、少しずつ作成することです。プログラムを少し足したら実際にArduinoに書き込み動作できることを確認します。前述のカーテンの例であれば、光センサーの読み込み部分のプログラムを作成し、次に読み込んだ光センサーの状態で判別するプログラムを作成、モーターを動かすプログラムを作成、モーターを停止するプログラムを作成、といったように1つずつ確認しながら作成します。

プログラム作成の際に役立つのがp.60で説明したSerial.print()です。条件分岐であれば、分岐した後に任意の文字列を表示するようにしておけば、正しく条件分岐がされているかを確認できます。また、センサーなどから取得した値を表示するようにすれば、正しい値が受け取れているかを確認可能です。

プログラムができあがったら、筐体などを用意して電子パーツを取り付ければ完成です。

Chapter 7-2 暗くなったら点灯するライトを作る

光センサーを使うと周囲が明るいか暗いかを判断できます。これにLEDを組み合わせれば暗くなったら自動的に点灯するライトを作れます。

● 暗くなったら自動的に点灯するライト

周囲が暗くなったら自動的に明かりが点灯すれば、スイッチを切り替える手間が省けます。逆に明るくなると消灯するようにすればなお効率的です。このような仕組みは、自動車のライトの自動点灯機能などに使われており、トンネルなど暗い場所に入ると自動的に点灯し、明るい場所に出ると消灯するようになっています。

このような明るさによって点灯するライトは、Arduinoを使って作れます。

●暗くなったら自動的に点灯するライト

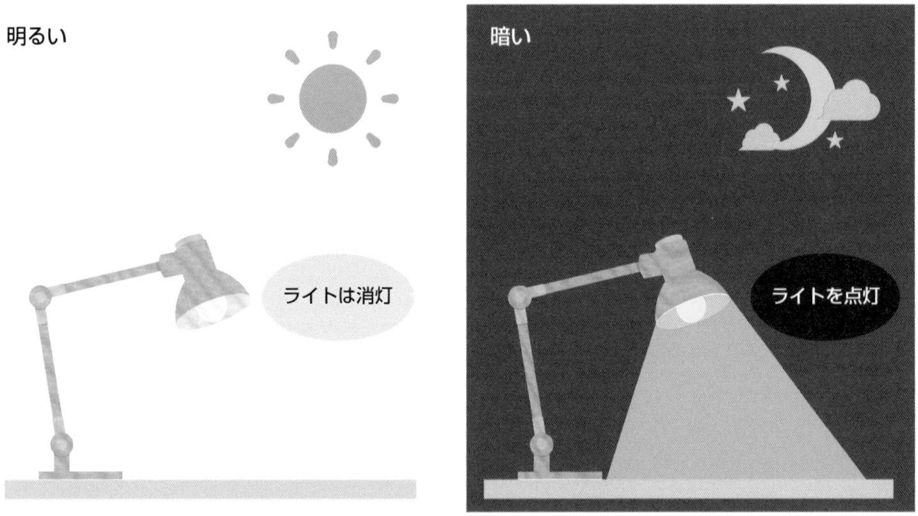

周囲が明るいか、暗いかを判別するには、Chapter 5-4で説明した光センサーが使えます。ここでは、光センサーのCdSを利用し、LEDを点灯、消灯を自動的に切り替えられるようにしています。

●自動点灯ライトの機能を実現する電子部品

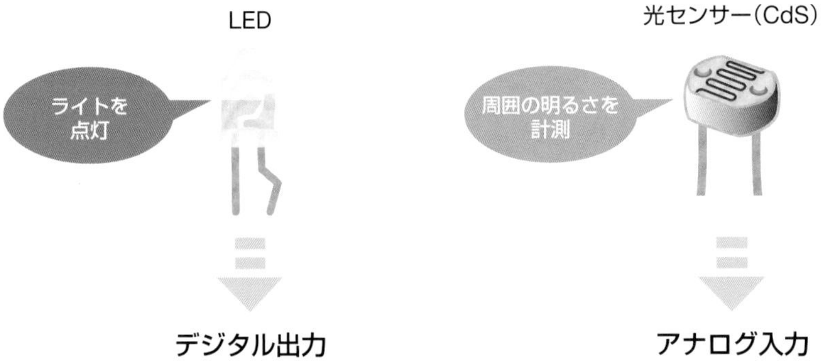

動作の手順

自動点灯ライトの動作を考えます。LEDは、デジタル出力でHIGHにすることで点灯し、LOWにすることで消灯できます。

CdSをアナログ入力に接続することで、周囲が明るいか暗いかを判断することができます。アナログ入力の値になったら点灯させるかは、ユーザーがあらかじめ設定しておきます。p.140で説明したように、LEDを点灯する明るさのアナログ入力に値を確認しておきます。確認した値よりも小さくなったらLEDを点灯することで実現できます。

動作の手順は下図のようにします。CdSを接続したアナログ入力ソケットの状態を確認し、判断する値よりも小さければLEDを点灯し、大きければLEDを消灯するようにします。

●自動点灯ライトのフロー

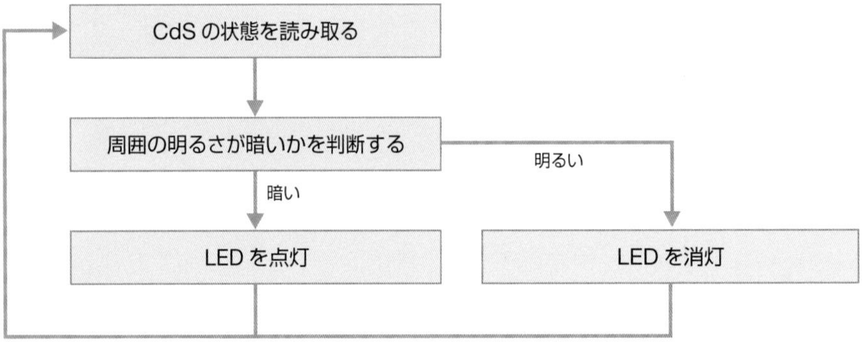

電子部品の接続

次に電子部品をArduinoに接続して制御できるようにしましょう。作成には以下のような部品を利用しました。

- 白色LED ………… 1個
- CdSセル（GL5528） ………… 1個
- 抵抗（100Ω） ………… 1個
- 抵抗（10kΩ） ………… 1個
- ジャンパー線（オス―オス） ………… 5本

LEDは、Chapter 5-1で説明したように接続します。ただし、白色LEDはChapter 5-1で利用した赤色LEDの順電圧が異なります。このため、適当な抵抗を接続する必要があります。今回利用する白色LEDの「**OSW44P5111A**」の順電圧は2.9V、順電流は30mAとなっています。p.108で説明したように計算すると抵抗は70Ωとなります。よってそれよりも大きく電子パーツショップで販売している100Ωの抵抗を選択すると良いでしょう。LEDはPD10ソケットに接続することにします。

CdSは、Chapter 5-4で説明したように接続します。ここでは、PA0ソケットに接続することとします。

回路図は以下のようになります。

●自動点灯ライトの回路図

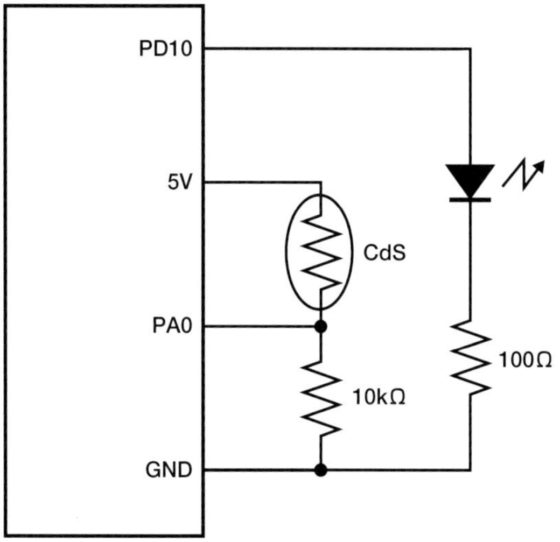

ブレッドボード上に、右図のように作成します。

●自動点灯ライトの接続図

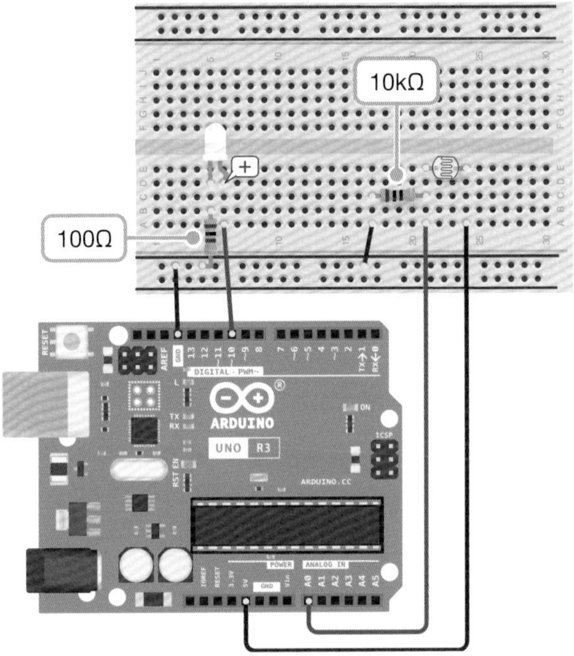

プログラムを作成する

最後にプログラムを作成しましょう。プログラムはp.188で作成したフローを確認しながら作ります。プログラムは次ページのようになります。

●周囲の明るさによって点灯・消灯を切り替えるプログラム

sotech/7-2/auto_led.ino

```
int LED_SOCKET = 10;
int CDS_SOCKET = 0;

int LED_ON = 100;

void setup() {
    pinMode(LED_SOCKET, OUTPUT);
}

void loop() {
    int value;
    value = analogRead( CDS_SOCKET );
    if ( value < LED_ON ){
        digitalWrite( LED_SOCKET, HIGH );
    } else {
        digitalWrite( LED_SOCKET, LOW );
    }

    delay( 1000 );
}
```

①LED御用のソケット番号を指定します
②CdSを接続したソケット番号を指定します
③LEDを点灯するしきい値
④アナログ入力でCdSの状態を読み取る
⑤CdSの入力と③の値を比べる
⑥暗い場合はLEDを点灯する
⑦明るい場合はLEDを消灯する

①LEDを接続したソケットを指定します。今回はPD10に接続したため、変数名「LED_SOCKET」を「10」と指定します。

②CdSを接続したソケットを指定します。今回はPA0に接続したため、変数名「CDS_SOCKET」を「0」にします。

③暗くなったと判断するCdSのアナログ入力のしきい値を指定（0～1023の範囲）します。実際には、周囲を暗くしてCdSのアナログ入力の値を確認して「LED_ON」に設定します。

④CdSの状態をアナログ入力します。値は0～1023の範囲で入力されます。Chapter 5-4ではアナログ入力した値を電圧に変換しましたが、ここではアナログ入力の値をそのまま利用することにします。

⑤CdSの入力の値と③で設定したLEDを点灯するしきい値を比べます。

⑥CdSの入力値がしきい値よりも小さい場合はLEDを点灯します。

⑦CdSの入力値がしきい値よりも大きい場合はLEDを消灯します。

作成が完了したらArduinoにプログラムを転送しましょう。その後、部屋を暗くするとLEDが点灯します。

Chapter 7-3

風量を調節できる扇風機を作る

モーターを使って扇風機を作成してみましょう。ここでは、モーターに羽根を取り付けて風を送れるようにし、さらにスイッチでモーターの回転速度を変えられるようにして、扇風機の風力を調節できるようにしています。

● 風量を調節できる扇風機

市販されている扇風機は風量を調節できるようになっていることが一般的です。暑ければフルで回転させ強い風量で涼み、夜は寝冷えをしないよう、風量を抑えておくような使い方ができます。

ここではモーターに羽根を付けて扇風機を作成してみます。この際、スイッチで風量を強くしたり弱くしたり調節できるようにしてみましょう。

●モーターに羽根を付ければ風量を調節できる

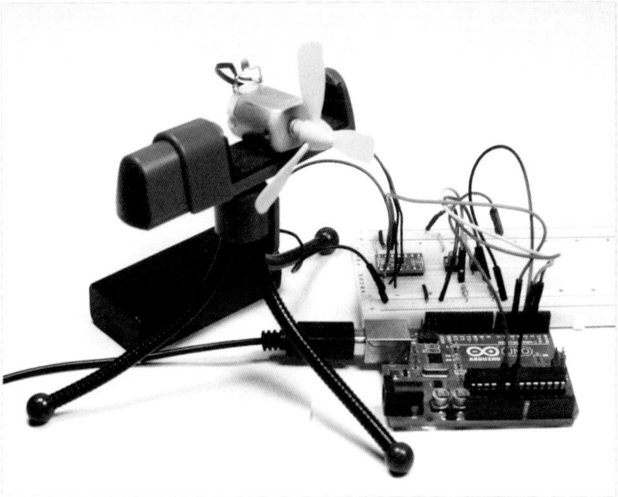

動作の手順

扇風機の動作を考えます。モーターは、PWM出力することで回転速度を調節できます（PWMについてはp.144を参照）。PWMのHIGHの割合が少なければゆっくり回転し、多くすれば速く回転できます。この割合を変化するようにします。

調節には、2つのタクトスイッチを使うことにします。速度を速くするスイッチと、遅くするスイッチを用意し、スイッチを押すことで変化するようにします。つまり、速くするスイッチを押したらPWM出力のHIGHの割合を増やしてモーターを高速で回転させるようにします。逆に遅くするスイッチを押すと、PWM出力のLOWの割合を増やして低速で回転させます。

●扇風機の機能を実現する電子部品

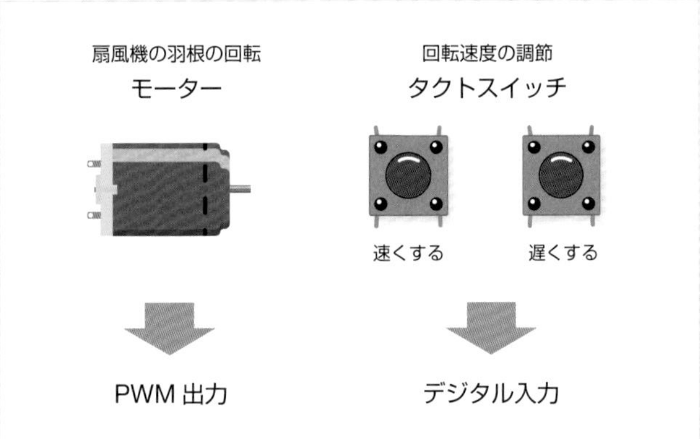

動作の手順は下図のようにします。PWM出力する値を変数に格納しておきます。速くするスイッチを押すとPWMの出力を5増やし、遅くするスイッチを押すと5減らすようにしています。この値をPWMで出力してモーターの速度を調節します。

●扇風機のフロー

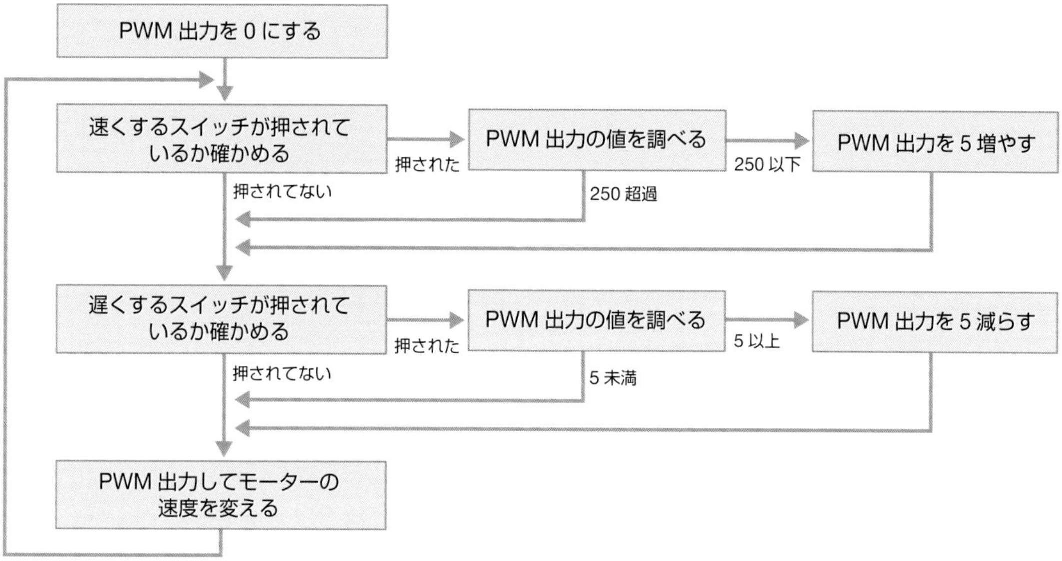

電子部品の接続

次に電子部品をArduinoに接続して制御できるようにしましょう。作成には次のような部品を利用しました。

- DCモーター「FA-130RA」……1個
- モーター制御用ICモジュール
  「DRV8835使用ステッピング&DCモータドライバモジュール」……1個
- タクトスイッチ……2個
- 抵抗（1kΩ）……2個
- コンデンサー（1μF）……1個
- 単3×2電池ボックス……1個
- 単3電池……2個
- ジャンパー線（オス―オス）……12本
- 3枚プロペラ（中）……1個

タクトスイッチはChapter 5-2、**モーター**はChapter 5-5で説明したように接続します。この際注意が必要なのが、モーターは回転速度を変化できるよう、PWM出力に対応したソケットに接続するようにします。ここでは、PD5に接続することにします。

また、速度を速くするタクトスイッチはPD2、遅くするタクトスイッチはPD3に接続します。

回路図は次のようになります。

●扇風機を制御する回路図

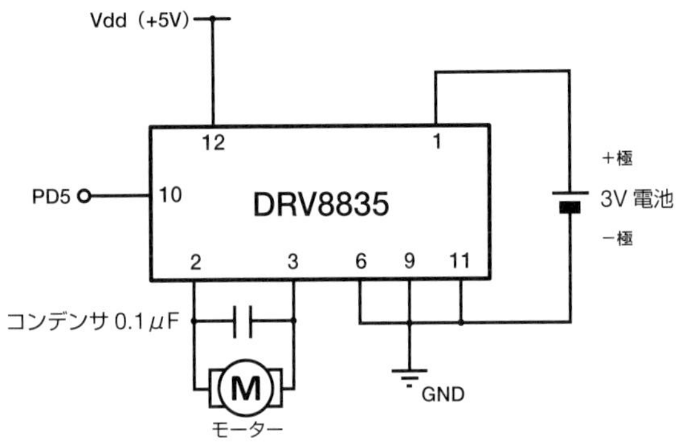

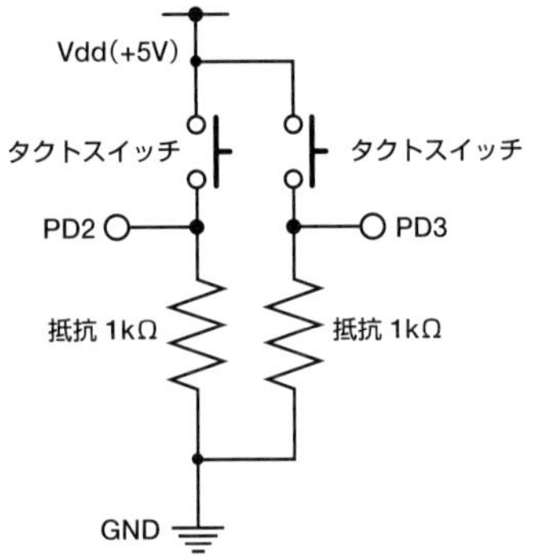

ブレッドボード上に、下図のように扇風機の制御回路を作成します。扇風機が逆回転してしまう場合は、DCモーターの配線を逆に接続し直しましょう。

●扇風機の制御回路をブレッドボード上に作成

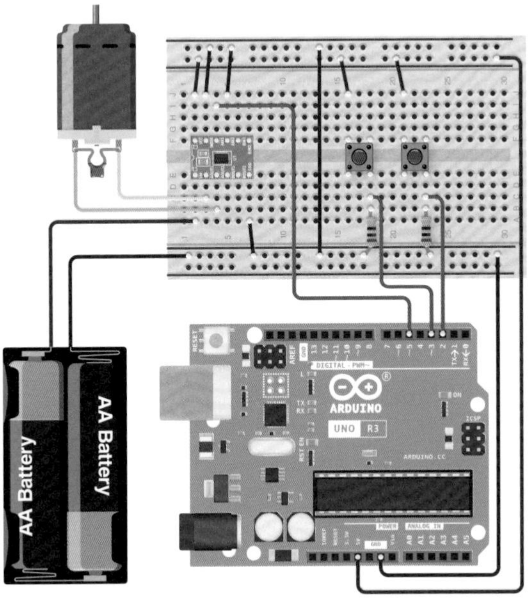

プログラムを作成する

最後にプログラムを作成しましょう。プログラムはp.193で作成したフローを確認しながら作るようにします。プログラムは、次のようになります。

●ボタンで段階的に扇風機の速さを制御する

sotech/7-3/fan_control.ino

```
int FAN_SOCKET = 5;                          ①扇風機制御用のソケット番号を指定します
int BUTTON1_SOCKET = 2;                      ②制御用タクトスイッチのソケット番号を指定します
int BUTTON2_SOCKET = 3;
int fan_out = 0;                             ③扇風機制御用の出力を格納する変数

void setup() {
    pinMode(FAN_SOCKET, OUTPUT);             ④扇風機制御用ソケットを出力に設定します
    pinMode(BUTTON1_SOCKET, INPUT);
    pinMode(BUTTON2_SOCKET, INPUT);          ⑤タクトスイッチのソケットを入力に設定します
}

void loop() {
    if ( digitalRead(BUTTON1_SOCKET) == HIGH ){       ⑥PD2に接続されたタクトスイッチが
                                                        押されているか確認します
        if ( fan_out <= 250 ) {
            fan_out = fan_out + 5;                    ⑦fan_outが250以下の場合は値を5増やします
        }
        while ( digitalRead(BUTTON1_SOCKET) == HIGH ){  ⑧タクトスイッチが離されるまで待機します
            delay ( 100 );
        }
    } else if ( digitalRead(BUTTON2_SOCKET) == HIGH ){  ⑨PD3に接続されたタクトスイッチが
                                                          押されているか確認します
        if ( fan_out >= 5){
            fan_out = fan_out - 5;                    ⑩fan_outが5以上の場合は値を5減らします
        }
        while ( digitalRead(BUTTON2_SOCKET) == HIGH ){  ⑪タクトスイッチが離されるまで待機します
            delay ( 100 );
        }
    }
    analogWrite( FAN_SOCKET, fan_out );       ⑫扇風機の制御用ソケットにPWMで値を出力します
    delay (100);
}
```

最初に変数を使って各ソケットの番号を設定しておきます。

①モーターを制御するPWM出力するソケットはPD5に接続したため、変数名「FAN_SOCKET」を「5」と指定します。

②今回は制御のためタクトスイッチの状態をデジタル入力するため、「BUTTON1_SOCKET」と「BUTTON2_SOCKET」変数を準備し、それぞれPD2ソケットの「2」、PD3ソケットの「3」を指定します。

PWMでの出力は0から255までの256段階で出力します。これは0Vの場合が「0」、5Vの場合が「255」となり、その間を256段階に分けています。例えば、約3V出力したい場合は「153」を出力します。

③このPWMで出力する値を格納しておく変数「fan_out」を作成しておき、初期値として0Vの「0」を指定しておきます。

setup()関数では、各ソケットのモードを設定しておきます。

④モーターの制御に利用するPD5は出力をするため「OUTPUT」にします。

⑤タクトスイッチは入力のため、PD2、PD3のいずれも「INPUT」としておきます。

loop()関数内に制御プログラムの中心を作成します。まず、各タクトスイッチの状態を確認するプログラムを作成します。

⑥PD2の接続されたタクトスイッチの状態は、「digitalRead(BUTTON1_SOCKET)」で確認でき、ボタンが押されているか（HIGH）を判別します。また、PWMの出力は最大255までとなっています。そのため出力が255を超えないように考慮が必要となります。

⑦そこで、「fan_out」の現在の値を確認し、「250」以下場合に「5」増やすようにします。

⑧1回のタクトスイッチを押すと1段階のみ上がるように制限するため、タクトスイッチが離されるまでそのまま待機するようにします。

同様にPD3のタクトスイッチが押された場合に回転数を落とすようにします。

⑨PD3のタクトスイッチが押されているかを確認します。

⑩もし、押されている場合は現在の出力の値が「5」以上であることを判断し、大きい場合は5減らすようにします。

⑪また、タクトスイッチが離されるまで待機するようにしておきます。タクトスイッチの状態を確認したら、PWMで出力します。

⑫出力には「analogWrite()」関数を利用します。この中に対象となるソケットの番号、出力の値の順にカンマで区切って指定します。今回は、出力するソケットが「FAN_SOCKET」、出力する値が「fan_out」となります。

作成が完了したらArduinoにプログラムを転送しましょう。その後、PD2のタクトスイッチを何度か押すとモーターが回り始めます。さらに押すと次第に回転速度が上がります。逆にPD3のタクトスイッチを押していくと、回転速度が遅くなります。

もし、モーターの回転方向が逆になってしまった場合は、モーターの端子を逆に接続することで正しい方向に回転できます。

Part 8

シールドを利用する

Arduinoには、特定の機能を提供する「シールド」という基板が販売されています。Arduinoにシールドを装備するだけで、無線LANに接続して通信したり、Arduinoで取得したデータをSDカードに保存したりといったことができます。シールドはArduinoのソケットに差し込むだけで利用できます。

Chapter 8-1　シールドとは

Chapter 8-2　SDカードシールドを利用する

Chapter 8-3　ミュージックシールドを利用する

Chapter 8-4　無線LANシールドを利用する

Chapter 8-1

シールドとは

シールドを利用すると、Arduinoのソケットにはめ込むだけで、機能デバイスとして動作します。SDカードリーダーシールド、ネットワークシールド、モーター駆動用シールドなど様々なシールドが販売されています。

● ソケットに差し込むだけで使える「シールド」

ここまで解説してきたように、Arduinoはソケットに接続することで、様々なデバイスを制御できます。しかし、多くの電子部品を接続したり、高機能なデバイスを制御したりする場合、Arduinoから膨大な配線が必要なほか、ブレッドボード上にも多くの部品を配置することになります。

例えば、2台のモーターを動かすためには、右のように多くの配線が必要です。さらにモーターを追加するとなると、各モーター制御用の回路を用意する必要があり、より複雑になります。

●回路が複雑になると配線が多くなる

高機能なICの中には、基板に直接配置する「**フラットパッケージ**」（**表面実装**）と呼ばれる平たいICで提供されているものがあります。

例えばArduino Unoの左上には、正方形の小さなフラットパッケージのICが配置されています。フラットパッケージは直接ブレッドボードに差し込むことができないため、別途基板にはんだ付けして使う必要があります。なお、フラットパッケージのはんだ付けは、通常のはんだ付けより高度な技術が必要です。

●フラットパッケージなどの部品はブレッドボードで使えない

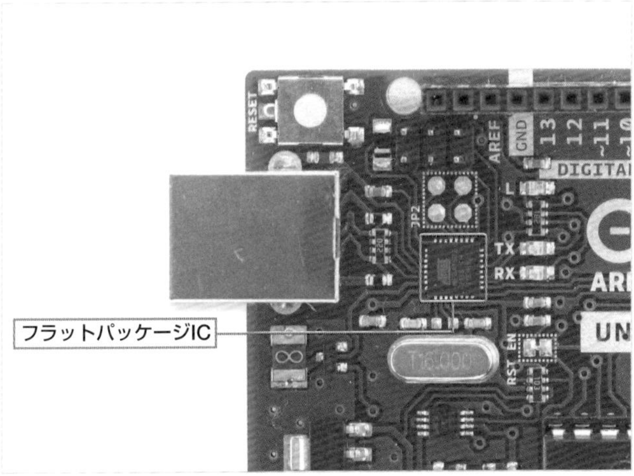

Arduinoには「**シールド**」と呼ばれる商品が販売されています。シールドとは、Arduinoに装着することで、特定の機能が動作できる基板です。例えば、SDカードリーダー、ネットワークインタフェース、モーター駆動、LCD表示デバイスなどといった機能を基板化しています。前述したようなフラットパッケージの電子部品を使いやすくシールド上に配置しているものがあります。

この基板にはArduinoのソケットにちょうど差し込めるピンが配置されています。そのため、煩わしい配線やはんだ付けなどの必要が無く、Arduinoに差し込むだけで利用できます。

●Arduinoのシールドの例

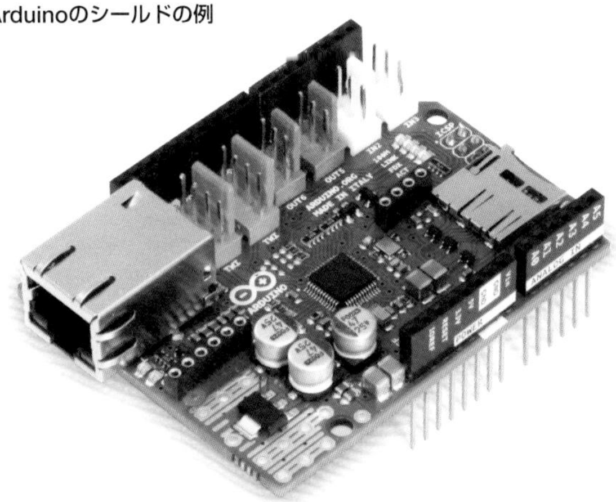

さらに、シールドには各ピンの上にソケットが配置されており、ここに他の電子回路を接続できるようになっています。

●シールドはArduinoの上に差し込んで利用する

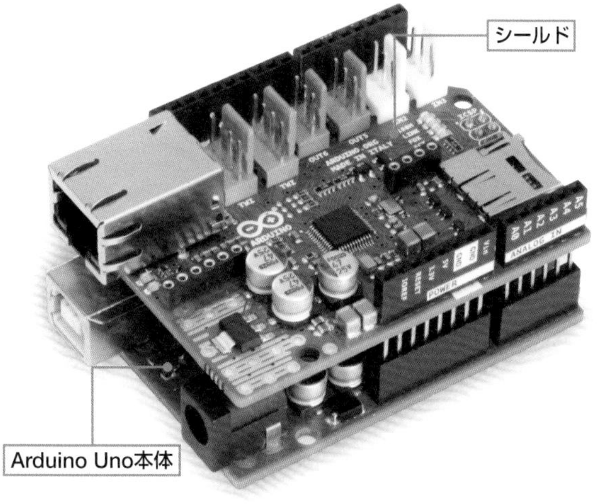

NOTE

ソケットがないシールドもある

シールドによっては、ソケットがないものもあります。その場合、電子パーツや他のシールドを接続することはできません。

● Arduinoで使える主なシールド

Arduinoで利用できるシールドとして次ページの表のような商品が販売されています。それぞれのシールドはスイッチサイエンスやストロベリー・リナックス、千石電商、若松通商などといったArduinoを取り扱う販売店で購入可能です（各店のURLはp.264を参照）。店によって扱っている商品が異なりますので、各社のホームページなどで確認してください。

●Arduinoで利用可能なシールド

製品名	販売元	参考価格	説明
AirLift Shield	Adafruit	約2,800円	無線LANアクセスポイントへ接続して通信が可能
Arduino Ethernet Shield2	Arduino	約5,000円	Ethernetケーブルを接続してネットワークに接続が可能
XBeeシールド	SparkFun	約3,000円	短距離通信規格のXBeeを搭載してArduino機器間などで通信が可能
Arduino Motor Shield Rev3	Arduino	約5,000円	2つのモーターを制御可能。DCモーター、ステッピングモーターの制御に対応している
Adafruit モーター /ステッパー / サーボ シールドキット v2.3	Adafruit	約2,400円	最大4個のDCモーター、最大2個のステッピングモーターを制御できる
Adafruit I²C接続16チャンネル12ビットPWM/サーボ シールド	Adafruit	約3,300円	16個のサーボモーターを制御できる
Adafruit 2.8インチ TFTタッチシールド v2	Adafruit	約8,300円	2.8インチのタッチパネル液晶ディスプレイ
カラー漢字LCDシールド BS21LAB-006	BS21 Lab	約7,800円	6万5536色表示可能なカラー液晶ディスプレイ。1.8インチ、160×128画素の画面に表示可能
Digital Video Shield	Crescent	約5,300円	DVIやHDMIでディスプレイに接続して画面表示が可能
SD Card Shield	SeeedStudio	約1,800円	SDカードの読み書きができる
Music Shield	SeeedStudio	約3,800円	mp3、WMA、WAVなどの音声ファイルの再生が可能
Arduino 9軸モーションシールド	Arduino	約5,000円	加速度、ジャイロ、地磁気を計測できる
USB Host Shield	SparkFun	約4,500円	USBホストとして動作でき、USBデバイスを接続可能
GROVE - ベースシールド	Seeed Studio	約700円	GROVE規格のセンサーやデバイスを接続して制御できる

Arduinoにシールドを装着する

Arduinoにシールドを装着する際は、ArduinoからACアダプターやUSBケーブルを外した状態にします。

次に、Arduinoの右上にあるデジタル入出力ソケットのPD0と、右下にあるアナログ入力ソケットのPA5に合わせてシールドの端子をソケットにはめ込みます。もし、シールドの端子がArduinoのソケットより少なかったり、逆に多い場合でも、PD0とPA5に合わせて差し込むことで、間違ったソケットに差し込んでしまう危険性を回避できます。

シールドを上から押し込めば準備完了です。この際、シールドの基板がArduinoの部品とぶつかってショートしていないかなどを確認しておきましょう。

●Arduino Unoにシールドをはめ込む

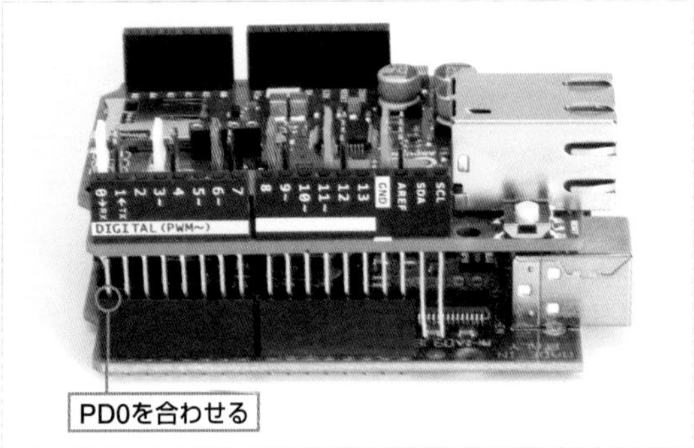

NOTE

旧製品は端子の数が異なる

現在のArduino Unoは上部に18、下部に14のソケットが装備されています。しかし、Arduino Duemilanoveなど旧製品は上部に16ソケット、下部に12ソケットとソケットの数が異なります。そのため、Arduino Uno向けに作成されているシールドをArduino Duemilanoveに装着すると、ソケット数が少なくなるためシールドの端子が余ります。しかしこの場合でも、シールドがArduino Duemilanoveに無いIOREFやSDA、SCLの端子の機能を利用していなければ問題なく動作します（SDAとSCLはアナログ入力端子に共有されており、多くのシールドではアナログ入力端子側を使っています）。
ただし、ソケットに挿さっていない端子が他の部品や端子などに触れてショートしないように注意しましょう。もし、触れる恐れがある場合は、ビニールテープなどを巻いておくと安全です。

●Arduino Duemilanoveでは端子が余ってしまう場合がある

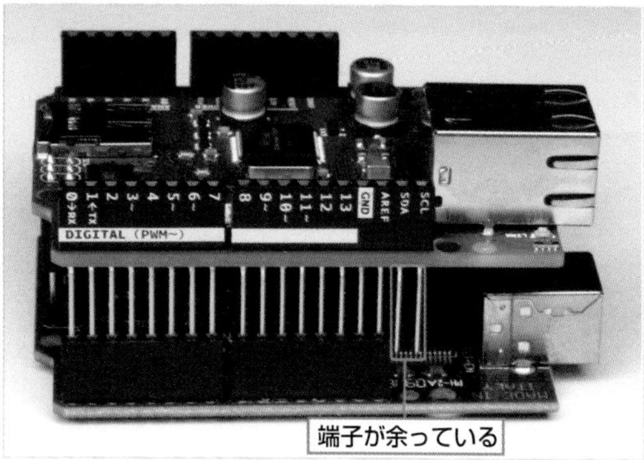

POINT

シールドを複数使う

多くのシールドには、Arduinoの各インタフェースのソケットが搭載されています。ここに別のシールドを差し込んで複数のシールドを利用することが可能です。
しかし、複数のシールドを利用する場合は注意が必要です。デジタル入出力などの機能を同じ端子で利用している場合は、複数装着されたシールドのどれかを選択して制御できないため、正常に動作しなくなります。また、Arduino Uno以前に作られたシールドは、IOREFやSCL、SDAに差し込む端子がありません。そのため、この上にIOREFやSCL、SDA端子を使うシールドを装着しても動作できません。
動作可能か否かについては、各シールドのマニュアルや商品説明ページなどを参照し、シールド同士で利用する端子が異なることの確認などをしましょう。

●Arduinoに2つのシールドを装備した

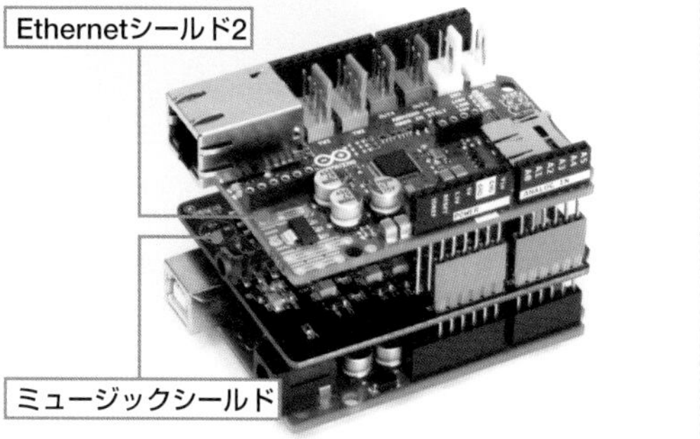

NOTE

シールドのソケットに電子回路を接続

本書でシールドを利用した電子回路の接続では、Arduino Unoの接続図を使って解説していますが、実際は装着しているシールドのソケットに電子回路を接続してください。

Chapter 8-2

SDカードシールドを利用する

SDカードシールドを用いれば、ArduinoでSDカードに保存されたファイルを読み込めます。また、センサーの状態などをSDカード内に保存することも可能です。

● SDカードシールド

SDカードシールドは、ArduinoからSDカード（SDメモリーカード）にデータを保存したり、保存してあるファイルを読み込んだりすることに活用できるシールドです。例えば、温度センサーで計測した値を定期的にSDカードに保存することで、温度の変化を確認することができます。また、ファイルに保存しておいたテキストデータを液晶デバイスに表示するといったことも可能です。

SDカードシールドは、SeeedStudioやSSparkfunなど、複数の会社から販売されています。また、Wi-FiシールドやMusicシールドなどの大きなデータを扱うシールドには、SDカードリーダーが搭載されています。これらのシールドでもSDカードへのデータの読み書きが可能です。

ArduinoにはSDカードを扱うライブラリ「SD」が提供されています。多くのSDカードシールドやSDカードリーダーを搭載しているシールドであれば、SDライブラリを使って操作が可能です。

本書では、SeeedStudio社の「**SD Card Shield**」の使い方を紹介します。

●SeeedStudio社の「SD Card Shield」

● SeeedStudio社の「SD Card Shield」

SeeedStudio社の「SD Card Shield」では、Arduinoとのやりとりに**SPI**（Serial Peripheral Interface）を利用しています。SPIとはI^2C同様、電子デバイス間での通信規格です。4本の信号線で通信します（詳しくはp.214を参照）。

SeeedStudio社の「SD Card Shield」は、SPIに利用するため次ページの図のソケットおよびピンを使っています。

●SD Card Shieldが利用しているソケット・ピン

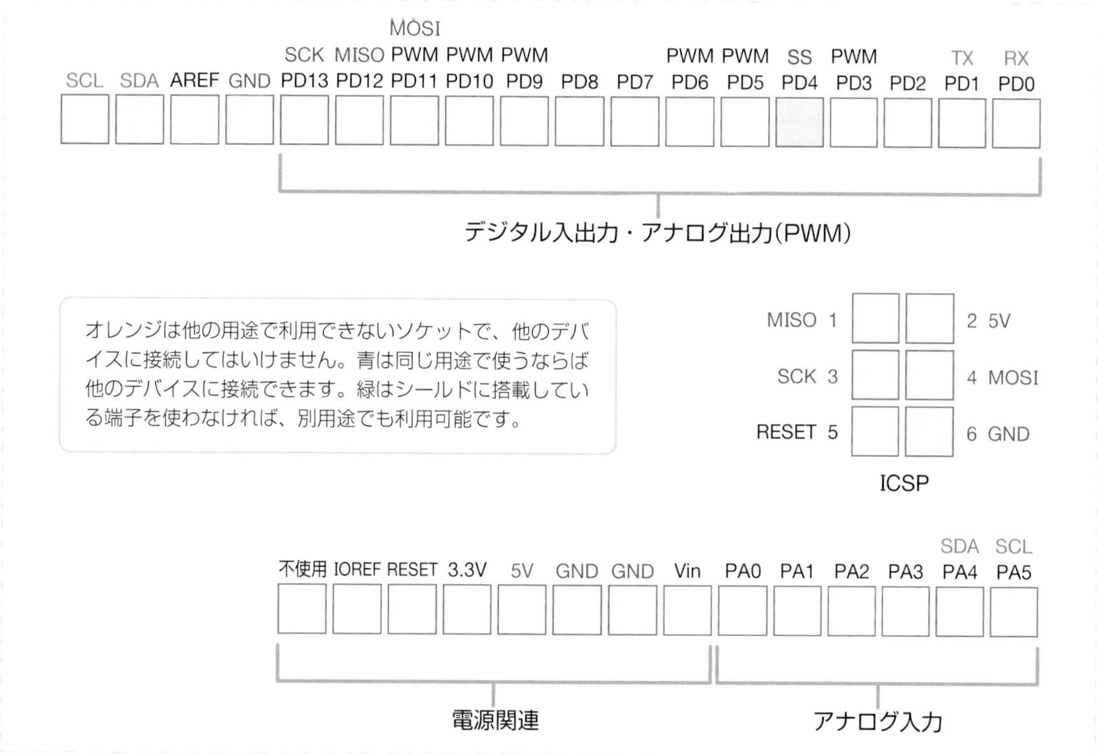

ICSPピンはSPIの通信に利用しています。1番ピンに「MISO」、3番ピンに「SCK」、4番ピンに「MOSI」を割り当てています。Arduino Unoのデジタル入出力ソケットでは、デジタル入出力とSPIの各端子と共有しています。デジタル入出力ソケットの11番に「MOSI」、12番に「MISO」、13番に「SCK」を共有しています。ただし、ICSPとデジタル入出力ソケットのSPI端子は直接接続しているため、SPIを使うとデジタル入出力ソケットの11番から13番までは他の用途で使えなくなるので注意が必要です。もし、デジタル入出力をする場合は、他のソケットを利用するようにしましょう。

SPIの制御するデバイスの選択をする「SS」には、デジタル入出力の4番ソケットを利用しています。

電源関連ソケットの5V、GNDをSD Card Shieldで使っていますが、同ソケットに接続して他の電子回路に電源供給ができます。

さらに、基板上に搭載されているI^2C、UARTピンは、Arduinoの各機能のソケットに接続されており、ここにI^2Cデバイスなどを接続して制御可能です。

Part 8 シールドを利用する

NOTE

SSのソケット

SeeedStudio社のSD Card ShieldではPD4ソケットをSSに割り当てています。しかし、デバイスによってSSが割り当てられているソケットが異なります。例えば、SparkFun社の「microSD Shield」はPD8ソケットをSSに割り当てています。どのソケットにSSが割り当てられているかは、各製品の取扱説明書などを参照してください。
2つのシールドを重ね合わせて利用する場合、SSに同じソケットを利用していると正常に動作しません。異なるソケットにSSが割り当てられていることをあらかじめ調べておく必要があります。

● SDカードを使う

実際にSDカードを利用してみましょう。はじめに、SD Card Shieldに差し込んだSDカードの内容を確認してみます。

あらかじめSDカードをFAT32形式でフォーマットしておきます（通常は工場出荷時にFAT32でフォーマットされています）。内容を確認するデモですので、あらかじめいくつかのファイルをSDカードに保存しておきましょう。ファイル名は半角英数文字のみ使用します。ひらがなや漢字などといった全角文字を使ってしまうと、Arduinoで正常にファイルを扱えなくなってしまうためです（英数文字にも全角があるので注意）。

SDカードの準備ができたら、SD Card Shieldに差し込んでおきます。ArduinoにSD Card Shieldを正しく装着したことを確認したら、USBケーブルでパソコンに接続します。

Arduino IDEには、SDカードの状態を確認するサンプルプログラム「CardInfo」が用意されています。このプログラムをArduinoに転送すると、差し込んだSDカードの情報や保存されているファイルを表示できます。

●「CardInfo」を開く

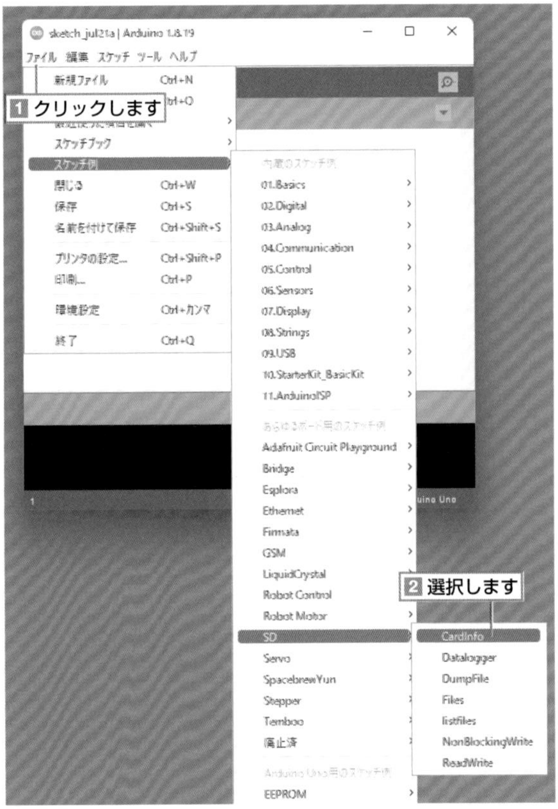

「CardInfo」を読み込むには、Arduino IDEの「ファイル」メニューから「スケッチ例」➡「SD」➡「CardInfo」を選択します。

NOTE

microSDカードの利用

SD Card Shieldは標準サイズのSDカードに対応した製品ですが、アダプターを別途用意することで、microSDカードの利用も可能です。

プログラムを開いたら➡をクリックしてArduinoに転送します。これで、SDカードの情報を取得するようになりました。内容を確認するには🔍をクリックしてシリアルモニタを表示します。

もし何も表示されない場合は、Arduinoのリセットボタンを押すことで、再度SDカードの情報が表示されます。

●SDカードの情報が表示されます

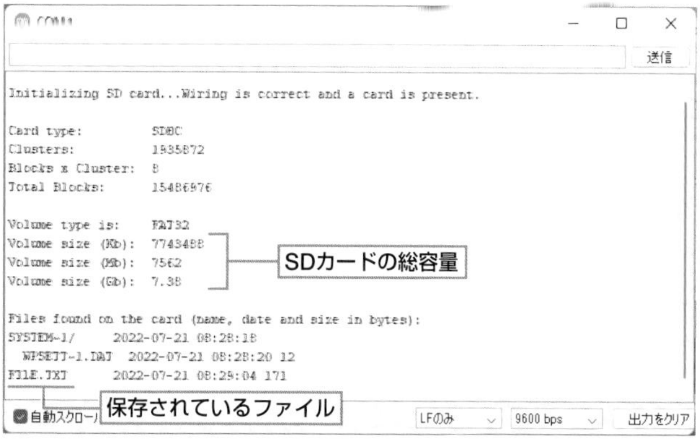

NOTE

SSを選択する

CardInfoは、SSが「PD4」に割り当てられているSDカードリーダーにアクセスするよう設定されています。SparkFun社のmicroSD ShieldなどのSSがPD4以外に割り当てられているシールドを利用する場合は、プログラムの一部を変更する必要があります。

プログラムの36行目にある「chipSelect」変数の値を変更します。ここにSSのソケット番号を指定します。例えば、SparkFunのmicroSD Shieldならば「8」と指定します。

●SSのソケットを変更する

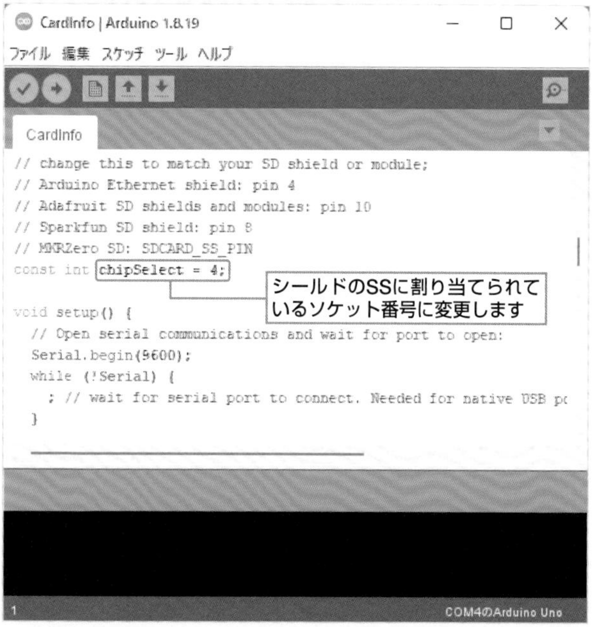

SDカードにデータを書き込む

SDカードが正しく扱えたら、プログラムでSDカードにデータを書き込んでみましょう。ここでは、新規ファイルを作成して「Arduino」とファイル内に書き込んでみます。Arduino IDEを起動して、次のようにプログラムを作成します。

①SDカードを使えるようSDライブラリを読み込みます。

②SD Card ShieldのSPI制御に使うSSのソケットを指定します。SD Card Shieldは、PD4をSSとして割り当てられているので「SD_SS」を「4」と指定します。行末の「;」を付けないように注意しましょう。

③読み込むファイル名を指定しておきます。今回は「arduino.txt」を読み込むようにしています。ファイル名は「8文字.3文字」の形式にする必要があります。「arduino_text.text」のように8文字.3文字を超えるファイル名を指定すると、正常にファイルが開けません。

④SPIで他のデバイスを制御するには、Arduinoをマスターとして利用するようにします。しかし、ArduinoのSSに割り当てられているPD10ソケットを入力状態にしていると、Arduinoがスレーブとして動作してしまいます。そこで、PD10を出力と設定してArduinoをマスターとして動作するようにします。

●SDカードに新規ファイルを作成する

sotech/8-2/sd_write.ino

```
#include <SD.h>            ①SDカードライブラリを読み込みます
#include <SPI.h>

#define SD_SS    4         ②SDカードシールのSSに割り当てられているソケット番号を指定します

char *filename = "arduino.txt";   ③読み込む対象のファイル名を指定します

void setup() {
    Serial.begin( 9600 );

    pinMode( SS, OUTPUT );   ④SPI通信を行うためのSSのソケットを出力モードに設定します

    SD.begin( SD_SS );       ⑤SDライブラリを初期化します
}

void loop() {                ⑥対象のファイルが存在するかを確認します
    if ( SD.exists( filename ) == false ){
        File TargetFile = SD.open( filename, FILE_WRITE );   ⑦ファイルを読み書きモードで開きます
        if( TargetFile ){    ⑧ファイルが正常に開かれたかを確認します
            TargetFile.println("Arduino");   ⑨ファイル内に「Arduino」と書き込みます
            TargetFile.close();   ⑩ファイルを閉じます
        } else {
            Serial.println("Error : Can't open File.");   ⑪正常にファイルが開かれなかった場合にエラーメッセージを表示します
        }
    }

    delay(1000);
}
```

⑤SDカードを利用するため、「SD.begin()」関数で初期化します。この際、SD Card ShieldのSSのソケット番号を指定します。

初期設定が完了したらファイルを書き込みます。

⑥「SD.exists()」関数で対象のファイルが存在しないかを確認します。ファイルが存在しない場合のみ、ファイルを作成して文字列を書き込みます。ファイルが存在しない場合は「false」となるため、「SD.exists()」関数の戻り値が「false」になっている場合に書き込み処理します。

⑦書き込むファイルを開きます。開くには「SD.open()」関数を利用します。この際、ファイル名とファイルのモードを指定します。書き込むには「FILE_WRITE」と指定します。また、「TargetFile」変数をインスタンスとして作成します。

⑧ファイルが正常に開かれたかを確認します。

⑨もし、開かれた場合は「Arduino」とファイル内に書き込みます。書き込みには「ファイルのインスタンス.println()」関数を使います。今回はTargetFileをインスタンスとしているので「TargetFile.println()」関数とします。

⑩書き込みが完了したら「ファイルのインスタンス.close()」関数でファイルを閉じます。

⑪もし正常にファイルが開かなかった場合は、シリアルモニタにエラーを表示します。

作成が完了したら、Arduinoにプログラムを転送します。差し込んだSDカード内にファイルを作成し、その中に「Arduino」と記述されます。

しばらくしたらSDカードを取り出し、パソコンに接続してSDカード内を閲覧してみましょう。ファイル一覧に「ARDUINO.TXT」というファイルが作成されているのが分かります。

●SDカードのファイル一覧

Windowsであれば、「メモ帳」などのテキストエディタでファイルを開くと、「Arduino」と文字列が記述されているのが確認できます。

●ファイルの内容の閲覧

温度と湿度を定期的に計測・記録する

SDカードにファイルを書き込む作業の応用として、温度や湿度の状態を定期的に計測してファイルに記録してみましょう。定期的に計測結果をファイルに保存すれば、パソコンの表計算アプリケーションを利用してグラフ化することができます。

温度や湿度を計測するには、p.165で紹介した温湿度センサー「**SHT31-DIS**」を利用します。

計測するには、ArduinoにSHT31-DISを接続します。この際、SDカードシールドをArduinoに差し込む、SDカードシールドのソケットを使って温湿度センサーを接続します。接続方法は、p.166と同様にします。

作成したら、Arduino IDEで次のようにプログラムを作成します。温湿度の計測はp.167のプログラム（weather.ino）と同様です。これにファイルの書き込み機能を追加しています。

●SDカードに計測結果を保存する

sotech/8-2/sd_temphumi.ino

```
#include <SPI.h>
#include <SD.h>
#include <Wire.h>

#define SD_SS     4
#define SHT31_ADDR 0x45

char *filename = "temphumi.csv";   ①記録するファイル名
int waittime = 1000;               ②計測する時間間隔（ミリ秒）

void setup() {
    Serial.begin( 9600 );

    pinMode( SS, OUTPUT );
    SD.begin( SD_SS );
    Wire.begin();

    Wire.beginTransmission( SHT31_ADDR );
    Wire.write( 0x30 );
    Wire.write( 0xa2 );
    Wire.endTransmission();
    delay( 500 );

    Wire.beginTransmission( SHT31_ADDR );
    Wire.write( 0x30 );
    Wire.write( 0x41 );
    Wire.endTransmission();
    delay( 500 );
}

void loop() {
    unsigned int dac[4];
    unsigned int i, t ,h;
```

次ページへつづく

```
    float temp, humi;

    File TargetFile = SD.open( filename , FILE_WRITE );    ③ファイルを書き込みモードで開く
    if( TargetFile ){                                      ④ファイルが開かれたかを確かめる
        Wire.beginTransmission( SHT31_ADDR );
        Wire.write( 0x24 );
        Wire.write( 0x00 );
        Wire.endTransmission();
        delay( 300 );

        Wire.requestFrom( SHT31_ADDR, 6 );
        for ( i=0 ; i < 4 ; i++ ){
            dac[i] = Wire.read();
        }
        Wire.endTransmission();                            ⑤温度と湿度を計測する

        t = ( dac[0] << 8 ) | dac[1];
        temp = (float)(t) * 175 / 65535.0 - 45.0;
        h = ( dac[3] << 8 ) | dac[4];
        humi = (float)(h) / 65535.0 * 100.0;

        TargetFile.print(temp);
        TargetFile.print(",");
        TargetFile.println(humi);                          ⑥計測結果をファイルに記録する
        TargetFile.close();
    } else {
        Serial.println("Error : Can't open File.");
    }

    delay(waittime);                                       ⑦次の計測まで待機する
}
```

①filenameには、記録するファイル名を指定します。今回は表をテキスト形式としたCSVファイルとして保存します。

②waittime変数には、計測する間隔を指定します。単位はミリ秒となります。例えば5分間隔で記録する場合は5×60×1000と計算し、「300000」と指定します。各種初期設定をsetup()関数に記載します。

③その後、ファイルを書き込みモードで開きます。

④ファイルを正常に開けたら計測および書き込み処理します。

⑤SHT31-DISで温度と湿度を計測し、温度をtemp、湿度をhumi変数に格納します。計測方法はp.170を参照してください。

⑥ファイルに温度と湿度をカンマで区切って記録します。また、書き込みモードで開いた場合にデータを書き込むと、テキストの末尾に記録します。

⑦書き込みが完了したら、②で指定した時間待機します。

プログラムが完成したらArduinoへプログラムを転送します。これで、温度と湿度が計測され、SDカード内に記録されていきます。

Arduinoを電源から外せば、記録を終了します。SDカードをパソコンで閲覧すると、記録したファイルが保存されているのを確認できます。このファイルをExcelなどの表計算ソフトで表示すると、記録したデータが表形式で表示されます。さらに表計算ソフトで編集することで、温度と湿度の遷移をグラフ化できます。

●温度・湿度をExcelでグラフ化した

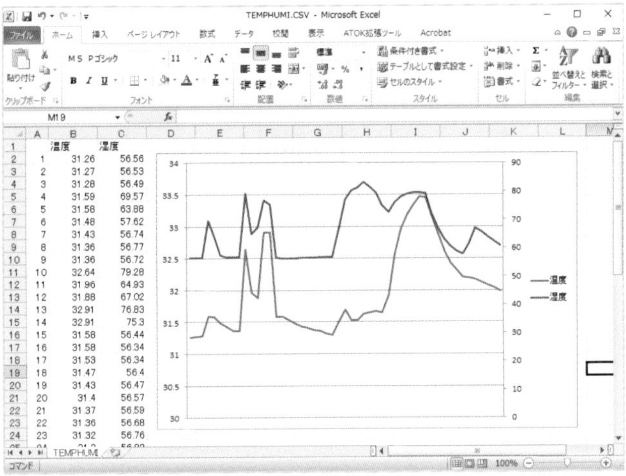

● SDカードからデータを読み込む

SDカードのファイルを開いてファイル内容を読み込んでみましょう。ここでは、SDカードに保存してあるテキストファイル「script.txt」を開き、内容をシリアルモニタに表示します。あらかじめSDカードにscript.txtファイルを作成し、この中に表示するテキストを記述しておきます。半角英数文字だけで記述します。

Arduino IDEを起動して次のプログラムを作成します。

①読み込む対象となるファイル名を「filename」変数に格納します。この際、ファイル名は8文字.3文字の形式で指定します。

各種初期設定については、SDカードの書き込み同様に記述します。

②読み込むファイルを開きます。この際、「FILE_READ」と指定することで読み込みモードとして開きます。

③ファイルが正常に開いたかを確認して、正常に開かれたら読み込みと表示処理します。

④「ファイルのインスタンス.available()」関数でファイルの残り容量を確認します。ファイルの最後に達するまで読み込み処理を繰り返します。

⑤「ファイルのインスタンス.read()」

●SDカードのファイル内容をシリアルモニタに表示する

sotech/8-2/sd_read.ino

```
#include <SD.h>
#include <SPI.h>

#define SD_SS     4

char *filename = "script.txt";

void setup() {
    Serial.begin( 9600 );

    pinMode( SS, OUTPUT );

    SD.begin( SD_SS );
}

void loop() {
    char readbuf;
    File TargetFile = SD.open( filename, FILE_READ );
    if( TargetFile ){
        while( TargetFile.available() ){
```

①読み込むファイルを指定します

②ファイルを読み込みモードで開きます

③正常にファイルが開かれたかを確認します

④ファイルの最後に達していない間繰り返します

次ページへつづく

関数でファイルから1文字読み込みます。読み込んだ文字はreadbuf変数に格納します。また、次に読み込む際には次の文字が読み込まれます。

⑥ 読み込んだ文字をシリアルモニタに表示します。

```
            readbuf = TargetFile.read();
            Serial.write(readbuf);
        }
    } else {
        Serial.println("Error : Can't open File.");
    }

    TargetFile.close();

    delay(10000);
}
```

⑥読み込んだ文字をシリアルモニタに表示します

⑤ファイルから1文字読み込みます

ファイルの内容を有機ELキャラクタデバイスに表示する

SDカード内のテキストファイルを読み込む作業の応用として、テキストファイルの内容をp.172で解説した有機ELキャラクタデバイスに表示してみましょう。今回はテキストの内容を先頭から有機ELキャラクタデバイスに表示し、10秒経過したら次の画面に切り替えるようにします。

表示するためArduinoに有機ELキャラクタデバイスを接続します。電子回路図や接続方法はp.174で解説した方法と同じです。

回路が作成できたらプログラムを作成します。Arduino IDEで次のようにプログラムを作成します。

●有機ELキャラクタデバイスに文字を表示するプログラム

sotech/8-2/sd_oled_disp.ino

```
#include <SPI.h>
#include <SD.h>
#include <Wire.h>
#include <SO1602.h>

#define SD_SS    4
#define SO1602_ADDR 0x3c

char *filename = "script.txt";

int interval = 10000;

SO1602 oled( SO1602_ADDR );
boolean runflag = 0;

void setup()
{
    Serial.begin( 9600 );
    pinMode( SS, OUTPUT );
    SD.begin( SD_SS );
    Wire.begin();
    oled.begin();
```

①読み込むファイルを指定します

②表示を切り替えるまでの間隔（ミリ秒）を指定します

次ページへつづく

```
    oled.set_cursol( 0 );
    oled.set_blink( 0 );
}

void loop()
{
    char readbuf;
    char dispchar[16];
    int column, line, i;

    File TargetFile = SD.open( filename, FILE_READ ); ─ ③ファイルを読み込みモードで開きます

    if( TargetFile ){
        while( TargetFile.available() ){ ─ ④ファイルの最後に達していない間繰り返します
            line = 0;

            oled.clear(); ─ ⑤画面を消去します

            while ( line < 2 ){ ─ ⑥処理を2行分繰り返します
                oled.move(0x00,line); ─ ⑦行の先頭にカーソルを移動します
                column = 0;
                for ( i = 0 ; i < 16; i++ ){ ─ ⑧dispchar変数の内容をスペースで埋めます
                    dispchar[i] = ' ';
                }
                while ( column < 16 ){ ─ ⑨1行の文字数分繰り返します
                    readbuf = TargetFile.read(); ─ ⑩1文字ファイルから読み込みます

                    if ( readbuf == '\n' || TargetFile.available() < 1 ){
                        break;
                    }
                    ─ ⑪復帰（¥n）文字またはファイルの末尾に
                       達した場合は読み込み処理を中止します

                    if ( readbuf != '\r' ){
                        dispchar[column] = readbuf;
                        column++;
                    }
                    ─ ⑫改行（¥r）の文字でない場合に、
                       表示用変数に文字を格納します
                }
                oled.charwrite( dispchar ); ─ ⑬液晶画面に文字を表示します
                line++;
            }
        delay( interval ); ─ 所定の時間待機します
        }
        TargetFile.close();
    } else {
        Serial.println("Error : Can't open File.");
    }

}
```

①読み込む対象となるファイル名を「filename」変数に格納します。この際、ファイル名は8文字.3文字の形式で指定します。

②次の表示に切り替える間隔をミリ秒単位で指定します。各種初期設定については、SDカードの書き込みと同様に記述します。また、有機ELキャラクタデバイスを初期化しておきます（p.176参照）。

③読み込むファイルを開きます。この際、「FILE_READ」と指定することで読み込みモードとして開きます。ファイルが正常に開かれたことを確認したら読み込み、表示処理を行います。

④ファイルの最後に達するまで処理を繰り返します。

⑤繰り返し処理のはじめに、画面をクリアします。

⑥画面は2行表示できるので、1行の表示処理を2回繰り返すようにします。line変数を利用し0、1を繰り返すようにしています。

⑦カーソルを表示を開始する先頭に移動しておきます。

⑧画面に表示する文字列を格納しておくdispchar変数をスペースで埋めておきます。

⑨1行は16文字表示可能なので、16回処理を繰り返すようにします。

⑩ファイルから1文字読み込みます。

⑪読み込んだ文字が改行を表す「¥n」（復帰）である場合に、現在の行の表示する文字を準備する処理をbreakで強制的に中止します。また、ファイルの最後まで達した場合も処理を中止します。

⑫Windowsでは、改行を表す文字列として「¥n」（復帰）と「¥r」（改行）を合わせて表記します。「¥n」は改行処理をしますが、「¥r」は何も処理しないと「||」のような余分な記号が表示されてしまいます。そこで「¥r」が現れた場合は無視するようにします。実際には「¥r」ではない場合に、dispchar変数に読み込んだ文字を格納しています。

⑬dispchar変数に表示する文字列が揃ったら、「charwrite()」関数で画面に表示します。

プログラムができあがったら、Arduinoにプログラムを転送します。すると、あらかじめSDカードに保存しておいたscript.txtファイルの内容を有機ELキャラクタデバイスに表示します。

●ファイルの内容を有機ELキャラクタデバイスに表示できた

NOTE

SPIとは

「**SPI**」(Serial Peripheral Interface) とは、モトローラ(現フリースケール・セミコンダクタ)が提唱した通信規格です。I^2C同様、デバイスやICなどとの相互通信が可能です。
SPIの特徴は高速通信に対応することです。I^2Cは標準モードで100Kbpsと低速です。高速モードに対応したデバイスであっても3.4Mbpsでの通信はできません。そのため、ストレージにデータを保存したり、ディスプレイなどの大きな容量を利用するデバイスにデータを転送するのには向きません。一方、SPIは数十Mbps(デバイスにより最大通信速度が異なります)での通信もできるようになっており、前述したような用途であっても対応可能です。
また、I^2C同様に複数のデバイスを接続して、個別に制御をします。制御するデバイスを「マスター」(**SPIマスター**)、制御されるデバイスを「スレーブ」(**SPIスレーブ**)と呼びます。Arduinoからデバイスを操作する場合は、Arduinoがマスターとなります。また、ほかのデバイスからArduinoをスレーブとして操作することも可能です。
SPIは4本の通信線で制御をします。通信データは2本の線を利用して転送します。「MOSI」(Master Out Slave In)はマスターからスレーブ方向にデータを転送し、「MISO」(Master In Slave Out)はスレーブからマスター方向にデータを転送します。
「SCK」(Serial Clock)は、通信するデバイス同士のタイミングを合わせるのに使います。「SS」(Slave Select)は、制御の対象となるデバイスを選択します。対象のデバイスのSSを0V(LOW)にすることで、制御できるようになります。もし、1つのデバイスに限定して操作する場合は、SSをGNDに接続しておいてもかまいません。また、SSのことを「CS」(Chip Select)や「CE」(Chip Enable)と呼ぶ場合もあります。

●4本の信号線で動作するSPIデバイス

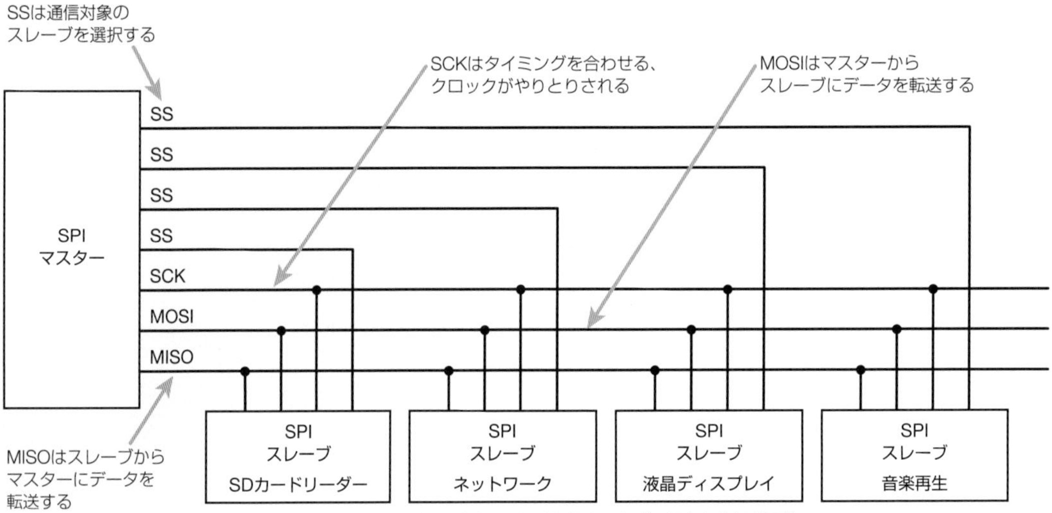

NOTE

Arduino Uno の SPI 端子

Arduino本体右にある「ICSP」ピンはArduinoのプロセッサへプログラムを書き込むために利用しますが、SPIとしても利用可能です。ICSPピンには番号がついており、左上が1番、その右が2番、左の2段目が3番と順に右下の6番まで割り振られています。それぞれのピンは次の図のような機能になっています。

●SPI端子の「ICSP」ピン

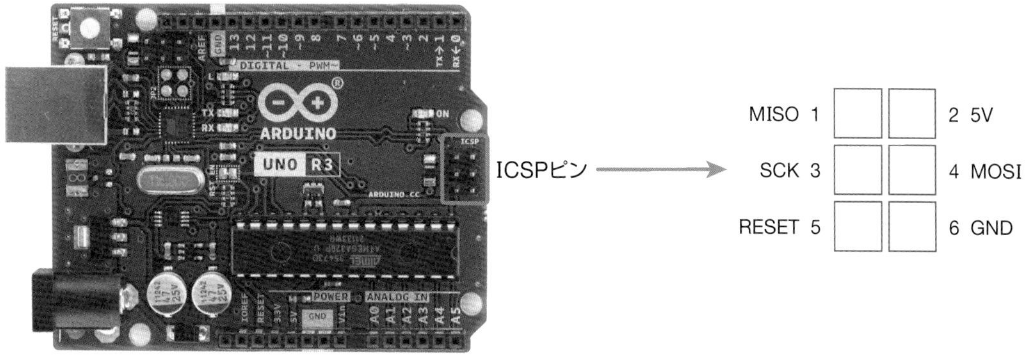

また、デジタル入出力ソケットのPD10からPD13がSPI通信用の端子として割り当てられています。オス―オスのジャンパー線しか持っていない場合でも、このソケットに接続することでSPI通信が可能です。
ただし、SPI通信を有効にすると、これら端子についてもSPI用に切り替わるため、他の用途に使えなくなるので注意しましょう。

●SPI通信に割り当てられているソケット

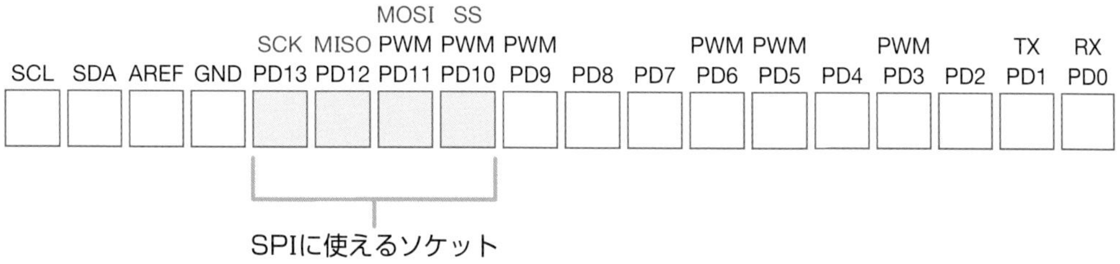

POINT

Arduinoの「SS」

Arduinoはマスターとして利用するだけでなく、別の機器からSPIを使ってスレーブとしてArduinoへ通信できます。スレーブとして通信するには、マスターからSSを制御する必要があります。Arduinoはスレーブで動作している場合には、PD10をSSとして利用するよう割り当てられています。PD10を入力モードに指定することで、スレーブとして動作します。他のデバイスからPD10をLOWにすることでArduinoとの通信が可能となります。

Chapter 8-3

ミュージックシールドを利用する

ミュージックシールドを用いれば、SDカードに保存しておいた音楽ファイルを再生することができます。シールドのみを接続して搭載されたボタンで制御できるほか、SPIなどを介してプログラムで制御することも可能です。

● ミュージックシールド

Arduinoはスピーカーなどを搭載していないため、そのままの状態では音声再生はできません。例えば、温度センサーが指定の温度以上になったときに通知音でユーザーに知らせるなどといった動作を実現するには、別途アンプやスピーカー回路をArduinoに接続する必要があります。このような場合は**ミュージックシールド**を使うことで、比較的簡単に音声再生が実現できます。

ミュージックシールドは、SeeedStudio社やAdafruit社などから販売されています。本書では、SeeedStudio社の「**Music Shield**」の利用方法を解説します。

●SeeedStudio社の「Music Shield」

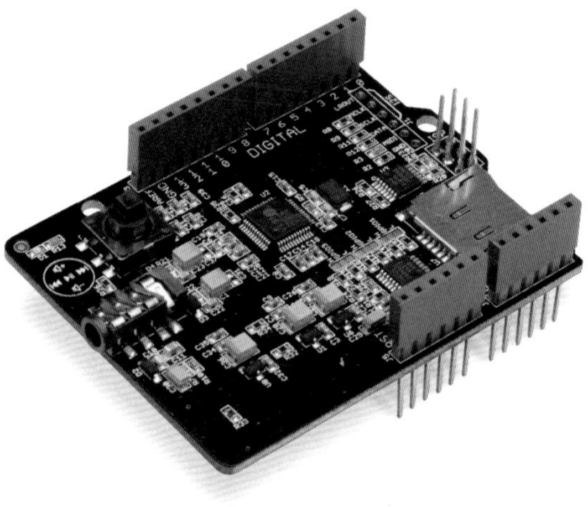

● SeeedStudio社の「Music Shield」

SeeedStudio社の「Music Shield」は、SDカード内に保存されている音声ファイルを読み込んで再生できます。「**mp3**」「**WAV**」「**WMA**」「**AAC**」「**Ogg Vorbis**」などと多様な音声ファイル形式に対応しています。**MIDI**での音楽再生にも対応しています。

Music ShieldはArduinoとのやりとりにSPIを利用しています。そして、再生をコントロールするためにデジタル入出力やアナログ入力のソケットを利用します。Music Shieldを利用する場合は、これらのソケットには他の電子回路を接続できません。

●Music Shieldが利用しているソケット・ピン

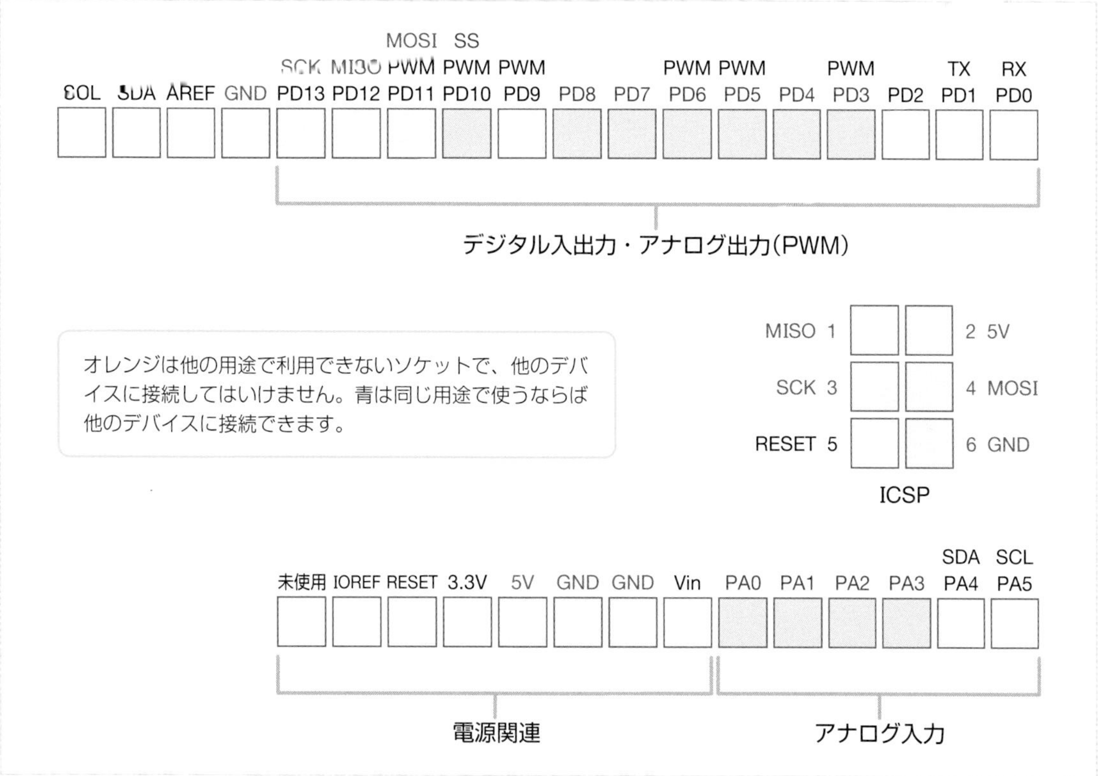

各ソケットの用途は右表の通りです。

●各ソケットの用途

ソケット	用途
PD3	音量を上げる
PD4	音量を下げる
PD5	再生・一時停止・録音を切り替える
PD6	前の曲に移動する
PD7	次の曲に移動する
PD8	再生状態を示すLED
PD10	SDカード利用する際のSS
PA0	再生ICをリセットする
PA1	再生するデータの要求
PA2	再生するデータの選択
PA3	利用するチップの選択

ライブラリを準備する

ミュージックシールドを利用するには、ライブラリを用意します。

「スケッチ」メニューから「ライブラリをインクルード」➡「ライブラリを管理」の順に選択します。

右上の検索ボックスに「music」と入力します。表示された一覧から「Music Shield by Seeed Studio」を選択して「インストール」をクリックすることで追加できます。

これでミュージックシールドが利用できるようになります。

●ライブラリのダウンロード

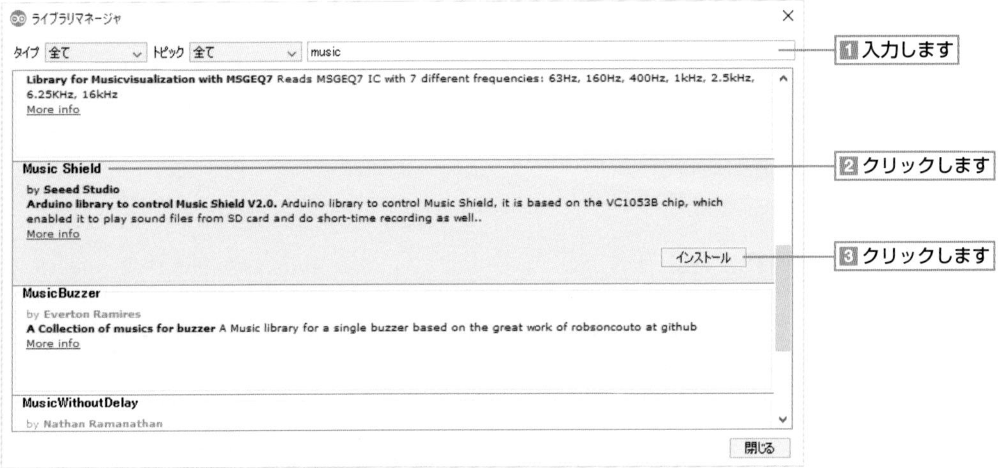

音楽を再生する

実際に音楽を再生してみましょう。

microSDカードに、再生する音楽ファイルを保存しておきます。ファイル名は「8文字.3文字」の形式にしておきます。本書の例では「music01.mp3」とします。

ファイルの準備ができたら、Music ShieldをArduinoにはめ込み、先ほど準備したmicroSDカードをシールドのmicroSDカードスロットに差し込みます。

Music Shieldには、スピーカーが搭載されていません。音楽を再生するには、シールド上にあるステレオジャックにスピーカーやイヤホンを接続します。

●Music Shieldを接続する

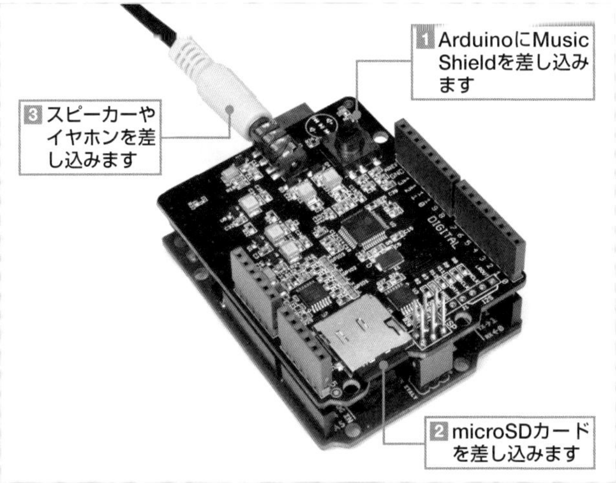
1 ArduinoにMusic Shieldを差し込みます
3 スピーカーやイヤホンを差し込みます
DIGITAL
2 microSDカードを差し込みます

接続したら右のようにプログラムをArduino IDEで作成します。

①Music Shieldを利用するためにライブラリ「MusicPlayer」を利用できるようにします。

②Music Shieldを利用するための「インスタンス.begin()」関数で初期化します。

③「player.addToPlaylist()」関数を利用して、再生する音楽ファイルを指定します。複数のファイルを再生する場合は、それぞれのファイルを「player.addToPlaylist()」関数で指定します。

④「player.play()」関数を指定すると、音楽の再生が開始されます。player.play()関数ではプレイリストにある音楽の再生を開始するほか、シールド上のボタン操作による制御などをします。

●SDカード内の音楽ファイルを再生する

sotech/8-3/music_play.ino

```
#include <MusicPlayer.h>
#include <SD.h>
#include <SPI.h>

void setup() {
    player.begin();

    player.addToPlaylist("music01.mp3");
    player.addToPlaylist("music02.mp3");
}

void loop() {
    player.play();
}
```

①ライブラリを読み込みます

②Music Shieldを初期化します

③再生する音楽ファイルを再生リストに追加します

④Music Shieldの制御関数を読み出し、再生を開始します

作成できたらArduinoにプログラムを転送します。これで音楽再生を開始します。再生後はMusic Shieldの左上にあるボタンを使って再生を制御できます。例えば、ボタンを押すと一時停止・再生を切り替えられます。また上下に倒すことで音量の調節、右左に倒すことで音楽リストの前または次の曲に移動します。

●音楽再生を制御する

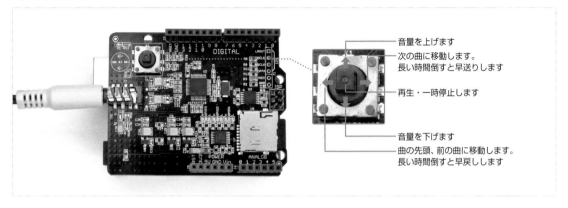

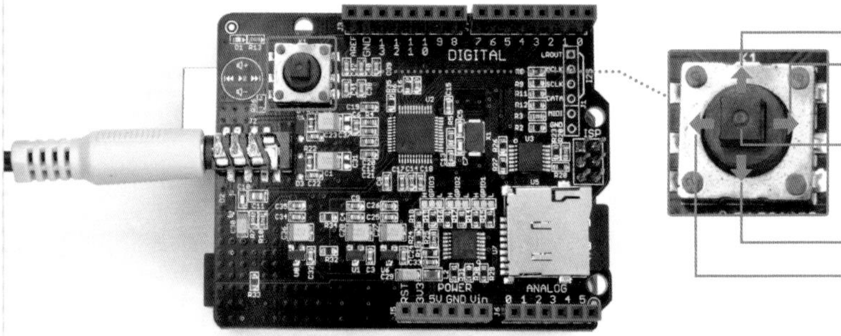

NOTE

利用できるmicroSDカード

Music Shieldは2GバイトまでのmicroSDカードに対応しています。大容量のSDHCやSDXCカードを差し込んでも正常には動作しません。microSDカードはFAT16またはFAT32形式でフォーマットしておく必要があります。

POINT

microSDカード内のファイルをプレイリストに追加する

楽曲ファイルは、「player.addToPlaylist()」関数でプレイリストに追加することで再生できます。しかし、microSDカードに新たな楽曲ファイルを追加した場合、player.addToPlaylist()関数でファイルをプレイリストに追加してArduinoへ書き込む必要があります。もし、頻繁に楽曲を入れ替えるとなると、書き換えの手間が面倒です。

このような場合は、microSDカード内に保存されているファイルを自動的にスキャンしてプレイリストを作成できます。自動スキャンをするには、player.addToPlaylist()関数の代わりに「player.scanAndPlayAll()」関数を指定します。これで、Arduinoが起動した際にSDカード内をスキャンして、保存されている楽曲ファイルのプレイリストが作成されます。

Chapter 8-4

無線LANシールドを利用する

無線LANシールドを用いれば、Arduinoで宅内に設置している無線LANアクセスポイントに接続して通信が可能です。インターネットへ接続してArduinoの各センサーの状態を外出先から確認したり、外出先からArduinoを遠隔操作したりできます。

● 無線LANシールド

パソコンやスマートフォン、携帯電話は言うに及ばず、デジカメやゲーム機、さらにテレビなどの家電製品も、宅内に接続したLAN環境からインターネットにアクセスできることが一般的です。インターネットに接続してWebサイトの情報を取得したり、ブログやSNSなどに自分の近況を投稿したりできます。しかし、Arduinoにはネットワークに接続するためのインタフェースが実装されていません。

そこで、**無線LANシールド**を使うことで、Arduinoでネットワークへの接続が可能になります。ネットワークに接続できれば、Arduinoに接続している各種センサーで取得した状態を外出先から確認するような回路の作成も可能です。Arduinoの遠隔操作も可能になり、例えば外出先からArduinoを介してエアコンの電源を入れる回路を作成する、などといった応用ができます。

●Adafruitの「AirLift Shield」

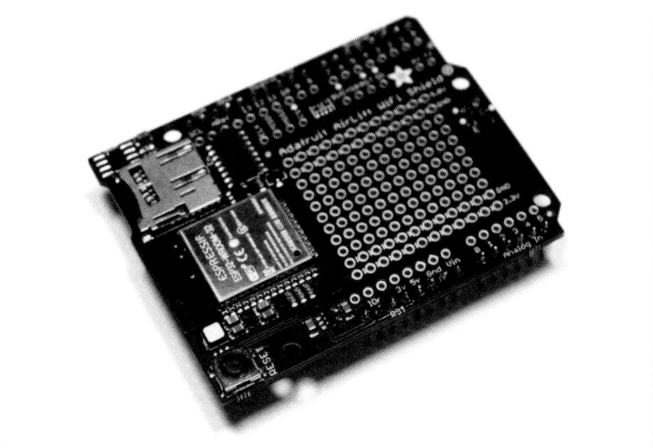

無線LANはケーブルで接続せずに通信ができるため、宅内どこに配置しても接続できます。さらに、動くような作品でも配線を気にせず無線で制御することも可能です。

無線LANシールドには、Adafruitが販売する「**AirLift Shield**」があります。本書ではこのシールドを利用してネットワークを利用する方法を解説します。

● Adafruitの「AirLift Shield」

AirLift Shieldは、p.23で紹介した**ESP-WROOM-32**を拡張ボードに搭載しています。ESP-WROOM-32はIEEE802.11 b/g/nに対応しており、一般的な無線LANアクセスポイントへの接続が可能となっています。AirLiftでは、SPIを使ってArduinoと通信するようになっています。このため、Arduinoに無線LAN機能を追加した形式になります。

microSDカードスロットを搭載し、通信結果やダウンロードしたファイルをmicroSDカード内に保存することも可能です。

AirLift Shieldでは、SPI通信用にデジタル入出力ソケットの一部を使うため、他の電子回路などを接続できません。また、SPIのSSは、ESP-WROOM-32がPD10、microSDがPD4に割り当てられています。なお、デジタル入出力の5、7番は、ESP-WROOM-32の制御に利用されています。

●AirLift Shieldが利用しているソケット・ピン

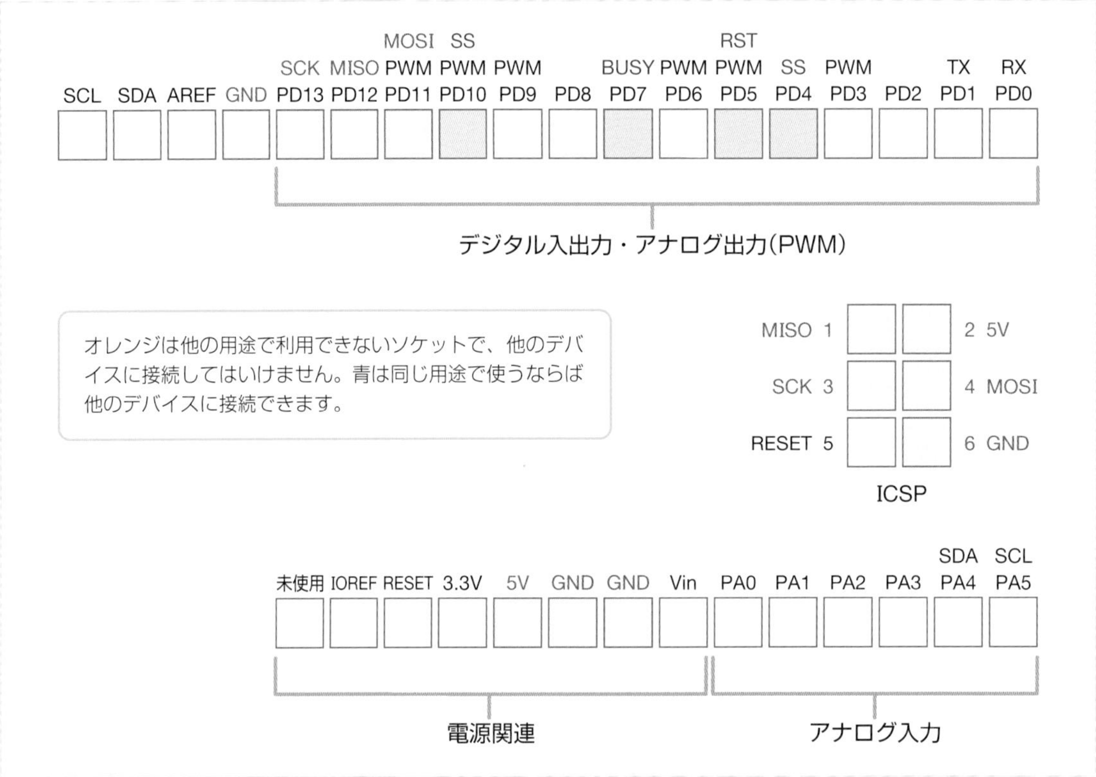

● ライブラリを導入する

Arduino IDEにAIrLift Shieldを動作させるためのライブラリを導入します。ライブラリは、AdafruitのShield説明ページ（https://learn.adafruit.com/adafruit-airlift-shield-esp32-wifi-co-processor/arduino#）にある「Download Adafruit's version of WiFi NINA」をクリックすることでダウンロードできます。

●ライブラリのダウンロード

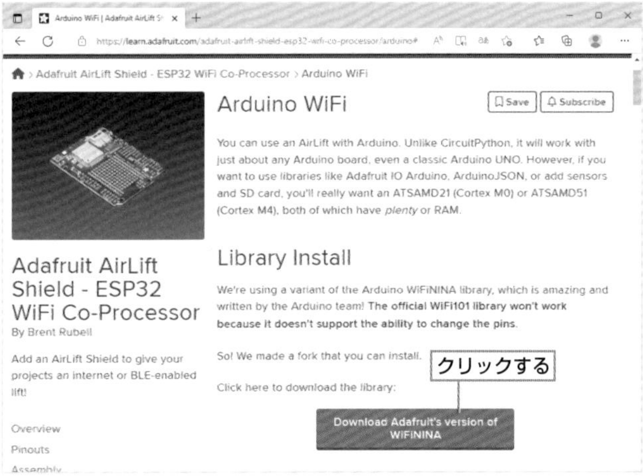

Arduino IDEを起動して、「スケッチ」メニューの「ライブラリをインクルード」➡「.ZIP形式のライブラリをインストール」を選択し、ダウンロードしたライブラリ「WiFiNINA-master.zip」を開きます。

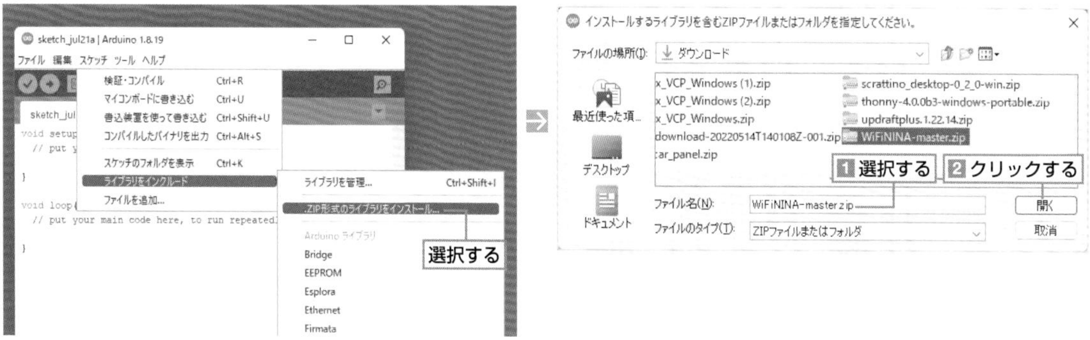

これでライブラリが利用できるようになりました。WiFiNINAライブラリを利用する場合は、右のように「SPI.h」と「WiFiNINA.h」をインクルードします。

```
#include <SPI.h>
#include <WiFiNINA.h>
```

アクセスポイントを探す

ライブラリの準備ができたら、現在利用可能なアクセスポイントを取得してみましょう。アクセスポイントの検索プログラムは、サンプルプログラムとして用意されています。Arduino IDEを起動し「ファイル」メニューの「スケッチ例」➡「WiFiNINA」➡「ScanNetworks」を選択します。

表示されたプログラムをArduinoに転送します。次にシリアルモニターを表示すると、利用できる無線LANアクセスポイントが表示されます。

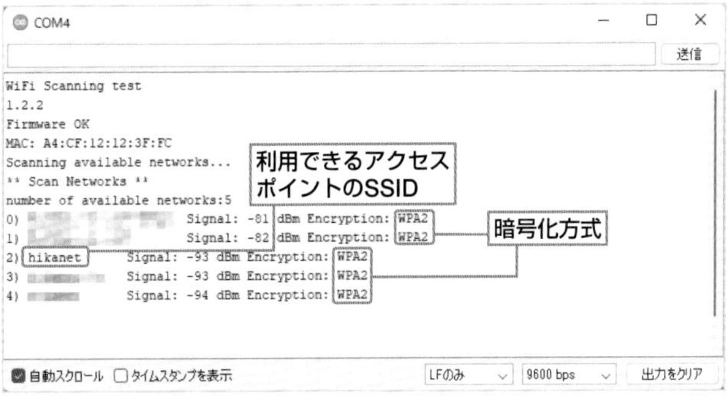

● アクセスポイントに接続する

無線LANで通信するには、アクセスポイントに接続する必要があります。これらの設定についてはプログラムで指定するようにします。無線LANの接続にはあらかじめ以下の設定情報が必要となります。

設定項目	例
アクセスポイントの名称（SSID）	hikanet
暗号化鍵	password

また、暗号方式としてWPAまたはAESが利用できます。ここでは一般的に利用されているAESでの接続方法を紹介します。

次のようにプログラムを作成します。

●無線LANアクセスポイントに接続

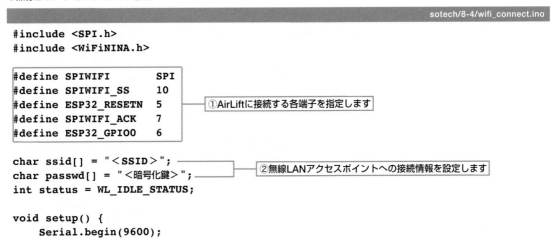

sotech/8-4/wifi_connect.ino

```
#include <SPI.h>
#include <WiFiNINA.h>

#define SPIWIFI        SPI
#define SPIWIFI_SS     10
#define ESP32_RESETN   5
#define SPIWIFI_ACK    7
#define ESP32_GPIO0    6

char ssid[] = "<SSID>";
char passwd[] = "<暗号化鍵>";
int status = WL_IDLE_STATUS;

void setup() {
    Serial.begin(9600);
```

①AirLiftに接続する各端子を指定します

②無線LANアクセスポイントへの接続情報を設定します

次ページへつづく

```
    WiFi.setPins( SPIWIFI_SS, SPIWIFI_ACK, ESP32_RESETN, ESP32_GPIO0, &SPIWIFI );

    while ( status != WL_CONNECTED ) {
        Serial.print( "Try Connect to " );
        Serial.println( ssid );
        status = WiFi.begin( ssid, passwd );

        delay( 10000 );
    }

    Serial.println( "Connected Successful." );

    IPAddress ip = WiFi.localIP();
    Serial.print( "IP Address: " );
    Serial.println( ip );
}

void loop(){
}
```

③接続している端子を設定します

④無線LANアクセスポイントへの接続を試みます

⑤割り当てられたIPアドレスを表示します

① AirLiftの端子や通信方法を設定します。通信はSPIでするので「SPIWIFI」にSPIと指定します。SPIのSSを指定する「SPIWIFI_SS」を10、リセット信号を送る「ESP32_RESETN」を5、AirLiftからの応答を受ける「SPIWIFI_ACK」を7として指定します。「ESP32_GPI」はESP-WROOM-32のGPIO0に接続する端子です。6を指定しますが、利用するにはAirLiftの背面にあるジャンパーにはんだ付けする必要があります。

② 接続する無線LANアクセスポイントへの接続情報を指定します。「ssid」にはアクセスポイントのSSIDを、passwdには暗号化鍵を指定します。

③ AirLiftの端子をセットします。各設定は①で指定した値を利用しています。

④ 接続を試みます。WiFi.begin()で接続処理をします。この際、アクセスポイントのSSIDと暗号化鍵を指定します。もし接続が完了すると「3」が返ります。そこで、戻り値が3になるまで接続を試みるようにします。なお、3は「WL_CONNECTED」と表せます。

⑤ 接続が完了したらWiFi.localIP()で割り当てられたIPアドレスを取得し、表示します。

プログラムが作成できたらArduinoへ転送します。シリアルモニターを表示すると、「Try Connect to SSID名」と表示され、指定したアクセスポイントに接続が試みられます。成功すれば「Connected Successful.」と表示され、その後に割り当てられたIPアドレスが表示されます。

●無線LANアクセスポイントへの接続

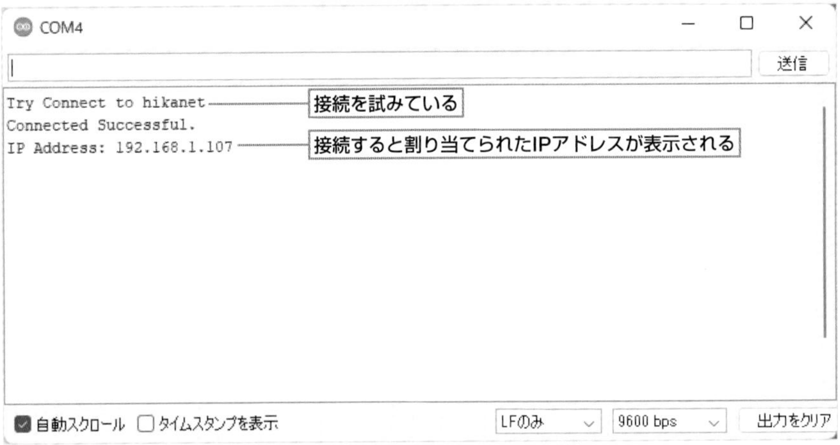

● Webページを取得する

無線LANアクセスポイントに接続できるようになったら、実際に通信をしてみましょう。指定したWebページにアクセスし、情報を取得してみます。ここでは、本書で用意したWebページにアクセスし、ページの内容を表示してみましょう。

次のようにプログラムを作成します。

●Webページを取得する

sotech/8-4/wifi_website.ino

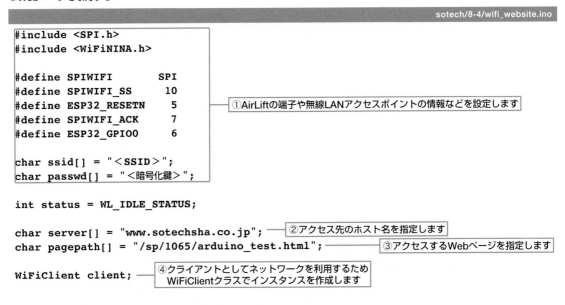

```
#include <SPI.h>
#include <WiFiNINA.h>

#define SPIWIFI       SPI
#define SPIWIFI_SS     10
#define ESP32_RESETN    5
#define SPIWIFI_ACK     7
#define ESP32_GPIO0     6

char ssid[] = "＜SSID＞";
char passwd[] = "＜暗号化鍵＞";

int status = WL_IDLE_STATUS;

char server[] = "www.sotechsha.co.jp";
char pagepath[] = "/sp/1065/arduino_test.html";

WiFiClient client;
```

①AirLiftの端子や無線LANアクセスポイントの情報などを設定します

②アクセス先のホスト名を指定します

③アクセスするWebページを指定します

④クライアントとしてネットワークを利用するため
WiFiClientクラスでインスタンスを作成します

次ページへつづく

```
void setup() {
    Serial.begin( 9600 );

    WiFi.setPins( SPIWIFI_SS, SPIWIFI_ACK, ESP32_RESETN, ESP32_GPIO0, &SPIWIFI );

    while ( status != WL_CONNECTED ) {
        Serial.print( "Try Connect to " );
        Serial.println( ssid );
        status = WiFi.begin( ssid, passwd );

        delay( 5000 );
    }

    Serial.println( "Coneccted Successful." );

    IPAddress ip = WiFi.localIP();
    Serial.print( "IP Address: " );
    Serial.println( ip );
```

⑤無線LANアクセスポイントへ接続を試みます

```
    Serial.println( );
}

void loop(){
    char buf;

    if ( client.connect(server, 80) ) {
```

⑥Webサーバーへ接続します

```
        client.print("GET ");
        client.print(pagepath);
        client.println(" HTTP/1.1");
        client.print("Host: ");
        client.println(server);
        client.println("Connection: close");
        client.println();
```

⑦WebサーバーにWebページをリクエストします

```
    } else {
        Serial.println("connection failed");
```

⑧接続に失敗した場合にエラーメッセージを表示します

```
    }

    while ( client.connected() ) {
```

⑨Webサーバーにアクセスしている間処理します

```
        if ( client.available() ) {
```

⑩Webサーバーから取得したデータを確認し、データがある場合に処理します

```
            buf = client.read();
            Serial.print(buf);
```

⑪取得したデータを1文字ずつシリアルモニタに表示します

```
        }
    }

    client.stop();
```

⑫Webサーバーとの接続を切ります

```
    delay(600000);
}
```

①前述のプログラム同様にAirLiftを利用するための端子の指定や、接続先のアクセスポイントの情報を指定します。

②アクセス先のWebサイトのホスト名を「server」変数に指定します。指定する場合は「http://」やホスト名の後に続くフォルダやファイル名は省きます。例えば、アクセス先URLが「http://www.sotechsha.co.jp/sp/1146/arduino_test.html」であれば、「www.sotechsha.co.jp」のみ指定します。

③アクセスするWebページのフォルダおよびファイル名を指定します。上記したURLであれば、ホスト名の後の「/sp/1146/arduino_test.html」を指定します。この際、初めの「/」は必ず入れるようにします。

④Arduinoをクライアントとしてサーバーにアクセスする場合は、「WiFiClient」クラスを利用します。WiFiClientクラスでインスタンス「client」を作成しておきます。

⑤無線LANアクセスポイントへ接続を試みます。接続が完了するまで何度も接続をトライします。

⑥Webサーバーへ接続します。接続には「インスタンス名.connect()」関数を利用します。関数には、接続先のホスト名、ポート番号を指定します。Webサーバーにアクセスする場合は、ポート番号に「80」を指定します。

⑦正常に接続した場合は、WebサーバーにWebページをリクエストします。リクエストには、所定のリクエスト方法でホスト名やWebページなどをWebサーバーに転送します。

⑧正常にアクセスできなかった場合は、シリアルモニタに接続が失敗したメッセージを表示します。

⑨接続が完了したら、Webサーバーから取得した内容を表示します。まず、Webサーバーに接続している間はwhile()文で繰り返し処理するようにします。また、Webサーバーに接続しているかは「インスタンス名.connected()」関数を用います。接続中は「true」、切断されている場合は「false」を返します。

⑩Webサーバーでリクエストを受理すると、その返事がArduinoに返ってきます。返ってきたデータはメモリー上に保持されるようになっています。まず、メモリー内にデータがある場合は表示処理をします。データがあるかは「インスタンス名.available()」関数を用います。するとデータのバイト数が返ります。

⑪データは「インスタンス名.read()」で1文字ずつ取得できます。取得文字をシリアルモニタに表示します。

⑫データを表示し終わったら、「インスタンス名.stop()」関数で接続を終了します。

作成できたらArduinoにプログラムを転送します。転送が完了したらシリアルモニタを表示します。Webサイトにアクセスし、取得したページの内容を表示します。Webページの内容のほかに、「ヘッダ」と呼ばれるWebサイトやページについての情報が付加されています。Webページの本体の内容は、ヘッダの後に付加されています。

●Webページの内容を取得できた

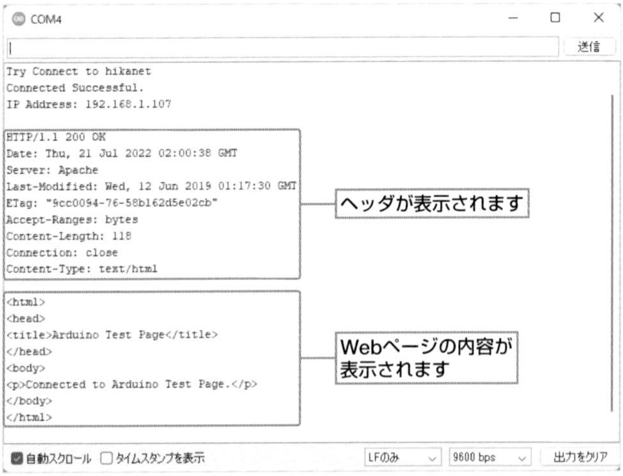

室内に人や動物がいるかをリモートで確認する

AirLift Shieldはクライアントとして動作するだけでなく、サーバーとしても動作します。サーバーとして動作させておけば、Arduinoに接続しているセンサーの状態を外出先から確認するなどといった操作も可能です。

ここでは、赤外線人体検知センサーを利用して、室内に人やペット（熱源）がいるかを検知して、Webサーバーで確認できるようにしてみます。

人やペットを感知するセンサー

赤外線人体検知センサー「焦電型赤外線センサー」を利用すれば、周囲に人やペットなどの熱源が存在するかを確認するセンサーとしてArduinoで利用できます。焦電型赤外線センサーは赤外線（熱）を検知します。動きのある熱源のみを検知して出力するので、人や動物を検知するのに適しています。熱源を検知した場合は入力している電源電圧を、何も検知していない場合は0Vを出力します。検出範囲は最大7mとなります。

●赤外線人体検知センサー「焦電型赤外線センサー」

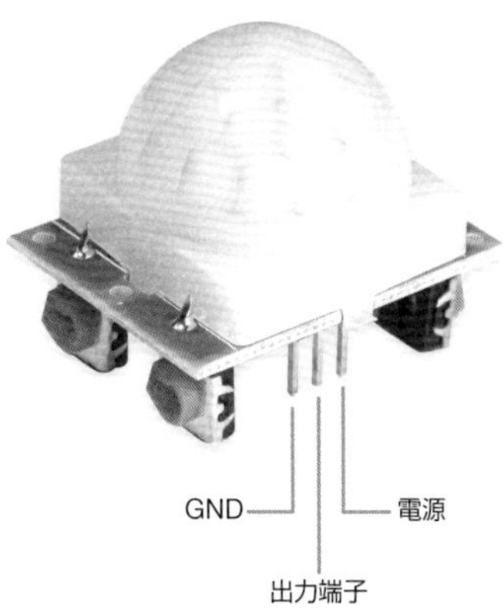

電子回路を作成する

赤外線人体検知センサーをArduinoに接続して熱源を検知できるようにしましょう。今回利用する「焦電型赤外線センサー」は、熱源を検知していない場合には「0V」、検知した場合は「5V」を出力するようになっているので、プルアップやプルダウンの処理が必要ありません。そのため、ブレッドボードを利用せずに焦電型赤外線センサーを直接Arduinoに接続してもかまいません。

Arduinoのソケットには AirLiftが差し込まれているため、Arduinoに直接焦電赤外線センサーを接続することはできません。しかし、AirLiftのピンヘッダーを取り付けた内側

●電子部品を接続できるピンヘッダーを取り付ける

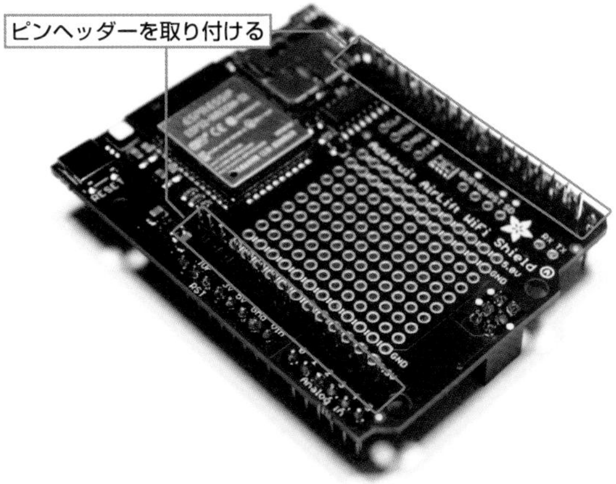

にそれぞれのソケットの接続する穴が開いているため、ここにピンヘッダーなどを取り付けることで他の電子部品（焦電赤外線センサー）を接続できるようになります。今回は、デジタル入出力の2番、5V、GNDそれぞれが利用できるようにピンヘッダーを取り付けておきます。

回路作成に利用する部品は次の通りです。

- 焦電型赤外線センサー ………… 1個
- ジャンパー線（メス―メス） ………… 3本

今回は焦電型赤外線センサーの状態をAirLiftの2番から取得するようにします。焦電型赤外線センサーの出力端子を2番に接続します。電源とGNDもそれぞれ接続しておきます。

●Arduinoと焦電型赤外線センサーの接続

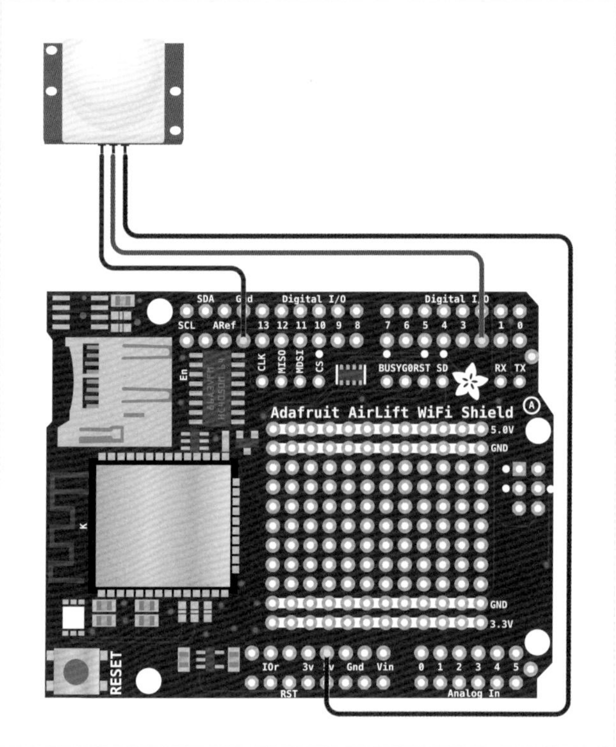

プログラムを作成する

回路が作成できたら、Arduinoにサーバープログラムを作成します。Arduino IDEで次のようにプログラムを入力します。

●人がいるかをWebサイトで閲覧できるようにする

sotech/8-4/wifi_pir_server.ino

```
#include <SPI.h>
#include <WiFiNINA.h>

#define SPIWIFI       SPI
#define SPIWIFI_SS     10
#define ESP32_RESETN    5
#define SPIWIFI_ACK     7
#define ESP32_GPIO0     6
```

①AirLiftの端子を設定します

次ページへつづく

```
const int PIR_SOCKET = 2;

char ssid[] = "<SSID>";
char passwd[] = "<暗号化鍵>";
int status = WL_IDLE_STATUS;

WiFiServer server( 80 );

void setup() {
    Serial.begin( 9600 );

    pinMode( PIR_SOCKET, INPUT );

    WiFi.setPins( SPIWIFI_SS, SPIWIFI_ACK, ESP32_RESETN, ESP32_GPIO0, &SPIWIFI );

    while ( status != WL_CONNECTED ) {
        Serial.print( "Try Connect to " );
        Serial.println( ssid );
        status = WiFi.begin( ssid, passwd );

        delay( 10000 );
    }

    Serial.println( "Coneccted Successful." );

    IPAddress ip = WiFi.localIP();
    Serial.print( "Server IP Address: " );
    Serial.println( ip );

    server.begin();
}

void loop(){
    char buf;
    boolean LineBlank;
    WiFiClient client = server.available();

    if ( client ){
        LineBlank = true;
        while ( client.connected() ){
            if ( client.available() ) {
                buf = client.read();

                if ( buf == '\n' && LineBlank ) {
```

②焦電型赤外線センサーを接続した端子を指定します

③接続する無線LANアクセスポイントの情報を指定します

④Webサーバーのインスタンスを作成します

⑤焦電赤外線センサーを接続した端子を指定します

⑥無線LANアクセスポイントへ接続を試みます

⑦シリアルモニタに割り当てられたIPアドレスを表示します

⑧Webサーバーを初期化します

⑨サーバーに接続したクライアントをWiFiClientクラスでインスタンスを作成する

⑩サーバーへ接続がある場合に処理を行います

⑪クライアントと接続を確立している場合に処理を繰り返します

⑫クライアントからのリクエストがある場合に処理します

⑬クライアントからのリクエストを1文字取得します

⑭リクエストに空行がある場合にクライアントへデータを返送します

次ページへつづく

Part 8 シールドを利用する

```
                    client.println("HTTP/1.1 200 OK");
                    client.println("Content-Type: text/html");
                    client.println("Connection: close");
                    client.println("Refresh: 5");
                    client.println();
                    client.println("<!DOCTYPE HTML>");
                    client.println("<html><body>");      ⑯焦電赤外線センサーの状態に応じて
                                                           メッセージを変えます
                    if ( digitalRead( PIR_SOCKET ) == 1 ){
                        client.print("<p>Someone is staying in the room.</p>");
                    } else {
                        client.print("<p>Nobody away from room.</p>");
                    }

                    client.println("</body></html>");
                    break; ── ⑰繰り返し処理を終了します          ⑮クライアントへデータを送ります
                }
                if ( buf == '\n' ) {
                    LineBlank = true;
                } else if ( buf != '\r' ) { ── ⑱空行を見つけるため、改行コードを確認します
                    LineBlank = false;
                }
            }
        }
        delay(1);
        client.stop(); ── ⑲クライアントとの接続を切断します
    }
}
```

①AirLiftを利用するための端子を指定します。

②焦電型赤外線センサーを接続した端子の番号を指定します。今回はPD2に接続したので「2」と指定します。

③無線LANアクセスポイントへ接続するための情報を指定します。

④ArduinoでWebサーバーを動作させるには、サーバー用のクラス「WiFiServer」クラスを利用します。インスタンスを作成しておきます。この際、リクエストを受け付けるポート番号を指定しておきます。Webサーバーの場合は「80」を指定します。

⑤初期設定では、焦電型赤外線センサーを接続したデジタル入出力ソケットの番号を入力しておきます。

⑥無線LANアクセスポイントへ接続を試みます。

⑦割り当てられたIPアドレスを表示します。Webブラウザからアクセスする場合はこのIPアドレスを指定します。

⑧「インスタンス名.begin()」関数を利用して、サーバーを初期化します。次に、クライアントからのリクエストを受け付けた際の処理をします。

⑨Webサーバーにリクエストしたクライアントとの接続をWiFiClientクラスでインスタンスを作成します。

⑩作成したインスタンスを確認し、実際にクライアントと接続されている場合に処理します。クライアントからサーバーに接続すると、リクエストされます。このリクエストが完了するまでデータ送信の待機が必要となり

ます。リクエスト内に空行が現れたところでリクエストが完了したことになります。

⑪クライアントとの接続が確立している場合に処理を繰り返すようにします。

⑫リクエスト内容が存在する場合は処理を続けます。

⑬リクエストの内容を1文字取得します。

⑭空行が現れたかを確認します。空行が現れたら返送処理します。

⑮返送は「インスタンス名.println()」関数と「インスタンス名.print()」関数を使ってデータを返送します。

⑯この際、焦電型赤外線センサーの状態を確認し、送信するメッセージを変えます。人を検知した場合は「Someone is staying in the room.」、誰もいない場合は「Nobody away from room.」と送信するようにします。

⑰データを返送したら、繰り返し処理を終了します。

⑱また、クライアントの返送をしない場合は、空行があるかを確認します。「¥r ¥n ¥r ¥n」と文字列が現れた場合に空行があることを示します。この確認には「LineBlank」変数を使います。まず「¥r」と「¥n」以外の文字の場合はLineBlankを「false」とします。次に「¥r」が現れた場合はLineBlankの状態をそのままの状態にします。¥rと¥n以外の文字列の後に「¥r」が現れたら、LineBlankは「false」のままです。その次に「¥n」が現れるとLineBlankが「true」に変わります。次に「¥r」が現れると、LineBlankはそのまま、つまり「true」のままとなります。最後に⑪の条件分岐で「¥n」とLineBlankが「true」の状態だと、空行であると判断します。

⑲データの返送が終わったら、「client.stop()」関数で切断します。

作成できたらArduinoにプログラムを転送します。転送が完了したらシリアルモニタを表示します。すると、AirLiftに割り当てられたIPアドレスを確認できます。

●WebサーバーのIPアドレスを確認

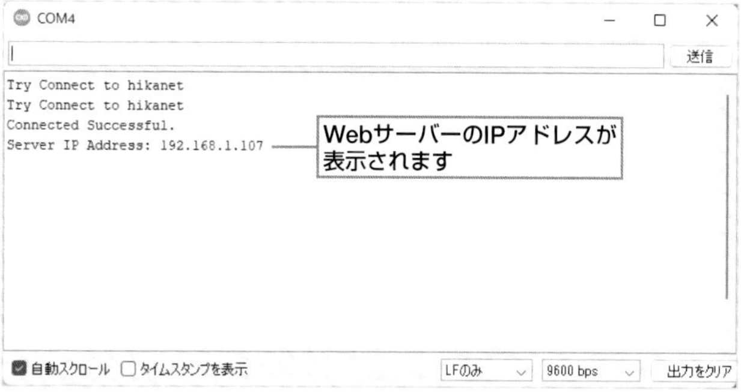

LAN内（同一ネットワーク内）のパソコンやスマートフォンなどでWebブラウザを起動して、表示されたIPアドレスにアクセスしてみます。焦電型赤外線センサーの状態によってメッセージが表示されます。

●焦電型赤外線センサーの状態によってメッセージが変化

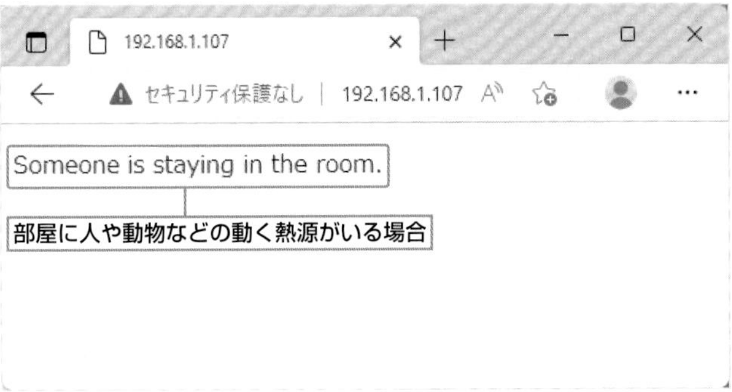

NOTE

外出先から確認できるようにするためには

外出先から確認できるようにするためにはLAN内で稼働中のサーバーへは、そのままではインターネットからはアクセスできません。通常はルーター（ブロードバンドルーターなど）でネットワークを分断しているためです。この場合、ブロードバンドルーターにポートフォワーディング設定を施すことで、外部からルーターに届いたリクエストをLAN内のサーバーへ転送するようにできます。これによって、LAN内に設置したサーバーを外部に公開できます。ブロードバンドルーターの設定画面で、「ポートフォワーディング」や「アドレス変換」などの項目を探し、Arduinoに割り当てられたIPアドレスを指定して、ポート80のリクエストを転送する設定を施します。これで、インターネットからブロードバンドルーターに割り当てられたグローバルIPアドレスにブラウザでアクセスすることで、外出先から焦電型赤外線センサーの状態を確認できるようになります。実際のブロードバンドルーターの設定は取扱説明書を参照してください。
ただし、インターネットにサーバーを公開する場合は、不正アクセスのリスクが発生します。セキュリティには十分注意する必要があります。

Appendix

付録

ここでは、Arduino IDEの主要な関数を解説します。
また、本書で使用した部品・製品や、電子パーツの取扱店についてもまとめました。

Appendix 1 Arduino IDEの関数リファレンス
Appendix 2 本書で扱った部品・製品一覧
Appendix 3 電子部品購入可能店情報

Appendix 1

Arduino IDEの関数リファレンス

Arduino IDEでは、各種制御に関数を利用します。ここでは、Arduino IDEに標準搭載するライブラリの関数や本書で利用したシールドの関数を紹介します。なお、本書で利用しなかったライブラリの説明は掲載していません。

データ型

変数や関数の戻り値にはデータの型が決まっています。次のようなデータ型を指定可能です。データ型の前に「unsigned」を指定すると正の整数のみ（倍の正の値まで）扱えるようになります。

また、関数で戻り値がない場合は「void」を指定します。

データ型	説明	利用できる範囲
boolean	0または1のいずれかの値を代入できます。 ON、OFFの判断などに利用します	0,1
char	1バイトの値を代入できます。文字の代入に利用されます	-128 ～ 127
int	2バイトの整数を代入できます。 整数を扱う変数は通常int型を利用します	-32,768 ～ 32,767
long	4バイトの整数を代入できます。 大きな整数を扱う場合に利用します	-2,147,483,648 ～ 2,147,483,647
float	4バイトの小数を代入できます。割り算した答えなど、整数でない値を扱う場合に利用します	3.4028235×10^{38} ～ $-3.4028235 \times 10^{38}$

配列

変数には複数のデータを集めた「配列」が利用できます。配列を使うには、変数名の後に大括弧（[]）を指定します。例えば、char型で配列名を「buf」とする場合は、「char buf[];」のように指定します。

また、大括弧の中に数値を指定することで、配列の大きさを指定できます。例えば、10個のデータを扱えるようにするには、「char buf[10];」とします。

配列のデータを扱うには、大括弧の中に扱うデータの番号を指定します。番号は0から数え始めます。4番目の配列に20を代入する場合は、「buf[3] = 20;」とします。

演算子

計算を行うには「+」「-」「*」「/」演算子で数値をつなぎます。「%」では割った値の余りを求められます。

また、計算結果などを変数に代入するには、「=」を利用します。例えば、変数「a」と変数「b」の足した結果を変数「ans」に代入する場合は、「ans = a + b;」と指定します。

「++」と「--」を使うと、変数の値に1を足すまたは引くことが可能です。

比較演算子

比較演算子では、2つの値を比較して成立しているかどうかを確認します。成立した場合には「1」(true)を、不成立の場合は「0」(false)を返します。

以下の比較演算子が利用可能です。例えば、変数「a」が10より大きいかを比較する場合には「a > 10」と指定します。

比較演算子	説明
==	2つの値が同じである場合に成立したと見なします
!=	2つの値が異なる場合に成立したと見なします
<	前の値より後ろの値が大きい場合に成立したと見なします
>	前の値より後ろの値が小さい場合に成立したと見なします
<=	前の値より後ろの値が大きいまたは同じである場合に成立したと見なします
>=	前の値より後ろの値が小さいまたは同じである場合に成立したと見なします

論理演算子

複数の条件式を合わせて判断する場合には、論理演算子を利用します。右表のような論理演算子が利用できます。

論理演算子	意味
A && B	A、Bの条件式がどちらも成立している場合のみ成立します
A || B	A、Bのどちらかの条件式が成立した場合に成立します
! A	Aの条件式の判断が逆になります。つまり、条件式が不成立な場合に成立したことになります

制御文

制御文を利用することで、条件により処理を分岐したり、繰り返して処理が可能です。次のような制御文が利用可能です。

条件分岐「if」

指定した条件式が成立した場合に続く処理を行います。条件分岐は右のように記述します。

```
if ( 条件式 ) {
    成立した場合に実行する
}
```

また、「else」を用いることで、条件が成立しない場合に処理を行うようにできます。

```
if ( 条件式 ) {
    成立した場合に実行する
} else {
    不成立の場合に実行する
}
```

さらに、「else if」を使うことで他の条件式を指定できます。「else if」を複数用いることで、さらに多くの条件分岐が行えます。

```
if ( 条件式A ) {
    条件式Aが成立した場合に実行する
} else if ( 条件式B ) {
    条件式Bが成立した場合に実行する
} else {
    どららの条件式ども不成立の場合に実行する
}
```

条件分岐「switch case」

指定した変数の値によって条件を分岐します。各条件は「case」の後に条件とする値を指定します。また、かならずcaseの最後に「:」を付加します。すべての条件に成立しない場合は、「default:」の処理を行います。

```
switch ( 対象の変数 ) {
    case 条件1:
      値が条件1の場合に実行する
    case 条件2:
      値が条件2の場合に実行する
    :
    default:
      すべての条件が成立しない場合に実行する
}
```

繰り返し「while」

指定した条件が成立している間は、繰り返し処理を行います。また、条件式の判断は初めに行い、その後繰り返し処理を行います。

```
while ( 条件式 ) {
    条件式が成立する間、繰り返し実行する
}
```

繰り返し「do while」

while同様に、指定した条件式が成立する間、繰り返し処理を行います。また、条件の判断は繰り返しの内容を実行した後に行います。whileの条件式の後にセミコロン（;）を忘れないようにしましょう。

```
do {
    条件式が成立する間、繰り返し実行する
} while ( 条件式 );
```

繰り返し「for」

変数の初期化、条件式、変数の変化を一括して指定できる繰り返し文です。初期化は初めの1度のみ実行され、条件式で判断して繰り返し処理を行います。また、繰り返し処理を行った後に値の更新を行い、条件判断を行います。

```
for ( 初期化; 条件式; 値の更新 ) {
    条件式が成立する間、繰り返し実行する
}
```

繰り返しの中止「break」

繰り返し処理や条件分岐で、「break」を指定することで繰り返しや条件分岐後の処理を終了し、次の処理に移ります。

繰り返しを続ける「continue」

繰り返し処理で、「continue」を指定することで現在の繰り返し処理を中止し、条件式の判断を行います。

関数を終了する「return」

関数を終了して、読み出し元の関数に戻ります。この際、returnの後に指定した値を元の関数に引き渡します。

基本ライブラリ

Arduino IDEでは、デジタルの制御などの関数やクラスが用意されています。これら関数は呼び出さずにそのまま使えます。

デジタル・アナログ入出力関連

Arduinoのデジタル入出力やアナログ入力を利用するには各関数を利用します。利用の際には、対象となるソケット番号を指定します。

項目名	デジタル入出力のモードを切り替える	
関数名	`void pinMode(uint8_t pin, uint8_t mode)`	
引 数	uint8_t pin	対象のデジタル入出力のソケット番号
	uint8_t mode	切り替えるモードを指定する
戻り値	なし	
説 明	指定したデジタル入出力ソケットのモードを、入力または出力に切り替えます。設定を行うデジタル入出力のソケット番号と切り替えるモードを指定します。モードは、出力にする場合は「OUTPUT」、入力にする場合は「INPUT」、プルアッ	

プした入力にする場合は「INPUT_PULLUP」と指定します。

項目名	デジタル入出力の出力を行う
関数名	`void digitalWrite(uint8_t pin, uint8_t value)`
引数	uint8_t pin　対象のデジタル入出力のソケット番号 uint8_t value　出力する状態（5VはHIGH、0VはLOW）
戻り値	なし
説明	指定したデジタル入出力ソケットに出力します。5Vを出力したい場合は「HIGH」、0Vを出力したい場合は「LOW」を指定します。

項目名	デジタル入出力の入力を行う
関数名	`int digitalRead(uint8_t pin)`
引数	uint8_t pin　対象のデジタル入出力のソケット番号
戻り値	ソケットの入力の状態をHIGHまたはLOWで返す
説明	指定したデジタル入出力のソケットの状態を確認します。5Vの場合は「HIGH」、0Vの場合は「LOW」を返します。

項目名	アナログ入力の基準電圧を設定する
関数名	`void analogReference(uint8_t mode)`
引数	uint8_t mode　基準電圧の選択方法を指定する
戻り値	なし
説明	アナログ入力は、ソケットにかかる電圧によって値が入力されます。通常であれば0Vの場合に0、5Vの場合に1023の値となります。Arduinoでは1023となる電圧である「基準電圧」を変更できます。変更にはanalogReference()関数を利用します。基準電圧は、「DEFAULT」と指定すると5V、「INTERNAL」と指定すると1.1Vと設定されます。また、「EXTERNAL」と指定すると、「AREF」ソケットにかけている電圧を基準電圧とします。ただし、AREFソケットには5V以上の電圧をかけてはいけません。

項目名	アナログ入力の入力を行う
関数名	`int analogRead(uint8_t pin)`
引数	uint8_t pin　対象となるアナログ入力のソケット番号
戻り値	対象ソケットの状態を0から1023で返す
説明	指定したアナログ入力のソケットの状態を確認します。状態は0から5Vの範囲で、0から1023の間の値を返します。例えば、2Vであればおおよそ「409」を返します。

項目名	デジタル入出力でアナログ（PWM）出力を行う
関数名	`void analogWrite(uint8_t pin, int value)`
引数	uint8_t pin　対象となるデジタル入出力のソケット番号 int value　出力する値を0から255の範囲で指定する
戻り値	なし
説明	Arduino Unoのデジタル入出力では、擬似的なアナログ値である「PWM」での出力に対応しています。0Vと5Vの状態を時間の割合で調整することで擬似的なアナログ電圧となります。例えば、100を出力すると、擬似的に2V程度の電圧となります。 Arduino UnoのPWMに対応したソケットは、PD3、PD5、PD6、PD9、PD10、PD11となります。

項目名	デジタル入出力に矩形波を出力する
関数名	`void tone(uint8_t pin, unsigned int frequency, unsigned long duration)`
引数	uint8_t pin　対象となるデジタル入出力のソケット番号 unsigned int frequency　出力する周波数 unsigned long duration　出力を行う時間（ミリ秒）

戻り値 なし

説　明 デジタル入出力から矩形波（0Vと5Vの状態を繰り返す波形）を出力します。出力には周波数をHz単位で指定します。また、durationに時間を指定することで、特定の時間の間出力を行えます。

項目名 **矩形波の出力を停止する**

関数名 `void noTone(uint8_t _pin)`

引　数

uint8_t pin	対象となるデジタル入出力のソケット番号

戻り値 なし

説　明 tone()関数で出力を開始した矩形波を停止します。

項目名 **パルスの検出を行う**

関数名 `unsigned long pulseIn(uint8_t pin, uint8_t state, unsigned long timeout)`

引　数

uint8_t pin	対象となるデジタル入出力のソケット番号
uint8_t state	計測する状態（HIGIまたはLOW）
unsigned long timeout	タイムアウトまでの時間（マイクロ秒）

戻り値 **パルスの長さ（マイクロ秒）を返す**

説　明 瞬時的にHIGHとLOWの状態が切り替わるようなパルスを検出します。検出するパルスはstateによってHIGH、LOWを選択します。HIGHを指定した場合は、0Vから5Vに変化した際に計測を行います。またパルス検出が開始されてから元の状態に戻るまでの時間をマイクロ秒単位で返します。timeoutでは、検出を行う時間をマイクロ秒単位で指定でき、この時間を超えると「0」を返します。

項目名 **1バイトのデータを1つのソケットに出力する**

関数名 `void shiftOut(uint8_t dataPin, uint8_t clockPin, uint8_t bitOrder, uint8_t val)`

引　数

uint8_t dataPin	データを出力するデジタル入出力のソケット番号
uint8_t clockPin	クロックを出力するデジタル入出力のソケット番号
uint8_t bitOrder	出力するデータの順序をMSBFIRSTまたはLSBFIRSTで指定する
uint8_t val	出力する1バイトのデータ

戻り値 なし

説　明 1バイトのデータを、所定のクロックタイミングで順に1ビットずつ出力します。例えば、「e3」を出力する場合は、「11100011」の順に出力します。clockPinで指定したソケットには、タイミングを計るクロックが出力され、このクロックに合わせて1ビットずつ出力を行います。
出力するデータはbitOrderで順序を指定できます。「MSBFIRST」を指定した場合は上位ビットから、「LSBFIRST」を指定した場合は下位ビットから出力されます。

項目名 **1ビットずつ入力し、1バイトのデータを取得する**

関数名 `uint8_t shiftIn(uint8_t dataPin, uint8_t clockPin, uint8_t bitOrder)`

引　数

uint8_t dataPin	データを入力するデジタル入出力のソケット番号
uint8_t clockPin	クロックを出力するデジタル入出力のソケット番号
uint8_t bitOrder	入力するデータの順序をMSBFIRSTまたはLSBFIRSTで指定する

戻り値 **入力したデータを1バイトで返します**

説　明 1つのデジタル入出力ソケットから1ビットずつ入力を行い、1バイトのデータを取得します。各ビットはclockPinで入力したクロックでタイミングを決めます。また、データの順序は、「MSBFIRST」で上位ビットから、「LSBFIRST」で下位ビットから入力します。

◈時間関連

項目名 **プログラム実行からの経過時間を取得する**

関数名 **`unsigned long millis(void)`**
`unsigned long micros(void)`

引数 なし

戻り値 **プログラム実行からの経過時間（ミリ秒またはマイクロ秒）を返す**

説明 プログラムの実行を開始してから、millis()またはmicros()関数が実行されるまでの経過時間を取得します。millis()関数はミリ秒単位で、micros()関数はマイクロ秒単位で経過時間を返します。

項目名 **プログラムの実行を所定時間待機する**

関数名 **`void delay(unsigned long mtime)`**
`void delayMicroseconds(unsigned int utime)`

引数

unsigned long mtime	待機時間（ミリ秒）
unsigned int utime	待機時間（マイクロ秒）

戻り値 **なし**

説明 指定した時間だけ待機します。delay()関数ではミリ秒単位、delayMicroseconds()関数ではマイクロ秒単位で指定します。

◆数学関連

項目名 **2つの値を比べる**

関数名 **`min(a,b)`**
`max(a,b)`

引数

a	1つ目の数値
b	2つ目の数値

戻り値 **min()は小さい方の数値を返す。max()は大きい方の値を返す**

説明 指定した2つの値を比べて、min()は小さい値を、max()は大きい値を返します。指定する値はどのデータ型でも対応します。

項目名 **絶対値を取得する**

関数名 **`abs(x)`**

引数

x	数値

戻り値 **絶対値を返す**

説明 負の数を正の数にする絶対値を取得します。指定する値はどのデータ型でも対応します。

項目名 **値を所定の範囲内に納める**

関数名 **`constrain(atm,low,high)`**

引数

atm	対象の値
low	範囲の最小値
high	範囲の最大値

戻り値 **範囲を超えない値を返す**

説明 atmがlowとhighの範囲内の場合はそのままatmを返します。また、atmがlowより小さい場合はlowを、highより大きい場合はhighを返します。指定する値はどのデータ型でも対応します。

項目名 **異なる範囲の値に変換する**

関数名 **`long map(long value, long fromLow, long fromHigh, long toLow, long toHigh)`**

引数

long value	対象の値
long fromLow	元の範囲の最小値
long fromHigh	元の範囲の最大値

long toLow	変換対象の範囲の最小値
long toHigh	変換対象の範囲の最大値

戻り値 変換した値を返す

説 明 与えた値を、元の範囲から変換対象の範囲に割合で変換します。例えば、元の範囲を1から10までとし、変換対象の範囲を1から100とした場合は、10倍された値を返します。また、値が元の範囲外である場合は、最小値または最大値となって返されます。

項目名 べき乗計算を行う

関数名 `double pow(float base, float exponent)`

引 数

float base	基数を指定します
float exponent	乗数を指定します

戻り値 baseをexponent分べき乗した値を返す

説 明 べき乗した計算を行います。baseには底となる数値を、exponentにはべき乗の値を指定します。例えば、pow(2,4)とすると「2の4乗」、つまり「16」が返ります。

項目名 平方根を計算する

関数名 `double sqrt(x)`

引 数

x	数値

戻り値 数値の平方根を計算した値を返す

説 明 平方根を計算します。例えば、sqrt(3)とすると、「1.73205081・・・」が返ります。指定する値はどのデータ型でも対応します。

項目名 三角関数の計算をする

関数名

```
double sin(float rad)
double cos(float rad)
double tan(float rad)
```

引 数

float rad	計算する数値

戻り値 計算結果の値

説 明 正弦（sin）、余弦（cos）、接弦（tan）の計算を行います。計算する値はラジアン単位で指定します。また、「PI」と記述すれば円周率（3.14159265358979323846264338327950）が代入されます。

項目名 乱数の種を指定する

関数名 `void randomSeed(unsigned int seed)`

引 数

unsigned int seed	乱数の種

戻り値 なし

説 明 乱数を初期化し、乱数に利用する種の値を指定します。種の値によって乱数列が作成されます。この乱数列は種が同じであれば同じ乱数列となります。そのため、プログラムを実行するごとに同じタイミングで乱数を取得すると、同様な値を取得する可能性があります。もし、完全に異なる乱数列を取得したい場合は、アナログ入力を指定し、環境ノイズからの値を利用するとよいでしょう。

項目名 乱数を取得する

関数名 `long random(long min, long max)`

引 数

long min	範囲の最小値
long max	範囲の最大値

戻り値 取得した乱数

説 明 指定した範囲内の乱数を取得します。また、minの値を省略した場合は、0からmaxの範囲の乱数を取得します。

◈ビット・バイト関連

項目名 与えた値の下位または上位バイトを取得する

関数名 `uint8_t lowByte(w)`
`uint8_t highByte(w)`

引数

w	対象の値

戻り値 上位または下位のバイトを返す

説明 与えた値を16進数にした際の、上位または下位の1バイトを返します。例えば16進数で「a74b」であれば、lowByte()の場合は「4b」、highByte()の場合は「a7」を返します。指定する値はどのデータ型でも対応します。

項目名 指定したビットを取得する

関数名 `bitRead(value, bit)`

引数

value	対象の値
bit	取り出すビットの桁

戻り値 取得したビットを返す

説明 指定した値を2進数にした際に、下位から数えた桁にあるビットを返します。例えば、145であれば、2進数に直すと「10010001」となり、5桁目を取得すると「1」を返します。指定する値はどのデータ型でも対応します。

項目名 特定の桁を変更した値を返す

関数名 `bitWrite(value, bit, bitvalue)`
`bitSet(value, bit)`
`bitClear(value, bit)`

引数

value	対象の値
bit	取り出すビットの桁
bitvalue	変更する値

戻り値 変更した値を返す

説明 指定した値を2進数にした際に、下位から数えた桁にあるビットをbitvalueに指定した値に変更します。例えば、bitWrite(234,2,0)とした場合を考えると、234の2進数は「11101010」となり、下位から数えた2桁目を「0」に変えると「11101000」つまり「232」を返します。
また、bitSet()は指定の桁を「1」に、bitClear()は指定の桁を「0」に変更します。

項目名 指定した桁のビットを1にした際の値を求める

関数名 `bit(n)`

引数

n	調べるビットの桁

戻り値 指定したビットを1にした値を返す

説明 2進数で下位からの指定した桁を「1」にした場合の値を返します。例えば、bit(6)とした場合は、「00100000」となり、「32」が返ります。

◈割り込み関連

Arduinoでは、処理を割り込む機能を搭載しています。例えば、重要な処理が発生した際に優先して実行を開始するなどしています。

また、特定のソケットの状態変化によって、所定の関数を実行できる割り込み機能が搭載されています。例えば、ソケットがLOWからHIGHに変化したらディスプレイに表示するといった処理が行えます。

割り込みに利用できるソケットはあらかじめ決まっています。また、それぞれのソケットには割り込みチャンネル番号が割り当てられています。Arduino Unoであれば、PD2を0チャンネル、PD3を1チャンネルとして使用できます。

項目名	**割り込みを有効にする**
関数名	**interrupts()**
引数	なし
戻り値	なし
説明	割り込み処理を有効にします。割り込みはプログラムの実行タイミングがずれる場合があります。

項目名	**割り込みを無効にする**
関数名	**noInterrupts()**
引数	なし
戻り値	なし
説明	割り込み処理を無効にします。タイミングが重要なプログラムを実行する際には一時的に割り込みを無効にしておくとよいでしょう。また、割り込みを無効にすると、シリアル通信の受信が無効になるなど、一部の機能が利用できなくなります。

項目名	**ソケットの状態によって割り込みを行う**
関数名	**void attachInterrupt(uint8_t ch, void (*)(void), int mode)**
引数	uint8_t ch 割り込みチャンネル void (*)(void) 割り込み時に実行する関数 int mode 割り込みを行うタイミング
戻り値	なし
説明	PD2、PD3の状態によって割り込みを実行します。割り込みのタイミングはmodeに指定します（下表）。割り込みを認識すると、(*)(void)で指定した関数を実行します。

LOW	LOWの状態
CHANGE	ソケットの状態に変化があった場合
RISING	LOWからHIGHに変化した場合
FALLING	HIGHからLOWに変化した場合

項目名	**特定のチャンネルの割り込みを無効にする**
関数名	**void detachInterrupt(uint8_t ch)**
引数	uint8_t ch 対象の割り込みチャンネル
戻り値	なし
説明	対象の割り込みチャンネルについて、割り込みを無効にします。

◆シリアル通信関連

ArduinoのUSBはシリアル通信を行えるようになっています。シリアル通信を行うことでArduino IDEのシリアルモニタでArduinoの状態確認などが可能です。また、PD0、PD1はシリアル通信のソケットとなっています。

シリアル通信には、「HardwareSerial」クラスを利用します。また、あらかじめ作成された「Serial」インスタンスを使って通信を行います。

項目名 シリアル通信を初期化する

関数名 `void begin(unsigned long speed)`

引数

unsigned long speed	通信速度

戻り値 なし

説明 シリアル通信を初期化します。また、通信する速度を指定します。速度は、300、1200、2400、4800、9600、14400、19200、28800、38400、57600、115200から選択します。

項目名 シリアル通信を終了する

関数名 `void end()`

引数 なし

戻り値 なし

説明 シリアル通信を終了します。終了することで、PD0とPD1をデジタル入出力として利用できます。

項目名 読み込み可能なバイト数を調べる

関数名 `int available(void)`

引数 なし

戻り値 残りのバイト数

説明 受信したデータの現在位置から最後までの容量を調べます。残り容量はバイト単位で返します。

項目名 1バイト読み込む

関数名 `int read(void)`

引数 なし

戻り値 読み込んだ1バイトを返す

説明 操作位置にある1バイトを読み出した値を返します。また、読み出した後は、1バイト分次に進みます。

項目名 1バイト読み込み、読み取り位置を動かさない

関数名 `int peek(void)`

引数 なし

戻り値 読み出した1バイト。正常に読み込めない場合は「-1」を返す

説明 受信したデータの操作位置にある1バイトを読み出した値を返します。また、読み出した後は、操作位置をそのままにしておきます。このため、次に読み込みを行う際に同じ1バイトが読み込まれます。

項目名 バッファからデータを削除する

関数名 `void flush(void)`

引数 なし

戻り値 なし

説明 バッファに保存されている受信データを破棄します。

項目名 データを送信する

関数名 `size_t write(data)`
`size_t write(const uint8_t *buf, size_t size)`

引数

uint8_t data	送信するデータ
const uint8_t *buf	送信する配列データ
size_t size	データの長さ

戻り値 送信したデータのバイト数

説明 Arduinoからデータを送信します。送信データは、数値は文字、配列などを指定できます。配列を指定する場合はデータ

の長さを指定します。

項目名 **文字列を送信する（改行なし）**

関数名 **`size_t print(data, BASE)`**

引数

data	書き込むデータ
BASE	書き込みデータの基数

戻り値 **送信したデータのバイト数**

説明 指定した文字列やデータを送信します。データは文字列や数値、変数などを指定可能です。また、続けて数値が10進数であるか、16進数であるかなどの基数を指定できます。

項目名 **文字列を送信する（改行あり）**

関数名 **`size_t println(data, BASE)`**

引数

data	書き込むデータ
BASE	書き込みデータの基数

戻り値 **送信したデータのバイト数**

説明 指定した文字列やデータを送信します。データは文字列や数値、変数などを指定可能です。また、続けて数値が10進数であるか、16進数であるかなどの基数を指定できます。送信したデータの後に改行を付加します。

◈サーボモーター関連

サーボモーター制御用ライブラリ「Servo」を使うと、サーボモーターを制御できます。ライブラリを使うには、プログラムの先頭に「#import <Servo.h>」と記述してライブラリを読み込んでおきます。

サーボモーターの制御用端子を、ArduinoのPWMが出力できるデジタル入出力ソケットに接続します。プログラムでは、それぞれのサーボモーターごとにServoクラスの「インスタンス」を作成して制御します。

項目名 **サーボモーターのインスタンスに接続されたデジタル入出力端子の番号の指定**

関数名 **`unit8_t attach(int pin, int min, int max)`**

引数

int pin	サーボモーターを接続した入出力端子のソケット番号
int min	角度が0度の時のパルス幅（マイクロ秒単位）。初期値は544
int max	角度が180度の時のパルス幅（マイクロ秒単位）。初期値は2400

戻り値 **インデックス値**

説明 作成したインスタンスに、制御対象のデジタル入出力端子を指定します。minとmaxで、0度および180度の際のパルス幅を指定できます。minとmaxは省略可能。

項目名 **設定されているデジタル入出力端子が割り当てられているかの確認**

関数名 **`bool attached( void )`**

引数 **なし**

戻り値 **割り当てられている場合はTrue、割り当てられていない場合はFalseを返します**

説明 指定したインスタンスにattach()関数でデジタル入出力端子が割り当てられているかを確認します。

項目名 **インスタンスに割り当てられている端子の解放**

関数名 **`void detach( void )`**

引数 **なし**

戻り値 **なし**

説明 attach()関数で割り当てられいるデジタル入出力端子を解放し、未割り当ての状態にします。

Appendix 付録

項目名	**所定の角度にサーボモーターを動かす**
関数名	**`void write(int value)`**
引　数	int value　　目的の角度
戻り値	**なし**
説　明	指定した角度（度数）までサーボモーターを動かします。

項目名	**パルス幅を指定してサーボモーターを動かす**
関数名	**`void writeMicroseconds(int value)`**
引　数	int value　　パルス幅をマイクロ秒単位で指定
戻り値	**なし**
説　明	サーボモーターの制御用PWM信号のパルス幅を指定してサーボモーターを動かします。

項目名	**現在のサーボモーターの角度を調べる**
関数名	**`int read( void )`**
引　数	なし
戻り値	**角度**
説　明	現在のサーボモーターの角度を調べます。実際には、直前に動かした際に指定した角度を返します。

● Wireライブラリ

I^2Cデバイスを制御するには、「Wire」ライブラリを利用します。ライブラリはArduino IDEに標準搭載されているためインストールの必要はありません。また、ライブラリを利用する際には「#include <Wire.h>」と呼び出しておきます。

Wireライブラリでは、I^2C制御用の「TwoWire」クラスが用意されています。実際にI^2Cデバイスをライブラリ上で作成されている「Wire」インスタンスを用います。

項目名	**I^2Cを初期化する**
関数名	**`void begin(int address)`**
引　数	int address　　Arduinoをスレーブとして利用する場合のアドレス
戻り値	**なし**
説　明	I^2Cの初期化を行います。引数に何も指定しない場合は、Arduinoから制御を行うマスターとして動作します。また、Arduinoをスレーブとして利用する場合は、スレーブ制御に用いる任意のアドレスを指定します。

項目名	**ほかのI^2Cデバイスからデータを要求する**	
関数名	**`uint8_t requestFrom(int address, int quantity, int stop)`**	
引　数	int address	対象のI^2Cスレーブアドレス
	int quantity	データのバイト数
	int stop	「1」を指定するとデータの転送後に停止メッセージ送信し、接続を終了する。「0」を指定するとデータ転送後でも接続を保持する
戻り値	**受信したデータのバイト数**	
説　明	ほかのI^2Cデバイスからデータの要求を行います。取得したデータはavailable()またはreceive()関数で取り出せます。	

項目名 I²Cスレーブにデータ送信を開始する

関数名 `void beginTransmission(int address)`

引数 int address　対象のI²Cスレーブアドレス

戻り値 なし

説明 指定したアドレスのI²Cデバイスに対してデータ転送を開始します。データ本体はwrite()関数を利用して転送を行います。

項目名 I²Cスレーブデバイスとのデータ転送を終了する

関数名 `uint8_t endTransmission(int stop)`

引数 int stop　「1」を指定するとデータの転送後に停止メッセージ送信し、接続を終了する。「0」を指定するとデータ転送後でも接続を保持する

戻り値 転送完了を成功したかを返します

説明 I²Cスレーブデバイスとの通信が完了したら、endTransmission()関数で終了をします。正しく終了できたら戻り値として「0」を返します。1から4が返ってきた場合は、通信が失敗したなどのエラーが発生していることを表します。

項目名 I²Cスレーブデバイスにデータを転送する

関数名 `size_t write(data)`
`size_t write(arraydata, length)`

引数

data	I²Cスレーブデバイスにデータを転送します
arraydata	配列型のデータ
length	転送するデータのバイト数

戻り値 転送したデータのバイト数を返します

説明 beginTransmission()関数で接続したI²Cスレーブデバイスに対してデータを転送します。数値や文字列、配列を指定して転送できます。配列を指定する場合は、送信するバイト数も指定します。

項目名 読み込み可能なデータ数を調べる

関数名 `int available(void)`

引数 なし

戻り値 読み込み可能なバイト数

説明 受信済みのデータで、read()関数で読み込んでいない残りのバイト数を確認します。

項目名 I²Cデバイスからデータを読み込む

関数名 `int read(void)`

引数 なし

戻り値 受信したバイト数を返す

説明 requestForm()関数で指定したI²Cスレーブデバイスに対してデータを読み込みます。

● SDライブラリ

SDカードを扱うためには「SD」ライブラリを使います。SDライブラリはArduino IDEに標準搭載されているため、別途インストールする必要はありません。SDライブラリを利用するには「#include <sd.h>」と呼び出しておきます。

SDライブラリは、SDカードのファイルシステムを制御する「SD」クラスと、保存されているファイルを操作する「File」クラスが用意されています。ファイルを操作する場合は「File」クラスのインスタンスを作成して利用します。

Appendix 付録

ArduinoのSDカードライブラリでは、「8文字.3文字」の形式のファイル名である必要があります。

SDクラス

項目名	**SDカード制御についての初期化を行う**
関数名	**`boolean begin(uint8_t csPin)`**
引数	uint8_t csPin　SPIのSSに割り当てられているソケット番号
戻り値	**SDカードを正常に初期化できた場合は「1」、できなかった場合は「0」を返す**
説明	SDカードを取り扱うための初期設定を行います。引数にはSPIでDカードを制御するためのSSに割り当てられているソケットの番号を指定します。SSはシールドによって異なります。

項目名	**ファイルが存在しているかを確認する**
関数名	**`boolean exists(char *filepath)`**
引数	char *filepath　調べるファイル名
戻り値	**ファイルが存在する場合は「1」、存在しない場合は「0」を返す**
説明	指定したファイルがSDカード内に存在するかを確かめます。ファイルがフォルダ内に保存されている場合は、スラッシュ（/）で区切りながらファイルのありかを記述します。

項目名	**フォルダを作成する**
関数名	**`boolean mkdir(char *filepath)`**
引数	char *filepath　作成するフォルダ名
戻り値	**フォルダの作成に成功した場合は「1」、失敗した場合は「0」を返す**
説明	SDカード内に指定したフォルダを作成します。また、既存のフォルダ内に新たなフォルダを作成する場合は、スラッシュ（/）で区切りながらフォルダを配置する位置を記述します。

項目名	**ファイルを開く**
関数名	**`File open(const char *filename, uint8_t mode)`**
引数	const char *filename　開く対象のファイル名 uint8_t mode　モード
戻り値	**成功した場合はFileオブジェクト、失敗した場合は「0」を返す**
説明	操作を行いたいファイルを開きます。引数には開く対象のファイル名とモードを指定します。モードは、ファイルの読み込みを行う「FILE_READ」と、ファイルの読み書きを行う「FILE_WRITE」のいずれかを指定します。ファイルを正常に開けた場合は、ファイルのオブジェクトが返ります。これをあらかじめ作成したFileインスタンスに代入します。

項目名	**ファイルを削除する**
関数名	**`boolean remove(char *filepath)`**
引数	char *filepath　削除対象のファイル名
戻り値	**削除に成功した場合は「1」、失敗した場合は「0」を返す**
説明	指定したファイルをSDカードから削除します。ファイルがフォルダー内に保存されている場合は、スラッシュ（/）で区切りながらファイルの場所を記述します。

項目名	**フォルダを削除する**
関数名	**`boolean rmdir(char *filepath)`**
引数	char *filepath　削除するフォルダ名
戻り値	**削除に成功した場合は「1」、失敗した場合は「0」を返す**

説明 指定したフォルダを削除します。また、フォルダ内にあるフォルダを削除する場合は、スラッシュ（/）で区切りながらフォルダを指定します。削除する際に、フォルダ内にファイルやフォルダが存在すると実行できません。

◆Fileクラス

項目名 読み込み可能なバイト数を調べる
関数名 `int available()`
引数 なし
戻り値 残りのバイト数
説明 開いているファイルで、現在の場所から最後までの容量を調べます。残り容量はバイト単位で返します。

項目名 ファイルを閉じる
関数名 `void close()`
引数 なし
戻り値 なし
説明 現在開いているファイルを閉じます。また、閉じると同時にファイルの変更内容をSDカードに書き込みます。

項目名 SDカードに書き込む
関数名 `void flush()`
引数 なし
戻り値 なし
説明 開いているファイルに、変更した内容をSDカードに書き込みます。また、書き込みが完了した後でもファイルは開かれた状態であるため、引き続き操作が可能です。

項目名 1バイト読み込み、読み取り位置を動かさない
関数名 `int peek()`
引数 なし
戻り値 読み出した1バイト。正常に読み込めない場合は「-1」を返す
説明 ファイルの読み出し位置にある1バイトを読み込んだ値を返します。また、読み込んだ後はファイルの読み出し位置をそのままにしておきます。このため、次に読み込みを行う際に同じ1バイトが読み込まれます。

項目名 操作位置を調べる
関数名 `uint32_t position()`
引数 なし
戻り値 現在の位置を返す
説明 現在の操作位置を調べます。ファイルでは操作する位置があり、その位置からデータの読み込みや書き込みを行うようになっています。

項目名 ファイルにデータを書き込む（改行なし）
関数名 `size_t print(data, BASE)`
引数

data	書き込むデータ
BASE	書き込みデータの基数

戻り値 なし
説明 指定した文字列やデータをファイルの操作位置に書き込みます。データは文字列や数値、変数などを指定可能です。また、続けて数値が10進数であるか、16進数であるかなどの基数を指定できます。
書き込んだデータの後は、改行を行いません。

Appendix
付録

項目名	**ファイルにデータを書き込む（改行あり）**
関数名	**`size_t println(data, BASE)`**
引　数	data　書き込むデータ BASE　書き込みデータの基数
戻り値	**なし**
説　明	指定した文字列やデータをファイルの操作位置に書き込みます。データは文字列や数値、変数などを指定可能です。また、続けて数値が10進数であるか、16進数であるかなどの基数を指定できます。 書き込んだデータの後に改行を行います。

項目名	**1バイト読み込む**
関数名	**`int read()`**
引　数	**なし**
戻り値	**読み込んだ1バイトを返す**
説　明	ファイルの読み出し位置にある1バイトを読み出た値を返します。また、読み出した後は、1バイト分次に進みます。

項目名	**操作位置を移動する**
関数名	**`boolean seek(uint32_t pos)`**
引　数	uint32_t pos　移動先の操作位置
戻り値	**移動に成功した場合は「1」、失敗した場合は「0」を返す**
説　明	開いているファイルの操作位置を移動します。移動先の指定はバイト単位でファイルの初めからのサイズで指定します。

項目名	**ファイルの容量を取得する**
関数名	**`uint32_t size()`**
引　数	**なし**
戻り値	**ファイルサイズ**
説　明	開いているファイルの容量を調べます。容量はバイト単位で返されます。

項目名	**文字列をファイルに書き込む**
関数名	**`size_t write(data)`** **`size_t write(const uint8_t *buf, size_t size)`**
引　数	data　書き込む文字列 const uint8_t *buf　配列データ size_t size　書き込む配列のバイト数
戻り値	**書き込んだバイト数**
説　明	ファイルの操作位置に文字列を書き込みます。書き込むデータは文字や文字列のほか、配列データの書き込みも行えます。 配列で書き込む場合は、配列のサイズを指定します。

● WiFiNINAライブラリ

AdafruitのAirLift Shieldで無線LAN通信をするには「WiFiNINA」ライブラリを利用します。ライブラリを利用するには、p.222で説明した方法でライブラリを導入する必要があります。また、ライブラリを利用するには「#include <WiFiNINA.h>」と呼び出しておきます。

WiFiNINAライブラリでは、「WiFi」クラス、「IPAddress」クラス、「WiFiServer」クラス、「WiFiClient」クラ

ス、「WiFiSSLClient」クラス、「WiFiUDP」クラスが用意されています（WiFiClientとWiFiUDPクラスは説明しません）。WiFIクラスではライブラリ上で作成される「WiFi」インスタンスを利用します。そのほかは、必要に応じてユーザー自身がインスタンスを作成して利用します。

WiFiNINAを利用するには、通信先のIPアドレスの指定など多くの場面でIPアドレスの指定を行います。このIPアドレスの指定にはIPAddressクラスでインスタンスを作成します。インスタンスの作成には「IPAddress ip(アドレス)」のように記述します。アドレスは、IPアドレスの4つのブロックをカンマで区切りながら指定します。

◆WiFiクラス

項目名 WiFiに接続する

関数名
```
int begin(const char* ssid)
int begin(const char* ssid, uint8_t key_idx, const char* key)
int begin(const char* ssid, const char *passphrase)
```

引数

const char* ssid	接続するアクセスポイントのSSID
uint8_t key_idx	WEPの鍵インデックス
const char* key	WEP鍵
const char *passphrase	WPAの暗号化鍵

戻り値
WL_CONNECTED　接続成功
WL_CONNECT_FAILED　接続失敗

説明 WiFiの指定したアクセスポイントへ接続を試みます。接続対象となるアクセスポイントのSSIDを指定します。またWEPやWPAで通信が暗号化されている場合は、暗号化鍵などを指定します。正常に接続されると「WL_CONNECTED」が返されます。

項目名 アクセスポイントモードで準備する

関数名
```
uint8_t beginAP(const char *ssid)
uint8_t beginAP(const char *ssid, uint8_t channel)
uint8_t beginAP(const char *ssid, const char* passphrase)
uint8_t beginAP(const char *ssid, const char* passphrase, uint8_t channel)
```

引数

const char* ssid	アクセスポイントのSSID
uint8_t channel	チャンネル
const char *passphrase	暗号化鍵

戻り値
WL_AP_LISTENING　準備完了
WL_CONNECT_FAILED　準備失敗

説明 アクセスポイントモードで動作させます。割り当てるSSIDやチャンネル、暗号化鍵を指定します。

項目名 接続を終了する

関数名
```
void end(void)
```

引数 なし

戻り値 なし

説明 WiFiのアクセスポイントへ接続していたり、アクセスポイントモードで動作している場合に、接続などを終了します。

項目名 ネットワーク情報を設定する

関数名
```
void config(IPAddress local_ip)
void config(IPAddress local_ip, IPAddress dns_server)
```

void config(IPAddress local_ip, IPAddress dns_server, IPAddress gateway)
void config(IPAddress local_ip, IPAddress dns_server, IPAddress gateway, IPAddress subnet)

引数		
	IPAddress local_ip	設定するIPアドレス
	IPAddress dns_server	名前解決に利用するDNSサーバーのIPアドレス
	IPAddress gateway	デフォルトゲートウェイのIPアドレス
	IPAddress subnet	ネットワークのサブネットアドレス

戻り値 なし

説明 IPアドレスやゲートウェイのアドレスなど、ネットワーク情報を設定します。

項目名 DNSのアドレスを設定する

関数名 void setDNS(IPAddress dns_server1)
void setDNS(IPAddress dns_server1, IPAddress dns_server2)

引数		
	IPAddress dns_server1	プライマリのDNSサーバーのアドレス
	IPAddress dns_server2	セカンダリのDNSサーバーのアドレス

戻り値 なし

説明 名前解決する際のDNSサーバーのアドレスを指定します。プライマリとセカンダリの二つ設定可能です。

項目名 ホスト名を設定する

関数名 void setHostname(const char* name)

引数		
	const char* name	ホスト名

戻り値 なし

説明 Arduinoに割り当てるネットワークのホスト名を指定します。

項目名 設定されているWiFiやネットワーク情報を取得する

関数名 const char* SSID()
int32_t RSSI()
uint8_t encryptionType()
IPAddress localIP()
IPAddress subnetMask()
IPAddress gatewayIP()
IPAddress dnsServerIP()

引数 なし

戻り値 SSIDなどのネットワーク情報

説明 設定されたネットワーク情報を取得します。SSID()ではSSID、RSSI()は電波強さ、encryptionType()は通信の暗号化の方式、localIP()関数ではIPアドレスを、subnetMask()関数ではサブネットマスクを、gatewayIP()関数ではデフォルトゲートウェイのIPアドレスを、dnsServerIP()関数ではDNSサーバーのIPアドレスを取得できます。

項目名 接続可能なアクセスポイントの数を取得する

関数名 int8_t scanNetworks()

引数 なし

戻り値 アクセスポイントの数

説明 利用可能なアクセスポイントを探し出し、その数を返します。

項目名 現在のステータスを取得します

関数名 uint8_t status()

引数 なし

戻り値	WL_CONNECTED	アクセスポイントへ接続できないでいる状態
	WL_AP_CONNECTED	アクセスポイントモードで動作させた場合に他の無線LANアダプタと接続している状態
	WL_AP_LISTENING	アクセスポイントモードで動作しており、接続を待っている状態
	WL_NO_SHIELD	WiFiシールドが接続されていない状態
	WL_NO_MODULE	WiFiモジュールとのやりとりができない状態
	WL_IDLE_STATUS	アイドル状態
	WL_NO_SSID_AVAIL	接続できるアクセスポイントが無い状態
	WL_SCAN_COMPLETED	アクセスポイントのスキャンが完了した状態
	WL_CONNECT_FAILED	接続が失敗した状態
	WL_CONNECTION_LOST	接続が失われた状態
	WL_DISCONNECTED	アクセスポイントから切断した状態

説　明　現在のネットワークアダプターの状態を返します。戻り値は数値となりますが、WL_CONNECTなどの上述した定数を利用することも可能です。

項目名　**省電力モードで動作させる**
関数名　**`void lowPowerMode()`**
引　数　なし
戻り値　なし
説　明　通信のやりとりを少なくするなどして、省電力で動作させます。

項目名　**省電力モードを無効にする**
関数名　**`void noLowPowerMode();`**
引　数　なし
戻り値　なし
説　明　省電力モードを無効化し、通常モードで動作します。

◆WiFiClientクラス

ほかのサーバーへアクセスを行う場合には、WiFiClientクラスを用いてインスタンスを作成します。また、Arduinoをサーバーとして動作させた際に、接続先のクライアントと通信を行う場合にもWiFiClientクラスを用います。インスタンスの作成は「WiFiClient client;」のように記述します。また、SSLによる暗号化通信をする場合には「WiFiSSLClient」クラスを利用します。インスタンスの作成は「WiFiSSLClient client;」のように記述します。

項目名　**接続の状態を確認する**
関数名　**`uint8_t connected()`**
引　数　なし
戻り値　接続中の場合は「1」、切断している場合は「0」を返す
説　明　クライアントが他のホストと接続状態であるかを確かめます。接続している場合は「1」を返します。

項目名　**ホストに接続を要求する**
関数名　**`int connect(IPAddress ip, uint16_t port)`**

`int connect(const char *host, uint16_t port)`

引数

IPAddress ip	接続対象のサーバーのIPアドレス
const char *host	接続対象のサーバーのホスト名
uint16_t port	接続先のポート番号

戻り値 なし

説明 指定したホストに接続を要求します。ホストにはIPアドレスまたはホスト名を指定できます。また、接続先のポート番号も同時に指定しておきます。

項目名 **SSLでホストに接続を要求する**

関数名 `int connectSSL(IPAddress ip, uint16_t port);`
`int connectSSL(const char *host, uint16_t port)`

引数

IPAddress ip	接続対象のサーバーのIPアドレス
const char *host	接続対象のサーバーのホスト名
uint16_t port	接続先のポート番号

戻り値 なし

説明 SSLによる暗号化通信で指定したホストに接続を要求します。ホストにはIPアドレスまたはホスト名を指定できます。また、接続先のポート番号も同時に指定しておきます。

項目名 **クライアントの状態を取得します**

関数名 `uint8_t status()`

引数 なし

戻り値 クライアントの状態

説明 接続状態しているかなどのクライアントの状態を取得します。

項目名 **接続中のホストにデータを送信する**

関数名 `size_t write(uint8_t data)`
`size_t write(const uint8_t *buf, size_t size)`

引数

uint8_t data	送信するデータ
const uint8_t *buf	送信する配列データ
size_t size	データの長さ

戻り値 送信を行ったバイト数

説明 接続中のホストに対して指定したデータを送信します。送信データは、数値は文字、配列などを指定できます。配列を指定する場合はデータの長さを指定します。

項目名 **接続中のホストに文字列を送信する(改行なし)**

関数名 `size_t print(data, BASE)`

引数

data	書き込むデータ
BASE	書き込みデータの基数

戻り値 なし

説明 指定した文字列やデータを接続中のホストに送信します。データは文字列や数値、変数などを指定可能です。また、続けて数値が10進数であるか、16進数であるかなどの基数を指定できます。

項目名 **接続中のホストに文字列を送信する(改行あり)**

関数名 `size_t println(data, BASE)`

引数

data	書き込むデータ
BASE	書き込みデータの基数

戻り値 なし

説明 指定した文字列やデータを接続中のホストに送信します。データは文字列や数値、変数などを指定可能です。また、続けて数値が10進数であるか、16進数であるかなどの基数を指定できます。送信したデータの最後に改行を付加します。

項目名 **接続先のホストから取得したデータのバイト数を取得する**

関数名 `int available()`

引数 なし

戻り値 **取得済みのデータのバイト数**

説明 接続先のホストからのデータを受信すると一時的にバッファに保存されます。このバッファに保存されているデータのバイト数を取得します。

項目名 **受信データを取得する**

関数名 `int read()`

`int read(uint8_t *buf, size_t size)`

引数

uint8_t *buf	読み込み対象のバッファを指定する
size_t size	バッファの最大値を指定する

戻り値 **データの1バイトを返す。データが存在しない場合は「-1」を返す**

説明 ホストから受信したデータを保存しているバッファから1バイト読み取ります。再度read()関数を実行すると、次の1バイトを読み取ります。

項目名 **バッファからデータを削除する**

関数名 `void flush()`

引数 なし

戻り値 なし

説明 バッファに保存されている受信データを破棄します。

項目名 **ホストから切断する**

関数名 `void stop()`

引数 なし

戻り値 なし

説明 接続中のホストから切断します。

◆WiFiServerクラス

Arduinoをサーバーとして動作させるには、WiFiServerクラスを用いてインスタンスを作成します。この際、インスタンスの作成時にサーバーの待機ポート番号を指定します。例えばWebサーバーを動作させるには「WiFi Server server(80);」のように記述します。

項目名 **サーバーを有効にし、待機状態にする**

関数名 `void begin()`

引数 なし

戻り値 なし

説明 サーバーを有効にし、インスタンスで指定したポート番号で待機状態にします。

項目名 **通信データの取得可能なクライアントを取得する**

関数名 **WiFiClient available(uint8_t* status = NULL)**

引数 なし

戻り値 **接続対象のWiFiClientオブジェクト**

説明 クライアントからサーバーに対して要求が行われ、受信したデータがある場合は、available()関数を用いて対象のクライアントのオブジェクトを取得できます。このオブジェクトをWiFiClientクラスのインスタンスに割り当てることで、相互通信を行えます。

項目名 **接続中のすべてのクライアントにデータを送信する**

関数名 **size_t write(uint8_t)**
size_t write(const uint8_t *buf, size_t size)

引数

uint8_t data	送信するデータ
const uint8_t *buf	送信する配列データ
size_t size	データの長さ

戻り値 **送信を行ったバイト数**

説明 リクエストがあり、接続が行われているすべてのクライアントに対してデータを送信します。送信データは、数値は文字、配列などを指定できます。配列を指定する場合はデータの長さを指定します。

項目名 **接続中のすべてのクライアントに文字列を送信する（改行なし）**

関数名 **size_t print(data, BASE)**

引数

data	書き込むデータ
BASE	書き込みデータの基数

戻り値 なし

説明 サーバーに接続中のすべてのクライアントに文字列を送信します。データは文字列や数値、変数などを指定可能です。また、続けて数値が10進数であるか、16進数であるかなどの基数を指定できます。

項目名 **接続中のすべてのクライアントに文字列を送信する（改行あり）**

関数名 **size_t println(data, BASE)**

引数

data	書き込むデータ
BASE	書き込みデータの基数

戻り値 なし

説明 サーバーに接続中のすべてのクライアントに文字列を送信します。データは文字列や数値、変数などを指定可能です。また、続けて数値が10進数であるか、16進数であるかなどの基数を指定できます。また、文字列の最後に改行コードを付加します。

Music Shieldライブラリ

SeeedStudio社の「Music Shield」用ライブラリの関数を紹介します。ライブラリを利用するには、p.218で説明したライブラリの導入が必要となります。また、ライブラリを利用するには「#include <MusicPlayer.h>」と呼び出しておきます。

インスタンスの作成には「MusicPlayer」クラスを利用します。また、「player」インスタンスがあらかじめ作成されており、このインスタンスを利用してMusic Shieldの制御が可能です。

項目名 **Music Shieldを初期化する**

関数名 **void begin(void)**

引数 なし

戻り値 なし

説明 Music Shieldの初期化を行います。初期化は最初の1回のみ実行すればよいので、setup()関数内に記述します。

項目名 プレイリストに楽曲ファイルを指定する

関数名 `void playOne(char *songName)`

引数

char *songName	楽曲のファイル名

戻り値 なし

説明 Music Shieldで再生する楽曲ファイルをプレイリストに指定します。指定するファイル名は「8文字.3文字」の形式である必要があります。また、フォルダー内に配置された楽曲ファイルを指定する場合は、パス表記で指定します。

項目名 プレイリストに楽曲ファイルを追加する

関数名 `boolean addToPlaylist(char *songName)`

引数

char *songName	楽曲のファイル名

戻り値 プレイリストに正常に追加できた場合は「1」、追加できなかった場合は「0」を返す

説明 プレイリストに別の楽曲ファイルを追加します。指定するファイル名は「8文字.3文字」の形式である必要があります。また、フォルダー内に配置された楽曲ファイルを指定する場合は、パス表記で指定します。
複数のファイルをプレイリストに追加する場合は、続けてaddToPlaylist()関数を使って楽曲ファイルを指定します。

項目名 SDカード内のすべての楽曲ファイルをプレイリストに登録する

関数名 `void scanAndPlayAll(void)`

引数 なし

戻り値 なし

説明 SDカード内に格納されている楽曲ファイルを自動的にスキャンし、プレイリストを作成します。

項目名 デジタル入出力ソケットの役割を変更する

関数名 `void attachDigitOperation(int pinNum, void (*userFunc)(void), int mode)`

引数

int pinNum	変更対象のソケット番号
void (*userFunc)(void)	ソケットに割り当てる機能
int mode	機能を動作させるための入力

戻り値 なし

説明 デジタル入出力ソケットに割り当てる機能を変更します。「pinNum」には対象となるデジタル入出力のソケット番号を指定します。「userFunc」にはソケットに割り当てる機能を指定します。主な機能は下表の通り。「mode」では、指定した機能を動作させるための入力を指定します。「HIGH」とした場合は、ソケットに5Vがかかっている場合に機能が動作します。逆に「LOW」とした場合は、ソケットに0Vとなっている場合に機能が動作します。

`opPlay`	音楽を再生します
`opPause`	音楽再生を一時停止します
`opStop`	音楽再生を停止します
`opVolumeUp`	音量を上げます
`opVolumeDown`	音量を下げます
`opNextSong`	次の楽曲に移動します
`opPreviousSong`	前の楽曲に移動します
`opFastForward`	早送りします
`opFastRewind`	早戻しします

項目名 アナログ入力ソケットの役割を変更する

関数名 `void attachAnalogOperation(int pinNum, void (*userFunc)(void))`

引数

int pinNum	変更対象のソケット番号

void (*userFunc)(void)	ソケットに割り当てる機能

戻り値 なし

説明 アナログ入力ソケットに割り当てる機能を変更します。「pinNum」には対象となるアナログ入力のソケット番号を指定します。「userFunc」にはソケットに割り当てる機能を指定します。たとえば「adjustVolume」を指定すると、アナログ入力の状況に従って音量を調節できます。

項目名 音量を調節します

関数名 `void setVolume(unsigned char volume)`

引数

unsigned char volume	音量を0から254の間の値で指定

戻り値 なし

説明 再生する音量を調節します。音量は0から254の範囲で指定します。この際、0は音量が最大、254は音量が最小となります。

項目名 音量を指定した値だけ変化させる

関数名 `void adjustVolume(boolean UpOrDown, unsigned char NumSteps)`

引数

boolean UpOrDown	音量を上げるか下げるかを指定する。「`true`」の場合は音量を上げ、「`false`」の場合は音量を下げる
unsigned char NumSteps	音量を変化させる度合いを指定します

戻り値 なし

説明 音量をNumStepsに指定した値だけ変化させます。また、UpOrDownには音量を上げる（true）か、下げる（false）かを指定します。例えば、現在の音量が100に設定されている状態で、「adjustVolume(true, 20)」実行すれば、音量が80に変化します。

項目名 曲の再生順や繰り返し再生を指定する

関数名 `void setPlayMode(playMode_t playmode)`

引数

playMode_t playmode	再生するモードを指定する

戻り値 なし

説明 プレイリストに登録した楽曲の再生順序や繰り返し再生を行うかなどを設定します。以下の表のモードを指定できます。

PM_NORMAL_PLAY	プレイリストを順に再生します
PM_SHUFFLE_PLAY	プレイリストにある楽曲をランダムに再生します
PM_REPEAT_LIST	プレイリスト上の曲を繰り返し再生します
PM_REPEAT_ONE	再生中の曲を繰り返し再生します

項目名 プレイリストから楽曲ファイルを除外します

関数名 `boolean deleteSong(char *songName)`

引数

char *songName	除外するファイル名

戻り値 プレイリストに正常に除外できた場合は「1」、除外できなかった場合は「0」を返す

説明 プレイリストに登録されている楽曲をプレイリストから除外します。除外すると対象の楽曲が再生されなくなります。また、除外したとしてもファイル本体はSDカード上に残っています。

項目名 シールド上にあるボタン操作の有効・無効を切り替える

関数名 `void keyEnable(void)`
`void keyDisable(void)`

引数 なし

戻り値 なし

説明 楽曲の再生や一時停止、音量の調節を行う、シールド上のボタン操作の有効・無効を切り替えます。「keyEnable()」を指定すればボタン操作が行え、「keyDisable()」を指定すればボタン操作が行えなくなります。

項目名 デジタル入出力、アナログ入力ソケットからの操作を有効にする

関数名 `void analogControlEnable(void)`
`void digitalControlEnable(void)`

引数 なし

戻り値 なし

説明 デジタル入出力やアナログ入力のソケットに接続した回路を使ってMusic Shieldを操作可能にします。

項目名 Music Shieldの制御を行う

関数名 `void play(void)`

引数 なし

戻り値 なし

説明 play()関数を呼び出すと、楽曲の再生が開始されます。また、この関数が呼び出されることで、ボタンを使った操作や、音量の調節などが実行されます。

項目名 Music Shieldの各機能を操作する

関数名 `void opPlay(void)`
`void opPause(void)`
`void opStop(void)`
`void opVolumeUp(void)`
`void opVolumeDown(void)`
`void opNextSong(void)`
`void opPreviousSong(void)`
`void opFastForward(void)`
`void opFastRewind(void)`

引数 なし

戻り値 なし

説明 各変数を呼び出すことで、割り当てられた機能を実行します。例えば、opPause()関数を呼び出すと、楽曲の再生が一時停止します。各関数の機能は以下の表の通り。

opPlay()	楽曲を再生します
opPause()	楽曲の再生を一時停止します
opStop()	楽曲の再生を停止します
opVolumeUp()	音量を上げます
opVolumeDown()	音量を下げます
opNextSong()	次の楽曲に移動します
opPreviousSong()	前の楽曲に移動します
opFastForward()	早送りします
opFastRewind()	早戻しします

Appendix 2

本書で扱った部品・製品一覧

本書で実際に使用した部品や製品の一覧です。購入する際の参考にしてください。また、表示価格は参考価格ですので、店舗などによって異なります。また、為替や原価の変動などにより、今後価格が変動する可能性もありますので、その点をご注意ください。

Arduino関連

品名	参考価格	参照ページ
Arduino Uno R3	3,000円	13, 15
USBケーブル (USB2.0ケーブル A—Bタイプ)	300円	26
ACアダプター (出力DC9V、1.3A)	700円	27
ACアダプター(USB出力) (1A)	500円	27
外部バッテリー (5800mAh、USB出力端子)	3,000円	30
AirLift Shield	2,541円	221
SD Card Shield	2,000円	202
Music Shield	3,800円	216
micro SDカード(2Gバイト)	500円	204, 218

電子部品関連

品名	購入個数	参考価格	購入店	参照ページ
ブレッドボード 1列10穴(5×2)30列、電源ブレッドボード付き	1個	200円	—	93
オス—オス型ジャンパー線 10cm、20本セット	2セット	360円 (単価:180円)	—	94
メス—メス型ジャンパー線 15cm、10本セット	1セット	330円	—	94, 230

品 名	購入個数	参考価格	購入店	参照ページ
カーボン抵抗（1/4W）	100Ω：1本 200Ω：1本 470Ω：1本 1kΩ：2本 5.1kΩ：1本 10kΩ：1本	30円 （単価：5円）	―	94, 106, 110, 116, 126, 139, 189, 193
半固定抵抗（10kΩ）	1個	30円	―	131
積層セラミックコンデンサー	10μF：1個	15円	―	126, 146, 193
φ5mm赤色LED 順電圧：2V　順電流：20mA	1個	15円	―	96, 106, 110
白色LED（OSW44P5111A） 順電圧：2.9V　順電流：30mA	1個	180円	秋月電子通商	189
タクトスイッチ	2個	100円 （単価：50円）	―	116, 193
CdSセル「GL5528」	1個	40円	―	137, 189
ロジックIC「74LS14」「74HC14」	1個	50円	―	127
モーター制御用ICモジュール「DRV8835使用ステッピング&DCモータドライバモジュール」	1個	300円	秋月電子通商	146, 193
DCモーター「FA-130RA」	1個	120円	秋月電子通商	146, 193
電池ボックス 単3×2本　リード線・フタ・スイッチ付	1個	80円	秋月電子通商	146, 193
高精度温湿度センサモジュールキット「SHT31-DIS」	1個	3,743円	秋月電子通商	165, 208
有機ELキャラクタデバイス	1個	1,280円	秋月電子通商	172, 211
I^2Cバス双方向電圧レベル変換モジュール	1個	150円	秋月電子通商	173
赤外線人体検知センサー「焦電型赤外線センサー」	1個	400円	秋月電子通商	229
サーボモーター Tower Pro「SG-90」	1個	400円	秋月電子通商	153

Appendix 3

電子部品購入可能店情報

電子部品を購入できる代表的な店舗を紹介します。ここで紹介した店舗情報は、2022年8月時点のものです。今後、変更になる場合もあります。実際の店舗情報や取り扱い製品などの詳細については、各店舗のWebページを参照したり、直接電話で問い合わせるなどして確認してください。

インターネット通販店

スイッチサイエンス	URL▶ http://www.switch-science.com/
ストロベリー・リナックス	URL▶ http://strawberry-linux.com/
KSY	URL▶ https://raspberry-pi.ksyic.com/
RSコンポーネンツ	URL▶ https://jp.rs-online.com/web/

各地域のパーツショップ

通販 通信販売も行っている店舗（通販の方法は店舗によって異なります）

北海道	
梅澤無線電機　札幌営業所 通販	URL▶ http://www.umezawa.co.jp/ 所在地▶ 北海道札幌市中央区南2条西7丁目2-3 電話▶ 011-251-2992
東北	
電技パーツ 通販	URL▶ http://www.dengiparts.co.jp
電技パーツ　本社	所在地▶ 青森県青森市第二問屋町3-6-44 電話▶ 017-739-5656
電技パーツ　八戸店	所在地▶ 青森県八戸市城下4-10-3 電話▶ 0178-43-7034
梅澤無線電機　仙台営業所 通販	URL▶ http://www.umezawa.co.jp/ 所在地▶ 宮城県仙台市太白区長町南4丁目25-5 電話▶ 022-304-3880
マルツ　仙台上杉店 通販	URL▶ http://www.marutsu.co.jp/ 所在地▶ 宮城県仙台市青葉区上杉3-8-28 電話▶ 022-217-1402
笹原デンキ	URL▶ http://sasahara-denki.la.coocan.jp/ 所在地▶ 山形県山形市東原町4-7-6 電話▶ 023-622-3355

尾崎電業社	URL▶ http://www.nadeshiko.jp/ozaki/ 所在地▶ 福島県福島市宮下町4-22 電話▶ 024-531-0210
パーツセンターヤマト	所在地▶ 福島県郡山市中町15-27 電話▶ 024-922-2262
若松通商 会津営業所 通販	URL▶ http://www.wakamatsu.co.jp/ 所在地▶ 福島県会津若松市駅前町7-12 電話▶ 0242-24-2868
関東	
ゴンダ無線	URL▶ http://www12.plala.or.jp/g-musen/ 所在地▶ 栃木県小山市東間々田1-9-7 電話▶ 0285-45-7936
ヤナイ無線	URL▶ http://park23.wakwak.com/~yanaimusen/ 所在地▶ 群馬県伊勢崎市日乃出町502-7 電話▶ 0270-24-9401
スガヤ電機	URL▶ http://yogoemon.com/ 所在地▶ 群馬県前橋市天川町1667-22 電話▶ 027-263-2559
秋月電子通商 八潮店 通販	URL▶ http://akizukidenshi.com/ 所在地▶ 埼玉県八潮市木曽根315 電話▶ 048-994-4313
サトー電気 通販	URL▶ http://www.maroon.dti.ne.jp/satodenki/
川崎店	所在地▶ 神奈川県川崎市川崎区本町2-10-11 電話▶ 044-222-1505
横浜店	所在地▶ 神奈川県横浜市港北区鳥山町929-5-102 電話▶ 045-472-0848
タック電子販売 通販	URL▶ http://www.tackdenshi.co.jp/ 所在地▶ 横浜市中区松影町1-3-7 ロックヒルズ2F 電話▶ 045-651-0201
東京	
東京ラジオデパート 通販（一部店舗）	URL▶ http://www.tokyoradiodepart.co.jp/ 所在地▶ 東京都千代田区外神田1-10-11 ※各店舗についてはホームページを参照してください
ラジオセンター 通販（一部店舗）	URL▶ http://www.radiocenter.jp/ 所在地▶ 東京都千代田区外神田1-14-2 ※各店舗についてはホームページを参照してください
マルツ 通販	URL▶ http://www.marutsu.co.jp/
秋葉原本店	所在地▶ 東京都千代田区外神田3丁目10-10 電話▶ 03-5296-7802
若松通商 通販	URL▶ http://www.wakamatsu.co.jp/
秋葉原駅前店	所在地▶ 東京都千代田区外神田1-15-16 秋葉原ラジオ会館4F 電話▶ 03-3255-5064

秋月電子通商　秋葉原店 通販		URL▶ http://akizukidenshi.com/ 所在地▶ 東京都千代田区外神田1-8-3 野水ビル1F 電話▶ 03-3251-1779
千石電商 通販		URL▶ http://www.sengoku.co.jp/
	秋葉原本店	所在地▶ 東京都千代田区外神田1-8-6 丸和ビルB1-3F 電話▶ 03-3253-4411
	秋葉原2号店	所在地▶ 東京都千代田区外神田1-8-5 高田ビル1F 電話▶ 03-3253-4412
	ラジオデパート店	所在地▶ 東京都千代田区外神田1-10-11 東京ラジオデパート1F 電話▶ 03-3258-1059
サトー電気　町田店 通販		URL▶ http://www.maroon.dti.ne.jp/satodenki/ 所在地▶ 東京都町田市森野1-35-10 電話▶ 042-725-2345
中部		
大須第1アメ横ビル 通販（一部店舗）		URL▶ http://osu-ameyoko.co.jp/ 所在地▶ 愛知県名古屋市中区大須3-30-86 ※各店舗についてはホームページを参照してください
大須第2アメ横ビル 通販（一部店舗）		URL▶ http://osu-ameyoko.co.jp/ 所在地▶ 愛知県名古屋市中区大須3-14-43 ※各店舗についてはホームページを参照してください
マルツ 通販		URL▶ http://www.marutsu.co.jp/
	静岡八幡店	所在地▶ 静岡県静岡市駿河区八幡2-11-9 電話▶ 054-285-1182
	浜松高林店	所在地▶ 静岡県浜松市中区高林4-2-8 電話▶ 053-472-9801
	名古屋小田井店	所在地▶ 愛知県名古屋市西区上小田井2-330-1 電話▶ 052-509-4702
	金沢西インター店	所在地▶ 石川県金沢市間明町2-267 電話▶ 076-291-0202
	福井二の宮店	所在地▶ 福井県福井市二の宮2-3-7 電話▶ 0776-25-0202
無線パーツ		URL▶ http://www.musenparts.co.jp/ 所在地▶ 富山市根塚町1-1-1 電話▶ 076-421-6887
松本電子部品商会		所在地▶ 長野県松本市巾上5-45 電話▶ 0263-32-9748
松本電子部品飯田 通販		URL▶ http://www.mdb.jp/ 所在地▶ 長野県飯田市三日市場1177-3 電話▶ 0265-48-5217
松本電子部品諏訪		URL▶ http://suwa-net.com/MDB/ 所在地▶ 長野県下諏訪町東赤砂4528-1 電話▶ 0266-28-0760

よりみち 通販	URL	http://www.yorimichi.co.jp/
	所在地	静岡県富士市宮島1443
	電話	0545-63-0010
RPEパーツ 通販	URL	http://rpe-parts.co.jp/shop/
	所在地	愛知県名古屋市熱田区金山町2丁目8-3 ミスミ・ビル3F
	電話	052-678-7666
タケウチ電子 通販	URL	http://www2.odn.ne.jp/~aag56520/www2.odn.ne.jp/
	所在地	愛知県豊橋市大橋通2-132-2
	電話	0532-52-2684
関西		
マルツ　大阪日本橋店 通販	URL	http://www.marutsu.co.jp/
	所在地	大阪府大阪市浪速区日本橋5-1-14
	電話	06-6630-5002
千石電商　大阪日本橋店 通販	URL	http://www.sengoku.co.jp/
	所在地	大阪府大阪市浪速区日本橋4-6-13 NTビル1F
	電話	06-6649-2001
共立電子産業 通販	URL	http://eleshop.jp/shop/default.aspx
シリコンハウス	URL	http://silicon.kyohritsu.com/
	所在地	大阪市浪速区日本橋5-8-26
	電話	06-6644-4446
デジット	URL	http://digit.kyohritsu.com/
	所在地	大阪市浪速区日本橋4-6-7
	電話	06-6644-4555
三協電子部品	URL	http://www.sankyo-d.co.jp/
	所在地	大阪市浪速区日本橋5丁目21番8号
	電話	06-6643-5222
テクノパーツ 通販	URL	https://store.shopping.yahoo.co.jp/t-parts/
	所在地	兵庫県宝塚市向月町14-10
	電話	0797-81-9123
中国・四国		
松本無線パーツ 通販	URL	http://www.matsumoto-musen.co.jp/
	URL	http://www.mmusen.com/　（通販サイト）
岡山店	所在地	岡山県岡山市青江5-16-1 1F
	電話	086-206-2000（小売部）
広島店	所在地	広島市西区商工センター 4丁目3番19号
	電話	082-208-4447
松本無線パーツ岩国 通販	URL	https://www2.patok.jp/WebApp/netStore/manager.aspx
	所在地	山口県岩国市麻里布4-14-24
	電話	0827-24-0081
でんでんハウス佐藤電機	URL	http://www.dendenhouse.jp/
	所在地	徳島県徳島市住吉4-13-2
	電話	088-622-8840

Appendix
付録

九州・沖縄	
マルツ 博多呉服町店 通販	URL▶ http://www.marutsu.co.jp/ 所在地▶ 福岡県福岡市博多区下呉服町5－4 電話▶ 092-263-8102
カホパーツセンター 通販	URL▶ http://www.kahoparts.co.jp/deal2/deal.html 所在地▶ 福岡市中央区今泉1-9-2 天神ダイヨシビル2F 電話▶ 092-712-4949
西日本ラジオ 通販	URL▶ http://www.nishira.co.jp/ 所在地▶ 福岡県福岡市博多区冷泉町7-19 電話▶ 092-263-0177
部品屋ドットコム 通販	URL▶ http://www.buhinya.com/ 所在地▶ 佐賀県佐賀市鍋島六丁目5-25 電話▶ 0952-32-3323
エイデンパーツ	URL▶ https://www.facebook.com/eidenparts/ 所在地▶ 長崎県長崎市鍛冶屋町7-50 電話▶ 095-827-8606
沖縄電子	URL▶ http://www.denshi-net.jp/ 所在地▶ 沖縄県宜野湾市大山3-3-9 電話▶ 098-898-2358

INDEX

記号・数字

;(セミコロン) 63
Ω(オーム) 94
2進数 10進数 16進数 164
74HC14 / 74LS14 127

A

A(アンペア) 100
AAC 216
AC/DCコンバータ 28
ACアダプター 27, 28, 30
AirLift Shield 221
ANDゲート 128
ArduBlock 37
Arduino 10
ArduinoCode / ArduinoDroid 25
Arduino Due 16
Arduino IDE 11, 36, 38, 56, 112
Arduino LLC 10
Arduino Micro / Arduino Nano 17
Arduino Nano Every 18
Arduino S.R.L. 10
Arduino Uno 13, 15, 24
Arduino Uno R3 15
Arduino Web Editor 25
Arduino互換機 12, 21
ATmega168/328マイコンボードキット 22

B～E

CdSセル 137
DC 28
DCモーター 145
DIPスイッチ 115
E24系列 96
else 70
ESP-WROOM-02 23
ESP-WROOM-32 23, 221
EXORゲート 128
E系列 96

F～H

F(ファラド) 152
FET 32
Freaduino 21
Genuino 15
GL5528 137
GND 103, 104

I

I^{2}C 16, 160
i2c_scanner 163
I^{2}Cバス用双方向電圧レベル変換モジュール 173
I^{2}Cマスター/スレーブ 160
IC 128
ICSP 14
IEC 60617 103
if 70, 97, 108

J～P

Java実行環境 39
JIS C 0617 103
LED(発光ダイオード) 96, 110
MIDI 216
mp3 216
Music Shield 216
NOTゲート 127, 128
Ogg Vorbis 216
Open source hardware 12
ORゲート 128
OSW44P5111A 189
Pro Trinket 22
PWM(パルス変調) 17, 144

Q～Z

SCL 160, 161
Scratch 36, 75
Scrattino3 36, 48, 74, 81, 112
SDA 160, 161
SD Card Shield 202
Servo 156
SG-90 153
SHT31-DIS 165, 208
SO1602AW 172
SPI 16, 202, 214
SPIマスター/スレーブ 214
Trinket 21
UART 16, 45
USBケーブル 26
V(ボルト) 98
Vcc 104
Vdd 103, 104
Vf 97, 108
WAV 216
while 67
Wire 162
WMA 216

あ

アース 104
秋月電子通商 92
アナログ出力 144
アノード 97
インデント 58
インバータ 127, 128
オープンソースハードウェア 12
オームの法則 101
押しボタンスイッチ 116
オス型 94
オルタネートスイッチ 116

か

カーボン抵抗 94
開発環境 35
回路図 102
カソード 97
可変抵抗 131
関数 36, 62, 72
基板 93
極性 105
グランド 104
繰り返し 81
交流 28
コンデンサー 127, 151

さ

サーボモーター 153
シールド 199
ジャンパー線 93
集積回路 128
シュミットトリガー 127
順電圧/順電流 97, 108
条件式 69, 86
条件分岐 69, 81, 86, 87
ショート 106
シリアル接続機能 45
シリアルポート 16, 45
シリアルモニタ 60
スイッチサイエンス 92
スケッチ 57
スターターキット 29
ストロベリー・リナックス 92
スライドスイッチ 115
スレッショルド電圧 128
積層セラミックコンデンサー 152
セミコロン 63
セラミックコンデンサー 152
千石電商 92
センサー 137
センタープラス 27
素子 98

た

タクトスイッチ 116, 193
チャタリング 122, 125
直流 28
抵抗 94
データ型 63, 66
電圧 98, 99

電位／電位差 99
電荷 100
電界効果トランジスタ 32
電解コンデンサー 152
電源 98
電源記号 103
電子 101
電子回路 98, 110
電子回路記号 103
電子パーツ／電子部品 92
電流 100
電力定格 31
導線 98
トグルスイッチ 115
トランジスタ 32

は

発光ダイオード 96
パルス幅 154
パルス変調 17, 144
半固定抵抗 131
汎用ロジックIC 127
比較演算子 69
表面実装 198
ピンヘッダ 16
ファラド 152
プッシュスイッチ 116
プラス電荷 101
フラットパッケージ 198
プルアップ 123
プルダウン 117, 123
ブレッドボード 93
プログラミング言語 36
プログラム学習環境 36
変数 62, 64, 81, 84
ボタン 116
ボリューム 131
ボルト 98

ま

マイナス電荷 101
マルツ 92
ミュージックシールド 216
無線LANシールド 221
命令 36
メス型 94
モーター 193
モーター制御IC 32, 145
モーメンタリスイッチ 116
モバイルバッテリー 30

や～わ

有機ELキャラクタデバイス 172
ルクス 137
レベルコンバータ 173
ロータリースイッチ 115

Arduino IDEの関数

A

abs() 242
addToPlaylist() 259
adjustVolume() 260
analogControlEnable() 261
analogRead() 240
analogReference() 240
analogWrite() 240
attach() 247
attachAnalogOperation() 259
attachDigitOperation() 259
attached() 247
attachInterrupt() 245
available()：SDライブラリ 251
available()：WiFiNINAライブラリのWiFiClientクラス 257
available()：WiFiNINAライブラリのWiFiServerクラス 258
available()：Wireライブラリ 249
available()：シリアル通信 246

B

begin()：Music Shieldライブラリ 259
begin()：SDライブラリ 250
begin()：WiFiNINAライブラリのWiFiクラス 237
begin()：WiFiNINAライブラリのWiFiServerクラス 257
begin()：Wireライブラリ 248
begin()：シリアル通信 246
beginAP() 253
beginTransmission() 249
bit() 244
bitClear() 244
bitRead() 244
bitSet() 244
bitWrite() 244

C～E

close() 251
config() 253
connect() 255
connected() 255
connectSSL() 256
constrain() 242
cos() 243
delay() 242
delayMicroseconds() 242
deleteSong() 260
detach() 246
detachInterrupt() 245
digitalRead() 240
digitalWrite() 240
dnsServerIP() 254
encryptionType() 254
end()：WiFiNINAライブラリのWiFiクラス 237
end()：シリアル通信 246
endTransmission() 249
exists() 250

F～L

flush()：SDライブラリ 251
flush()：WiFiNINAライブラリのWiFiClientクラス 257
flush()：シリアル通信 246
gatewayIP() 254
highByte() 244
interrupts() 245
keyEnable() 260
localIP() 254
lowByte() 244
lowPowerMode() 255

M～N

map() 242
max() 242
micros() 242
millis() 242
min() 242
mkdir() 250
noInterrupts() 245
noLowPowerMode() 255
noTone() 241

O

open() 250
opFastForward() 261
opFastRewind() 261
opNextSong() 261
opPause() 261
opPlay() 261
opPreviousSong() 261
opStop() 261
opVolumeDown() 261
opVolumeUp() 261

P

peek()：SDライブラリ 251
peek()：シリアル通信 246
pinMode() 239
play() 261

playOne() ········ 259
position() ········ 251
pow() ········ 243
print()：SDライブラリ ········ 251
print()：WiFiNINAライブラリの
WiFiClientクラス ········ 256
print()：WiFiNINAライブラリの
WiFiServerクラス ········ 258
print()：シリアル通信 ········ 247
println()：SDライブラリ ········ 252
println()：WiFiNINAライブラリの
WiFiClientクラス ········ 256
println()：WiFiNINAライブラリの
WiFiServerクラス ········ 258
println()：シリアル通信 ········ 247
pulseIn() ········ 241

R

random() ········ 243
randomSeed() ········ 243
read()：SDライブラリ ········ 252
read()：Servoライブラリ ········ 248
read()：WiFiNINAライブラリの
WiFiClientクラス ········ 257
read()：Wireライブラリ ········ 249
read()：シリアル通信 ········ 246
remove() ········ 250
requestFrom() ········ 248
rmdir() ········ 250
RSSI() ········ 254

S

scanAndPlayAll() ········ 259
scanNetworks() ········ 254
seek() ········ 252
setDNS() ········ 254
setHostname() ········ 254
setPlayMode() ········ 260
setVolume() ········ 260
shiftIn() ········ 241
shiftOut() ········ 241
sin() ········ 243
size() ········ 252
sqrt() ········ 243
SSID() ········ 254
status() ········ 254
status() ········ 256
stop() ········ 257
subnetMask() ········ 254

T～W

tan() ········ 243
tone() ········ 240
write()：SDライブラリ ········ 252
write()：Servoライブラリ ········ 248
write()：WiFiNINAライブラリの
WiFiClientクラス ········ 256
write()：WiFiNINAライブラリの
WiFiServerクラス ········ 258
write()：Wireライブラリ ········ 249
write()：シリアル通信 ········ 246
writeMicroseconds() ········ 248

本書のサポートページについて

本書で解説に使用したプログラムコードは、弊社のWebページからダウンロードすることが可能です。詳細は、以下のURLに設置されているサポートページを併せてご参照ください。

ダウンロードする際には、圧縮ファイルの展開・伸長ソフトが必要です。展開ソフトがない場合はパソコンにインストールしてから行ってください。また、圧縮ファイル展開時にパスワードが求められますので、下記のパスワードを入力して展開を行ってください。

● 本書のサポートページ

http://www.sotechsha.co.jp/sp/1307/

● 展開用パスワード（すべて半角英数文字）

2022arduino5

著者紹介

福田　和宏

株式会社飛雁、代表取締役。工学院大学大学院電気工学専攻修士課程卒。大学時代は電子物性を学んでいたが、学生時代にしていた雑誌社のアルバイトがきっかけで、ライター業を始める。現在は、主に電子工作やLinux、スマートフォンの関連記事や企業向けマニュアルの執筆、ネットワーク構築、教育向けコンテンツ作成などを手がける。
「サッポロ電子クラフト部」(https://sapporo-elec.com/)を主催。物作りに興味のあるメンバーが集まり、数ヶ月でアイデアを実現することを目指している。大学校等で電子工作の講座を実施。

主な著書

・「これ1冊でできる！ Arduinoではじめる電子工作 超入門 改訂第3版」「これ1冊でできる！ラズベリー・パイ超入門 改訂第7版」「電子部品ごとの制御を学べる！ Raspberry Pi 電子工作実践講座 改訂第2版」「実践！ CentOS 7 サーバー徹底構築　改訂第二版　CentOS 7(1708)対応」(すべてソーテック社)
・「Arduino[実用]入門―Wi-Fiでデータを送受信しよう!」(技術評論社)
・「ラズパイで初めての電子工作」「日経Linux」「ラズパイマガジン」「日経ソフトウェア」「日経パソコン」「日経PC21」「日経トレンディ」(日経BP社)

これ1冊でできる！
Arduinoではじめる電子工作 超入門 改訂第5版

2022年9月30日　初版　第1刷発行

著　　　者　福田和宏
カバーデザイン　植竹裕
発　行　人　柳澤淳一
編　集　人　久保田賢二
発　行　所　株式会社ソーテック社
〒102-0072　東京都千代田区飯田橋4-9-5　スギタビル4F
電話(注文専用)03-3262-5320　FAX 03-3262-5326
印　刷　所　大日本印刷株式会社

ISBN978-4-8007-1307-0
